彩图1　春花生露地栽培

彩图2　带壳花生

彩图3　花生地膜覆盖栽培播种穴

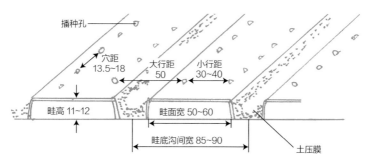

彩图4　地膜覆盖垄畦规格示意图（单位：cm）

彩图5　作种用的花生籽仁

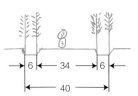
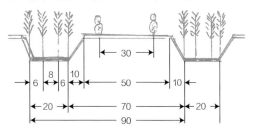

（a）小垄宽幅麦套种方式　　　　（b）大垄宽幅麦套种覆膜方式

彩图 6　小麦套种花生方式示意图（单位：cm）

彩图 7　花生花针期

彩图 8　花生地下结的荚果

彩图 9　花生苗期

彩图 10　花生初花期

彩图 11　花生果针前端的
鸡嘴状幼果

彩图 12　花生空壳现象

彩图 13　花生叶片
缺镁表现

彩图14　花生叶片缺铁初期表现　　彩图15　花生叶片缺铁严重时的黄白化状

彩图16　花生膜下滴灌　　　　　彩图17　花生立枯病病叶

彩图18　花生锈病田间发病状　　　彩图19　花生锈病叶片

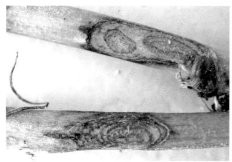

彩图20　花生纹枯病病茎　　　　彩图21　花生褐斑病田间表现

彩图 22
花生褐斑病叶片后期症状

彩图 23
花生黑斑病病叶

彩图 24
花生黑斑病病茎

彩图 25　花生病毒病病株

彩图 26　花生青枯病田间表现

彩图 27　花生青枯病病叶

彩图 28　花生疮痂病病株

彩图 29　花生疮痂病病茎

彩图 30　花生炭疽病病叶

彩图 31　花生菌核病根茎发病状

彩图 32　花生菌核病荚果上的菌丝

彩图 33　花生白绢病田间发病后期表现

彩图 34　花生白绢病发病株

彩图 35　花生冠腐病病株

彩图 36　花生茎腐病病叶

彩图 37　花生茎腐病危害根茎

彩图 38　花生根腐病病株拔出后根部症状

彩图 39
花生根腐病荚果上的病原菌

彩图 40
花生果腐病病株

彩图 41
花生果腐病荚果

彩图 42　花生焦斑病病叶

彩图 43　花生网斑病田间发生情况

彩图 44　花生网斑病在叶片上的症状

彩图 45　花生根结线虫病发病株

彩图 46　花生根结线虫病根部表现

彩图 47　蛴螬幼虫

彩图 48　小地老虎幼虫

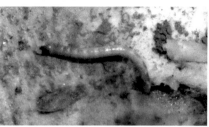
彩图 49　金针虫

彩图 50
叶螨为害花生叶片正面

彩图 51
叶螨为害花生叶片背面

彩图 52
花生蚜虫各虫态群集
为害花生叶片

彩图 53　花生叶片背面聚集的蚜虫

彩图 54　七星瓢虫幼虫在花生上取食蚜虫

彩图 55　斜纹夜蛾为害花生果针

彩图 56　甜菜夜蛾幼虫为害花生叶片

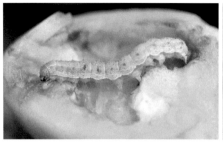
彩图 57　棉铃虫幼虫

彩图 58　花生新黑地珠蚧为害花生根部

彩图 59　蓟马为害花生叶片状

彩图 60　花生蚀叶野螟田间为害状

彩图 61　花生蚀叶野螟幼虫

彩图 62　梨剑纹夜蛾为害花生

彩图 63　蝗虫为害花生叶片

彩图 64　花生干旱

粮油经济作物高效栽培丛书

花生
优质高产问答

王迪轩　何永梅　张有民　主编

（第二版）

化学工业出版社

·北京·

内 容 简 介

本书采用问答的形式，详细介绍了花生优质高产栽培技术、种子选购及播种育苗技术、田间管理技术、主要病虫草鼠害全程监控技术以及气象灾害减灾技术等内容。针对农民在花生生产中遇到的 168 个实际问题，提供了具体的解决方案与技术要点，具有很强的针对性和指导性。书中附有 60 余张高清彩图，便于指导实际生产操作。

本书适合广大种植花生的农民、农村专业合作化组织阅读，也可供农业院校种植、植保专业师生参考。

图书在版编目（CIP）数据

花生优质高产问答/王迪轩，何永梅，张有民主编.
—2 版.—北京：化学工业出版社，2020.10（2025.3重印）
（粮油经济作物高效栽培丛书）
ISBN 978-7-122-37336-6

Ⅰ.①花… Ⅱ.①王… ②何… ③张… Ⅲ.①花生-高产栽培-栽培技术-问题解答 Ⅳ.①S565.2-44

中国版本图书馆 CIP 数据核字（2020）第 118234 号

责任编辑：冉海滢　刘　军　　　　　文字编辑：李娇娇　陈小滔
责任校对：宋　夏　　　　　　　　　装帧设计：关　飞

出版发行：化学工业出版社（北京市东城区青年湖南街 13 号
　　　　　邮政编码 100011）
印　　装：北京天宇星印刷厂
880mm×1230mm　1/32　印张 7　彩插 4　字数 208 千字
2025 年 3 月北京第 2 版第 2 次印刷

购书咨询：010-64518888　　　　　售后服务：010-64518899
网　　址：http://www.cip.com.cn

定　　价：39.80 元

本书编写人员

主　　编　　王迪轩　　何永梅　　张有民

副 主 编　　杨子祥　　汤　睿　　陈胜文　　伍　娟　　张建萍

参编人员（按姓名汉语拼音排序）
　　　　　　陈胜文　　何永梅　　胡世平　　李慕雯　　刘文斌
　　　　　　隆志方　　彭特勋　　谭一丁　　汤　睿　　王迪轩
　　　　　　王雅琴　　伍　娟　　徐丽红　　杨　雄　　杨子祥
　　　　　　张建萍　　张有民

　　"粮油经济作物高效栽培丛书"自 2013 年 1 月出版以来，至今已有 8 个年头。该套丛书第一版有 8 个单行本，其中《水稻优质高产问答》《大豆优质高产问答》《棉花优质高产问答》《油菜优质高产问答》四个单行本入选农家书屋重点出版物推荐目录。近几年来，无论是种植业结构还是国家对种植业的扶持政策均不断发展，出现了不小的变化，一系列新技术得到了更进一步的推广应用，但也出现了一些新的问题，如新的病虫危害，一些药剂陆续被禁用等。因此，对原丛书中重要作物的单行本进行修订很有必要（主要是水稻、大豆、油菜、小麦、花生、玉米六个分册）。

　　针对当前农民对知识"快餐式"的吸取方式，简洁、易懂的"傻瓜式"获取知识的需求，《花生优质高产问答（第二版）》在第一版基础上进行了修订、完善和补充。一是在内容、结构上有增删和侧重，对一些章节进行了调整和完善。在栽培技术上，突出主流技术，并介绍新技术；在问题解析上，突出主要的问题及近几年来出现的新问题；在病虫草鼠害全程监控技术上，突出绿色防控技术集成。二是在形式上，体现"简洁""易懂""傻瓜式"等特点，为帮助农民朋友提升实践操作能力，精炼语言，适当增加了图片、表格，提升图书的可读性、实用性与适用性，达到快捷式传播的目的。

　　由于时间紧迫，编者水平有限，书中不妥之处欢迎广大读者批评指正！

编者
2020 年 5 月

花生是我国重要的油料作物和经济作物，栽培面积仅次于油菜，列第二位，占油料作物总面积的 1/4 以上，但花生总产量位居全国油料作物之首，占 50％以上。我国花生总产量居世界第一位。2010 年中国花生种植面积达到 6750 万亩（1 亩≈666.7m²），亩产约 216kg。

花生在国民经济中占有重要地位，在农业种植结构以及人们营养、保健和经济收入等方面，也占据重要位置。花生油占我国国产食用植物油产量的 25％左右，花生生产的发展，对保障我国油脂供给和改善食用油消费结构具有重要作用。花生是重要的工业原料，是传统的出口商品，是促进农业生产良性循环的作物，花生是农民增收的重要来源。花生蛋白质含量高，随着人们对食用油和蛋白质需求的不断提高，花生主产国都把发展花生放在很重要的位置上，世界花生贸易量增大，贸易日趋活跃，竞争激烈，竞争的结果必然促进花生生产的发展，种植花生的比较效益比种植粮食作物更高。

近年来，我国花生高产种植的配套技术已经成熟，今后，花生总量的增加将不再由扩大面积来实现，而主要是靠单产的提高来实现，单产的提高将由以物质投入为主转向以科技投入为主。花生生产的目的将由油用为主转向以食用为主，新品种、新技术的推出和推广，都将有力地促进花生生产的发展，花生出口的进一步扩大，将促进食用、油用、加工用等优质专用花生的发展。

但目前花生生产上存在花生生产水平发展不平衡，花生良种推广不得力，新品种、新技术和新的生产方法及技术含量还不够高，花生品质改良有待加强，花生重茬及病害问题趋于严重，花生产品食用安全存在隐患，加工工业发展相对滞后等问题。产业化、规模化有待发展，存在巨大潜力和发展空间。近几年来，我国花生育种工作者不断选育出新、优品种，就产量潜力而言，我国的育种已达到或超过国际先进水平。花生栽培技术也日渐成熟，包括地膜覆盖栽培、麦套栽培、麦茬夏播栽培、水田地膜栽培等高产栽培技术，为花生生产发展提供了重要技术保障，亩产逐步提高。从事花生加工的食品企业也逐步壮大。

为推介新品种、新技术、新工艺，克服花生生产的发展障碍，提高花生产量、产值和质量，笔者结合花生生产中农民遇到的问题，在参考国内大量的花生专著、相关报刊及网络的基础上，结合花生生产中的实践，以解决生产中的疑难为重点，以问答的形式，编写了《花生优质高产问答》一书。旨在为更好地推进花生产业尽一份薄力。

参与本书编写的还有何永梅、王雅琴、曹涤环等同志，谨此致谢。由于时间紧迫，加上编者水平有限，难免有不妥和疏漏之处，恳请专家和同仁不吝指教。

编者

2012 年 6 月

▸▸▸ 目 录

第一章　花生优质高产栽培技术 / 001

第二章　花生种子选购及播种育苗技术 / 039

花生优质高产栽培技术

1. 露地春花生栽培技术要点有哪些？

（1）土壤选择　露地春花生栽培（彩图1），宜选择耕作层疏松、活土层深厚、中性偏酸、排水和肥力特性良好的壤土或沙壤土种植。

播前整地要达到土壤疏松、细碎、不板结，含水量适中，排灌方便的目的。北方由于春季空气干燥，土壤容易失水，播种前应通过耙耢结合整地保墒。平作整地适于灌溉条件差的地块或平原沙地；垄作整地适于灌溉条件好或进行高产栽培的地块；垄作或高畦整地也适于低洼地。

南方春季雨水较多，花生地需要起畦，水旱轮作地块，最好采用三级排灌沟，做到"三沟"配套。

（2）施足基肥　以亩产300～400kg的花生田为例，每亩施优质农家肥2000kg，碳酸氢铵20～30kg，过磷酸钙50kg，氯化钾或硫酸钾15kg，整地前均匀撒施，翻入耕作层。

（3）播种

① 品种选择　应根据当地的自然条件和生产方式选择适宜的品种。北方花生产区，应选用增产潜力大的大果型、中晚熟的普通型或中间型品种，生育期130天左右；无霜期短的地区、丘陵、一般肥力的地块及南方花生产区，可选用中早熟的中果珍珠豆型品种。南方春秋两熟制省区，春花生可采用上年秋植花生的种子作种。

② 种子处理　播前要带壳（彩图2）晒种，选干燥的晴天晒种1～2天。在剥壳前进行发芽试验，要求发芽率达95%以上。北方播种前10～15天剥壳（南方播种前1～2天剥壳，随剥随播）。剥壳后应把杂种、秕粒、小粒、破种，以及受潮、感染病虫害和有霉变症状的种子拣出。

③ 适时播种　珍珠豆型和多粒型品种地温稳定通过 12℃ 以上时才能发芽；普通型和龙生型品种则需要地温在 15℃ 以上时才能发芽。一般北方大部分花生产区春花生的适宜播期为 4 月下旬至 5 月上旬，华中地区春花生的适宜播期为 3 月下旬至 4 月上旬。

一般采用穴播、条播和机播三种方式。穴播即一人开穴，一人点种，每穴 2 粒种子，当即覆土。条播即用犁或其他开沟机具开沟，随后点种覆土。机播即使用花生专用机械匀播耧播种，省工省时、深浅一致、密度均匀，较人工点播提高工效 10～15 倍。播种深度一般以 5cm 左右为宜。在土壤温度较低、湿度较大、土质黏重的地块可适当浅播，但不能浅于 3.3cm；在沙土稍旱的情况下，可适当深播，最深也不能超过 7cm。北方墒情差时播后要立即镇压。南方土壤黏重地区，只需覆土即可。

（4）合理密植　北方花生区，普通型直立大果花生，春播适宜的密度为每亩 0.7 万～0.9 万穴；普通型丛生和蔓生品种，每亩 0.6 万～0.7 万穴；珍珠豆型中小粒品种，春播旱薄地每亩 1.0 万～1.2 万穴，中等以上肥力田块，每亩 0.7 万～1.0 万穴。

长江流域春夏花生交作区，普通直立型品种每亩 0.9 万～1.0 万穴；普通蔓生及龙生型品种每亩 0.6 万～0.7 万穴；珍珠豆型品种每亩 1.0 万～1.2 万穴。

南方春秋两熟区，珍珠豆型花生水田春播，每亩 0.9 万～1.1 万穴；旱坡地直播，每亩 1.0 万～1.2 万穴。

（5）田间管理

① 查苗补种　花生出苗后及时查缺补漏，可直接在缺苗穴位上补种，也可在花生地附近整理苗床育苗，待子叶顶土而未裂开时，将芽苗起出补苗。补种或补苗时，先将原霉烂种子挖出，以避免再次受害，再用铲刀深扎 7～8cm，将刀倾斜把芽苗子叶朝上，胚根朝下紧贴土，抽出刀后用土压实再浇水，然后用湿土封严。

② 科学灌排　一般干旱年份，春花生灌水 2～3 次。在高温、强光照季节，应避免中午前后灌溉，灌水应选择在早上或傍晚进行。花生最怕地面积水，在多雨季节应加强花生田间排水工作。

③ 清棵蹲苗　根据花生子叶不易出土和半出土的特性，在基本齐苗时，用小锄等工具将花生幼苗周围浮土向四周扒开，使 2 片子叶和子叶叶腋间的侧芽露出土面，接受阳光照射，促进幼苗健壮生长，

使第一对侧枝早出土，使之多开花、多结荚，从而获得增产。

④ 中耕培土　中耕除草要早、勤、净。一般露地春花生要求在封行之前中耕除草3次，封行后拔大草1～2次。中耕除草要求"头遍深、二遍浅、三遍细"，第一次中耕应在花生基本齐苗后、主茎有3～4片叶时结合施苗肥进行，要求深锄；第二次中耕宜在清棵后15～20天现花时进行，要求浅锄；第三次中耕在花生单株盛花期，群体即将封行时进行。花生封行后可人工拔除大草。培土应在田间刚封垄时或封垄前已有少数果针入土、大批果针即将入土之时进行。

⑤ 化学调控　针对花生存在旺长、徒长、冠层郁闭、植株瘦弱、花位高、果针入土率较低，及由此引起的倒伏、花多不齐、针多不实、果多不饱等问题，可每亩用15%多效唑可湿性粉剂30～50g，兑水40～50kg喷雾，或用2%甲哌鎓水剂20mL兑水50kg喷雾。

（6）适时收获　一般大田收获适期，北方春播大花生产区早熟品种在8月下旬至9月中旬；长江流域春夏花生交作区，在8月中下旬至9月上旬；南方春秋两熟花生区，春花生在6月下旬至7月中旬。收获后的花生应尽快晒干，及时上市或贮藏。

2. 春花生地膜覆盖栽培技术要点有哪些？

（1）精细整地　花生覆膜栽培（彩图3）应选择土层深厚、质地疏松、肥力较高、排灌方便的生荒旱地或水稻土。冬闲田地在冬季就要深耕冻土，开好排水沟。播种前精细整地，深耕细耙使地面平整，覆膜花生以起垄种植为宜。

（2）施足肥料　由于覆膜花生生长旺盛，需肥量增大，而生育期间又不便追肥，因此播前应施足基肥，增施有机肥，补充速效肥，配施微肥。一般每亩产400kg花生荚果，需底施腐熟农家肥4500kg（或商品有机肥500kg）、尿素15kg、过磷酸钙50～60kg、硫酸钾15kg、硼砂1kg。将全部的有机肥、钾肥及2/3的氮磷肥结合冬前或早春耕地施于耕作层，1/3氮磷肥起垄时包施在垄内。播前精耕细整，做到上虚下实。

（3）精细起垄

① 底墒要足　覆膜前起垄时，要做到有墒抢墒，无墒造墒，确保足墒起垄。墒情充足是地膜栽培成功的关键，切不可无底墒起垄。

② 起垄要矮　起垄高度（沟底至垄面）一般以11～12cm为宜。

起垄过高，不仅垄面不能保宽，而且覆膜时垄坡下面盖不严、压不紧，膜易被风刮掉，影响增温保墒效果，同时还容易造成果针下滑，使有效果针入土结实的数量减少。起垄过低，不利于排涝，且易使多余的膜边盖死垄沟，影响水分下渗。因此起垄时，要注意耙平垄面，控制垄高。

③ 垄底保宽　垄底的宽度因地力、品种、密度和膜宽而定。一般中等肥力田种植早熟花生品种，垄底距为 $80\sim85$cm，垄沟宽 30cm，垄面宽 $50\sim55$cm，中、高肥力田种植晚熟大花生品种，垄底宽为 $85\sim90$cm，垄沟宽 30cm，垄面宽 $55\sim60$cm（彩图 4）。

④ 垄坡要陡　要改梯形坡为矩形坡。起垄后，覆膜前，用铁锹按垄面宽度将垄沟上下切齐，使垄坡上下近乎垂直，断面为矩形。这样可使膜边贴得紧、压得实，同时也可避免梯形坡两膜边糊死垄沟。

⑤ 垄面要平　起垄时要将垄面压实拉平，确保无垡块、无石头，这样有利于薄膜铺展，膜面与畦面贴得实，压得紧，并能解决拱形垄面梯形垄坡覆膜花生果针下扎滑坡的问题。

（4）品种选择　为了充分发挥地膜的增产潜力，提高单产水平、增加效益，应根据当地生产条件、产量水平和作物茬口，选定花生品种。

肥沃、水浇条件好、易创造高产的地块，应选用中晚熟、大果、丰产性能好的中间型或普通型品种。在无霜期短的地方、早腾茬种冬小麦的地块、丘陵地和一般肥力的地块，可选用中早熟中间型大花生品种或珍珠豆型小花生品种。

（5）种子处理

① 晒果　剥壳前晒果 $2\sim3$ 天，以提高种子发芽能力。

② 分级粒选　剥壳后分级粒选，把带病虫、破伤果仁和秕仁拣出，把大、中粒作种用的种仁分为一、二级种子，分别收存和播种，防止大、中粒种子混播，造成大苗压小苗。

③ 催芽、拣芽播种　种子质量好，发芽率在 98% 以上的，可用干种子直播。种子发芽率差些的，应采用沙床催芽，经 $20\sim24$ 小时，种子胚芽露白时，拣芽播种。

④ 带壳浸种　浸种前要严格挑选无病虫、色泽好、种仁饱满的荚果作种用。播前把种果用 40℃ 温水浸泡 24 小时，捞出后，把单仁果在果嘴处捏开一小口，把双仁果从果腰处掰成两个单粒果。每墩播

2 粒种子，最好将前后室种子分别播种。覆土后踩实，以防带壳出土。

⑤ 药剂拌种　播种前，对有蛴螬等地下害虫（防治指标为每平方米有 2 头）和枯萎病重发的地块，用 40％辛硫磷乳油和 40％多菌灵可湿性粉剂按种子重量的 0.2％拌种防治；对根结线虫病和枯萎病，用 40％多菌灵拌种防治。目前推广使用的 40％萎锈·福美双悬浮种衣剂（卫福），对防病和促进生长发育都有较好的效果，播前每 10kg 种子用 40％萎锈·福美双悬浮种衣剂 25mL 兑水 50mL 拌种包衣。

（6）精细播种　花生播种出苗要求地表 5～10cm 土层温度稳定达到 15℃以上，覆膜花生的适宜播期一般可比露地栽培提早 7～10 天，因此，采用地膜覆盖栽培，播种期一般在 4 月中下旬。播种密度一般中熟大粒品种为每亩 8000～9000 穴，早熟中粒品种每亩 9000～11000 穴，每穴 2～3 粒，以确保每穴两株。播种时每 10kg 籽仁用 40～80g 根瘤菌兑水 150g 加 40g 钼酸铵现拌现播。注意，拌过根瘤菌的种子要避光；拌过的种子要严防人畜误食中毒。播种时，必须足墒播种，墒情不足时，应造墒播种。播种深度要比露地栽培浅一些，一般为 4cm 左右。

（7）喷除草剂　花生田既有单子叶杂草，又有双子叶杂草，既有一年生杂草，又有多年生杂草。由于目前常用的地膜均为不带除草剂的地膜，覆膜后花生垄面又不能中耕，要求花生覆膜前必须喷施除草剂，如 15％精吡氟禾草灵乳油、50％乙草胺乳油、72％异丙甲草胺乳油等，除草剂的用量应根据土壤有机质含量、土壤肥力、土壤质地、土壤墒情及天气情况具体掌握。一般地膜覆盖的用药量为每亩 30～45mL，兑水 65～80kg，于花生播种后覆膜前均匀地喷施于土壤表面。喷药后切忌翻动土层并要及时盖膜保墒。土壤有机质含量高、黏壤土或干旱天气情况下，应使用较大药量。喷药后土壤要有一定的水分才能充分发挥药效。

（8）及时盖膜　覆膜栽培所覆盖的地膜，不仅要宽度适宜，不碎裂、耐老化、透明度高，而且要果针能穿透地膜，并具有控制高节位果针入土的性能，以提高饱果率。目前，地膜选用厚 0.007±0.002mm、宽 85～90cm、透光率≥70％的微膜。地膜过厚成本高，而且果针难以穿透，厚度大于 0.018mm，就会影响低节位果针入土结实。地膜过薄，厚度小于 0.004mm，不仅保温保湿效果差，易破碎，而且会无法控制无效果针入土。盖膜要做到顺风、慢放、铺平、拉紧、贴实、压严，四周用土封实膜边，每隔 5m 左右横压一道土埂，防止大风揭膜。

（9）开孔放苗　先播种后覆膜的花生顶土鼓膜（未见绿叶）时，要及时开膜孔放苗。要用尖刀破膜放苗，做到出一棵放一棵，以防高温烧苗。开孔后随即在膜孔上盖一层 3～5cm 厚的湿土，轻轻一压，这样既能封膜孔增温保墒，还可避光引苗出土、释放第一对侧枝，起到自然清棵的作用。如果幼苗 2 片真叶时还没有放苗，一定要抓紧时间开孔放苗，放苗一定要在上午 9 时前完成，并做到随开孔放苗，随覆土将膜孔边缘压实。千万不能只用铁钩开孔放苗不盖土封孔，以免造成损坏地膜、透风散热跑墒和膜内杂草丛生的现象。开孔放苗时，破孔大小要适度，以 3cm 为宜。

（10）及时补苗　齐苗后要及时进行查苗补缺，补种的种子最好浸种催芽（以仅露胚根为宜）；补苗以苗龄 3～4 叶的小苗带土移栽为好。

（11）清棵抠枝　花生出苗后主茎有 4 片真叶时，要经常检查，将压在膜下的侧枝抠出来。特别是播种时未严格进行并粒平放或并粒插播的，膜下压的侧枝较多，播种穴和膜孔对不齐，尤其是先播种后覆膜的，膜孔大小难以掌握，开大了不好封盖，开小了又妨碍侧枝全部出膜，第一对侧枝在膜下久了就会减产。因此，必须将膜下侧枝抠出，同时把膜面上压的土全部清除，净化膜面，提高光的辐射能力。

（12）适时浇水　足墒播种的覆膜花生，苗期一般不需浇水，播后 2 个月不下雨，也能正常生长。如果久旱无雨或仅有小于 10mm的降水，在开花下针期和结荚期，叶片刚刚开始泛白出现萎蔫时，应立即沟灌润垄或进行喷灌。浇水后要及时耥沟松土，防止杂草丛生和土壤板结。在荚果成熟期，若雨水过大，应及时排水降湿，确保田内无积水，以减轻或避免烂果的发生。

（13）适时补肥　地膜花生需肥量大，在施足基肥、全量施肥的前提下，前期一般不会出现脱肥现象。但由于覆膜后植株生长旺盛，根系吸收养分的功能增强，结果数增加，养分消耗量增大，中后期往往出现脱肥现象，致叶片早落、植株早衰，影响荚果膨大及产量，应及时补肥。

① 打孔追肥　用打孔器在膜上穴距之间打孔追肥，深5cm以下，每亩追施尿素6～7.5kg，过磷酸钙15kg，碱性土壤可追施石膏25kg，以提高饱果率。追肥后用土把膜孔封严，肥料不要撒落在叶片上，以免烧伤叶片。

② 开沟追肥　对于缺肥的覆膜花生，也可结合浇水，提前在垄沟内开沟撒施氮、磷肥料，然后顺垄沟浇水，使肥料快速渗入垄内土壤中。

③ 根外追肥　为防止覆膜花生后期早衰，保住顶部功能叶片，可喷施1%～2%尿素或0.2%～0.3%磷酸二氢钾溶液一次。也可喷1000倍硼酸溶液或0.02%钼酸铵溶液。

（14）防止徒长　土壤水肥条件好，施肥过多，易发生徒长，于始花后40天左右或株高超过40cm，第一对侧枝8～12节平均节距≥12cm时，可每亩用壮饱安或15%的多效唑可湿性粉剂30～50g兑水50kg叶面喷施。

（15）防病治虫　出现叶斑病、锈病和枯萎病时，可用40%多菌灵悬浮剂500倍液等进行防治。花生害虫主要有蛴螬（地下害虫）和蚜虫（叶面害虫）。防治蛴螬可每亩用3%辛硫磷颗粒剂0.5kg加细土25kg拌匀成毒土，在播种时撒施。出现蚜虫时，可选用乐果进行叶面喷雾防治。

（16）适时收获　覆膜花生的成熟期一般比露地栽培提早7～10天，成熟后应及时收获，防止落果、烂果，提高荚果和籽仁质量。当花生植株上部叶片变黄，中、下部叶片由绿转黄并逐渐脱落，多数荚果变硬、网纹清晰、籽仁饱满时，要抢晴天收获。收获时，要同时注意回收残膜。

3. 花生果播覆膜栽培技术要点有哪些?

仁播过早因气温低易烂种或因土壤干旱难出苗，为克服地温和土壤墒情的矛盾，保证一播全苗，可采用带壳播种（果播）的方法。花生采用果播覆膜栽培，播种期可提前30多天，这时土壤墒情较好、含水量高，可满足花生出苗对水分的要求，并且有果壳保护和地膜保温作用，不仅不会因低温而烂种，而且可以借墒早播保全苗。果播能使花生提早出苗，促进幼苗早发快长，生长健壮，加快花生生育进程，促进花生营养体生长，根系发达，茎叶生长迅速，分枝多，干物质积累较多，中、后期能促进生殖体生长，开花结实早，前期有效花多，结果多，荚果发育快，双仁果率和饱果率增加，果重提高；由于果播覆膜花生前期植株营养体生长旺盛，叶面积系数增加较快，光合生产率明显提高，从而增加了苗期的干物质积累。果播覆膜花生栽培的选地、施肥、品种选择、种植规格、覆膜要点等与仁播（彩图5）覆膜相同，此外，还应注意如下几点。

（1）种子处理　由于带壳播种不如仁播可直接鉴别种子质量，因此要严格选择色泽好、籽仁饱满的果作种，剔除虫、芽、秕果。播种前3～5天要做好种子处理，方法是先把花生果用40℃左右的温水浸泡24小时左右，捞出后把双仁果从膜果处掰开，单仁果在果嘴处捏开口，以利于种子吸水出苗。也可采取先掰开后浸泡的办法，但浸泡时间要短，一般7～8小时即可。无论采用哪种方法，都应以种仁基本吸足水为准。双仁果掰果时最好前后室分开，分别播种，以利于苗匀苗壮。

（2）适时早播　覆膜果播以当地常年5cm地温稳定在7～10℃时即可播种。播种过早，虽然借墒效果较好，但由于出苗偏早，幼苗易受晚霜冻害，对花生生长不利；播种过晚，则会因土壤失墒较重影响出苗，失去果播的意义。

（3）足墒播种　果播覆膜虽然是一项借墒早播的增产技术，但底墒不足，也会影响出苗。因此，在土壤墒情差时则要造墒播种，切不可干种等雨。因为墒情不足时播种，覆膜后反而不利于春季雨水的利用，更会加剧干旱，严重影响花生发芽、出苗和幼苗生长。但切忌播后浇大水，以免因地温低、果壳内积水造成烂果。

（4）确保密度　果播覆膜花生由于前期植株生长健壮，基部节间粗短枝密；中期生长稳健，株型紧凑，一般不会发生徒长。因此，种植密度可比常规仁播增加5%～10%。覆土深度比仁播的高2cm左右。出苗前进行镇压，这是提高双苗率和匀苗率，使果壳不被带出地面的重要措施。

（5）注意防治鸟兽虫害　果播覆膜花生出苗早，结荚成熟早，常受老鼠、鸟兽及蛴螬等为害，要及时防治。另外，出苗后常有果壳套在茎叶上，要结合田间管理及时摘除，以利于幼苗正常生长和进行光合作用。

（6）适时收获 由于果播覆膜花生的生育期提前，可比常规种植的花生提早成熟 7～10 天。为减少虫、芽、伏果和防止烂果，提高品质，应做到适时早收获。

4. 麦田套种花生生产技术要点有哪些？

麦田套种花生就是在小麦收获前，将花生播种在小麦行间，待小麦收获时，花生已经出苗，借以延长花生生育时期，弥补热量资源的不足，实现小麦、花生一年两熟。

（1）产地环境 选用轻壤或沙壤土，在土层深厚、保肥保水、地势平坦、排灌方便的中等以上肥力的生茬、麦茬地种植。

（2）套种方式（彩图 6）

① 大垄宽幅麦套种覆膜花生 秋种时两犁起垄（带犁铧），垄距 90cm，垄沟内用 20cm 双行宽幅耧播种两行小麦（或播一个 5～6cm 的大宽幅带），小行距 20cm，大行距 70cm，起成平面垄，垄面宽 50cm，垄高 10～12cm，于小麦起身拔节期，在大垄内套种 2 行中熟大果花生，垄上小行距 25～30cm，穴距 16.5～18.5cm，每亩种 8230～8797 穴，每穴播 2 粒种，然后覆盖 75～80cm 宽的微地膜。

② 小垄宽幅小麦套种花生 秋种时起垄，每条带宽 40cm，用宽幅耧播种一行宽幅麦，幅宽 6～7cm，小麦实际行距 33～34cm。套种麦垄通风透光性好于小沟麦垄，可于麦收前 20～25 天，套种 1 行早熟大果花生，穴距 16.5～20cm，每亩种 8333～10000 穴。

③ 等行距小麦套种花生 25～30cm 等行距播种小麦。麦收前每行套种 1 行花生。

（3）播种前准备

① 施肥 于秋收后种麦前及时深耕 25～30cm，结合深耕施足基肥，每亩铺施优质圈粪 4000kg，碳酸氢铵 68.6～74.5kg，过磷酸钙 53.3～55.5kg，氯化钾 25～26.7kg（或草木灰 250～260kg），一次施入作小麦基肥。另外，每亩用碳酸氢铵 34.3～37.3kg 和过磷酸钙 26.7～27.7kg，在小麦起身拔节期，套种花生之前开沟施于花生垄内，作花生种肥。深耕施肥后耙平耢细，根据地势挖好台（条）田沟，并在与小麦花生垄沟垂直处挖好横截沟，搞好"三沟"配套，为小麦花生排灌打好基础。根据需要适量施用硫、硼、锌、铁、钼等

肥料。

② 品种选择　选用通过国家或省审（鉴、认）定或登记的早、中熟花生品种。小麦选用株型紧凑、株高偏矮或中等、抗病、抗倒伏、早或中早熟品种。

③ 剥壳与选种　播种前 10 天剥壳，剥壳前宜晒种 2～3 天。选用大而饱满的籽仁作种子。

④ 种子处理　根据土传病害和地下害虫发生情况，进行药剂拌种或种子包衣。提倡采用多菌灵等药剂拌种，防止苗期病害。用钼酸铵或钼酸钠以种子重量的 0.2%～0.4% 拌种。

（4）套种

① 播期　大、小垄宽幅小麦套种于麦收前 20～25 天播种，等行距小麦套种于麦收前 15～20 天播种。

② 足墒套种　播种时，土壤相对含水量以 65%～70% 为宜。湿度不足时，要先浇水，后播种。

③ 套种方法　套种时，开深 3～4cm 的播种沟（穴），按要求的穴距播种。大、小垄宽幅小麦套种穴距 15～17cm，每穴两粒；等行距小麦套种穴距 19～23cm，每穴两粒。穴距要匀，深浅一致，播后随即覆土。

也可选用便携式花生套种机，播种前根据密度调好穴距。

（5）田间管理

① 水分管理　小麦和花生共生期间，当花生幼苗叶片中午出现萎蔫时，应于下午 3 时以后或上午 10 时以前顺沟浇水。

花针期（彩图 7）和结荚期（彩图 8），如果天气持续干旱，花生叶片中午前后出现萎蔫时，应及时浇水。

饱果期（收获前 1 个月）遇旱应小水润浇。结荚后如果雨水较多，应及时排水防涝。

② 清棵蹲苗　基本齐苗后应开始进行花生清棵，暂不中耕，需要经过一段时间蹲苗，使其第一对侧枝和第二次分枝得到健壮生长，之后，再中耕，才不致影响清棵的效果。若中耕过早，把第一对侧枝基部又埋入土中，就失去了清棵的作用。一般清棵后 15～20 天，花生茎枝基部节间由紫变绿，二次分枝开始分生时，即始花前，进行中耕效果较好。

③ 中耕培土　试验表明，麦套花生如不进行中耕锄划拔除麦茬，

花生单产将降低 20% 左右。中耕除茬可以破坏病菌和害虫的繁殖场所，还可以提高地温，促进根系发育，利于果针下扎，从而提高花生坐果率，达到增产的目的。麦收后 3～5 天，麦套花生浇水 2 天后应趁墒情好时及时拔除麦茬，之后进行中耕锄划，并拔除田间杂草，在花生封垄前要中耕 2～3 次。在花生盛花期进行中耕培土，使果针入土，培土要培成凹顶。

④ 追施苗肥　麦套花生前茬是小麦，在整个生长期消耗了土壤中大量的养分，麦收后，绝大部分地块存在着肥力不足的现象。所以，小麦收割 3～5 天后要对麦套花生及时补施提苗肥，追肥要以氮肥为主，结合浇水每亩追施尿素 20kg。以促进植株快速生长。

⑤ 除草　除人工除草外，可进行化学除草。麦收完第一次中耕后，可喷施符合 GB/T 8321 要求的除草剂，封垄前应再喷 1 次。麦套花生化学除草剂应选用茎叶处理型除草剂，又称芽后除草剂（地膜覆盖用芽前除草剂）。常用的花生田芽后除草剂有氟吡甲禾灵、灭草松、灭草灵等。一般以杂草 3～5 叶期使用为宜，选择高温晴天时用药，防除效果好，阴天和低温时药效较差。

⑥ 病虫害防治　麦收之后，常会出现持续干旱高温少雨的天气，一些瘠薄的沙土地红蜘蛛发生猖獗，这类害虫以吸食花生的叶片进行危害，影响植株的正常生长，应及早防治，可用哒螨灵或克螨特等专用杀螨剂。此期第二代棉铃虫、黏虫等害虫也会大面积发生，可选用高效氯氰菊酯等杀虫剂及时喷雾防治，控制苗期害虫。麦套花生如未施盖种农药，在结荚期要注意防治蛴螬。

早防叶斑病，为使花生群体维持绿叶较长时间，应于花生始花后 10～15 天根据叶斑病种类和病情，及时防治。结荚饱果期要注意防治网斑病和锈病。

⑦ 适时化控　盛花期之后、有效花期结束（7 月下旬后）重点防徒长，当主茎高度达到 30～35cm 时，及时喷施可控制徒长的植物生长调节剂，如多唑·甲哌鎓（壮丰安）每亩 30mL，兑水 50kg 喷雾，喷施后 10～15 天，如果主茎高度超过 40cm，可再喷施 1 次。

⑧ 叶面施肥　在花生育中期，植株顶部出现黄白心叶等缺铁症状时，及时喷施 0.2%～0.3% 的硫酸亚铁水溶液，每亩用 40～50kg，连喷 2 次，间隔 7～10 天。在结荚末期，每亩叶面喷施 0.2%～0.3% 的磷酸二氢钾水溶液或 2%～3% 的尿素水溶液 40kg，

连喷 2 次，间隔 7～10 天，也可喷施经农业农村部或省级部门登记的其他叶面肥料。

（6）收获与晾晒　花生一般 9 月下旬至 10 月上中旬收获，宜适当晚收。收获后及时晾晒，尽快将荚果含水量降到 10％以下。

5. 夏花生直播高产栽培技术要点有哪些？

夏直播花生是指在小麦、大麦、大蒜、豌豆、油菜、马铃薯等夏作物收获后直播的花生。夏直播花生把生育期限定在小麦等前茬作物收获后至下茬小麦播种前，即 6 月初至 9 月下旬，要求一切管理措施以促进花生的生长发育为目的。

（1）品种选择　夏直播花生品种生育期不能过长，否则秋种时不能正常成熟。一般春播生育期在 130 天左右的中熟或中早熟、增产潜力大和综合抗性好的大果品种可以作为夏直播品种使用。

（2）整地施肥　选用轻壤或沙壤土、土层深厚、地势平坦、排灌方便的中等以上肥力地块。花生种子的顶土能力弱，前茬作物收获后贴茬播种不能保证种子顺利发芽出土和苗壮生长，因此，夏收后要抓紧时间整地，把土地平整好，使播种时开沟、覆土一致。如果墒情不好，要进行浇水，播种时要求土壤含水量为田间土壤持水量的60％～70％。应选择喷灌或小沟灌溉，灌溉时要掌握水量适中。土壤水分过多，影响及时整地，土壤水分过少，则影响整地的质量和播种后种子发芽出苗。小麦、油菜、大蒜、圆葱、马铃薯等收获后可旋耕，并结合旋耕每亩撒施有机肥 2500～3000kg、硫酸铵 20～30kg、过磷酸钙 40～50kg、硫酸钾 10～15kg。结合播种再施 10～15kg 复合肥。

（3）手工剥壳　选用增产潜力大的极早熟或早熟品种，剥壳时间不宜太早，要求在播种前半月内剥壳，剥壳前选择晴天晒种 2～3天。剥壳时随时剔出破粒、霉粒、杂粒，种子按大小分级，最好选用大而饱满的籽仁作种子。

（4）拌种或浸种催芽

① 拌种　用浓度为 0.02％～0.05％的硼酸或硼砂水溶液，浸种3～5 小时，捞出种皮晾干后播种。或用种子重量 0.2％～0.4％的钼酸铵或钼酸钠，制成 0.4％～0.6％的溶液，用喷雾器直接喷到种子上，边喷边拌匀，种皮晾干后播种。或根据土传病害和地下害虫发生

情况选择药剂拌种或进行种子包衣。

②浸种催芽　浸种催芽比干种子下地可早出苗 2～3 天。方法是：用温水将种子浸泡 4 小时，捞出倒在室内铺好的湿麻袋上，下面垫麦草保湿，上面盖薄膜保温，及时检查发芽情况，种皮发皱时不要翻动，以免碰伤种皮。种子露白尖即可播种，太长易断根。如果播种面积比较大，一次不要催太多种子，可分批分期催芽。

（5）抢时早播　夏直播花生应抢时早播，越早越好。麦收后立即贴茬播种，一般播期不晚于 6 月 15 日，用圆盘式开沟器播种机播种，使起垄、播种、施化肥、镇压、喷除草剂等多道工序一次性完成。墒情差时播后立即浇"蒙头水"，保证花生出苗和花期所需水分。播前种子需分级，用种子重量 0.25% 的 40% 萎锈·福美双悬浮种衣剂拌种，预防出苗后死苗；每亩用 50% 乙草胺乳油 150～200mL 和 380g/L 噁草酮乳油 80～100mL 喷雾，防治一年生单、双子叶杂草；土壤墒情差时，播后顺沟浇水，确保一播全苗。

（6）增加播种密度　夏直播花生生育期短，个体发育会受到一定影响，需要增加密度，依靠群体优势，最大限度地利用空间和光热资源，减少无效花，集中营养供应花果。一般种植密度为每亩 11000～12000 穴，每穴两粒。采用宽窄行的种植方式，折合平均行距 33cm，株距 18～20cm。

（7）撤土引苗　花生出苗时，及时将膜上的土撤到垄沟内。连续缺穴的地方要及时补种。4 叶期至开花前及时理出地膜下面的侧枝。

（8）促苗早发　花生出苗后应及时中耕灭茬、松土、防草害。在花生苗期（彩图 9）用 1% 尿素、0.2% 磷酸二氢钾混合液喷洒叶面 2 次。要求花生的封垄期在 7 月 20 日左右，封垄后自然终花，此时单株开花应达 50 朵以上。

（9）化学除草　采用化学除草与人工除草相结合的方法，防治杂草。在花生出苗后，禾本科杂草 5 叶期前用氟吡甲禾灵或喹禾灵叶面喷施，其余阔叶杂草与莎草人工拔除。

（10）适时追肥　花生封垄前，每亩追施硝酸磷肥 20kg，种麦时底肥不足的每亩追施硝酸磷肥 30kg，随施肥随浇水，封垄后，遇旱及时浇水。

（11）控制株高　花生封垄前后，株高达 30～35cm 时，营养体生长基本达到顶峰，生殖生长较弱，必须立即调整生长中心，防止茎叶徒长，并促使其向生殖生长转移。采取的措施是化控株高，用多效唑或壮饱安加水叶面均匀喷施，可有效抑制营养生长，促进生殖生长，一般可降低株高 15cm，节间变短变粗。施药后 10～15 天如果主茎高度超过 40cm，可再喷施 1 次。

（12）**延长绿叶功能期**　夏直播花生生长迅速，中后期易脱肥早衰，因此，防病保叶十分重要。开花后彻底防治蚜虫、棉铃虫、造桥虫及叶螨等食叶害虫。视叶部病害情况，叶面喷施 50％甲基硫菌灵可湿性粉剂 600 倍液 3～4 次，并及时进行叶面追肥，叶面喷施 2％～3％的尿素水溶液或 0.2％～0.3％的磷酸二氢钾水溶液 40kg，连喷 2 次，间隔 7～10 天。也可喷施经农业农村部或省级部门登记的其他叶面肥料。

（13）**适时收获**　夏直播花生应保护好叶片，在不影响下茬作物播种的前提下，应尽量推迟收获期。一般早熟品种在 9 月下旬收获，中熟品种在 10 月上旬收获，不耽误 10 月上中旬播种小麦或油菜。可用兼具挖掘与抖土功能的收获机收获，田间带果晒棵 2～3 天。运回后，果朝外堆垛，充分晾干后摘果，扬净入库。

（14）**清除残膜**　覆膜花生收获后及时清除田间残膜。

6. 秋花生优质栽培技术要点有哪些？

秋花生是指我国华南地区利用早稻茬田种植的花生，通过春、秋两茬种植，增加收入，种植效益好，种植面积越来越大。

（1）**选用高产抗病品种**　根据秋花生在高温多湿条件下易徒长、早衰和病害多的特点，选用适于水田种植的植株健壮、生长势强、抗倒伏、不早衰、耐旱、抗锈病的高产品种。

（2）**种子处理**　选用饱满的大粒种子，播种前带壳在土晒场上晒种 1～2 天。剥壳后把杂种、秕粒、小粒、破种粒、感染病虫害和有霉变症状的种子拣出，特别要拣出种皮有局部脱落或子叶轻度受损伤的种子。随剥壳随播种，避免过早剥壳使种子吸水受潮，易受病菌感染或机械损伤。

秋植花生浸种催芽，可有效提高发芽率，达到苗全、苗齐的效果。种子在 40℃温水中浸泡 4 小时后捞起，摊在草席上，保持湿润，经 12～24 小时露出白尖（胚根）后，可拣芽播种。如遇雨天不能播种，应将催芽的种子放在阴凉通风处，摊成薄薄的一层，但要注意抑制芽的生长。播种前，用50%多菌灵可湿性粉剂拌种，可以防止或减轻病害。用根瘤菌剂和钼肥拌种能加速根瘤形成，增强花生的固氮作用。

（3）精细整地 秋花生必须选择灌溉方便、土层深厚、土质疏松、保肥保水强的稻田、薯地、瓜田等进行种植。播种前深挖倒土，深耕20～25cm，加深耕层，边挖边整，做到细、平、碎。开好主沟、腰沟和畦沟，做到沟沟相通，排灌自如。整地可提前10～15天进行。作畦宽80cm，畦高10～15cm，行沟33cm，畦面宽47cm，畦面小行距23.1～26.4cm，大行距53.6～56.9cm，穴距14.85～16.5cm。

（4）施足基肥 秋花生一般齐苗20天左右即开花，营养生长期比春花生短（一般110～120天），前期又处在气温高的多雨季节，肥料分解快，易消耗，因此必须施足基肥。否则，前期营养不足，植株营养生长不良，致使迟分枝、分枝少、产量不高。并要掌握堆沤腐熟、量多质淡、全层施放、避免肥害的原则。基肥量要占总施肥量的80%～90%，分层施用。一般播种前每亩施土杂肥4000～4500kg，其中花生麸50kg、过磷酸钙50kg、草木灰100kg、塘泥和草泥350kg，混合堆沤20天后，于早稻收后均匀撒于地面，结合耕翻施于15～20cm土层内。播种前结合起畦，每亩施三元复合肥10kg（或碳酸氢铵7.6kg、磷肥9.6kg和草木灰26kg）。然后开沟播种，不再施盖种肥。

（5）适时播种 秋花生秋种冬收，对播种适期要求很严格。播种太早，播后因气温过高，营养生长期过分缩短，病虫害较多，花期处在高温日照长阶段，影响花器发育和开花授粉，结荚较少；秋植花生成熟期的温度要在18℃以上，播种太迟，则因后期气温低，荚果结实发育不良，空秕荚果多，产量低。一般广东北部、福建、云南中南部、广西中北部、湖南、江西南部等地以7月下旬至8月初播种为宜，广东中部、福建东南部、广西中南部、云南南部等地以立秋前后播种为宜，海南全省、广东与广西南部以立秋至处暑播种为宜。

播种方式可采用穴播（每穴2粒种子）或开浅沟条播，秋花生播种期正处于气温高、雨水多的时候，种植时应适当增加播种密度。起垄双行双粒种植，每亩10000～11000穴，播种深度以4～7cm为宜。

（6）**化学除草免中耕** 秋花生生育期间高温多湿，杂草危害十分严重，特别是苗期遇雨不能及时进行人工中耕除草，往往发生草荒而导致大幅度减产；而且人工中耕既费工，又会伤根、断枝和破叶，造成病害感染，影响花生收成。采用化学除草免除中耕，可省工、防草害和减少病害感染。据试验，化学除草免中耕比常规中耕除草，每亩增产荚果 25.4kg，增产 16.2%。可每亩用 25% 敌草隆可湿性粉剂 0.2～0.3kg，或 48% 甲草胺乳油 0.1～0.15kg，或 25% 噁草酮乳油 150～175mL，兑水 50～75L，充分混合或乳化后，于秋花生播种后 2～3 天内均匀喷施地表。但要注意喷除草剂后，不要再进田践踏，以免影响除草效果。至花生生长中期可再拔 1 次大草。

（7）**查苗补苗** 秋花生播期适逢高温多雨，播后容易缺株，应采取有效措施保证全苗。齐苗后，要立即进行查苗补缺，确保全苗。每穴双粒播种的，如缺一苗可以不补，如全穴缺苗应及时移苗补植或用种子催芽直接播种补苗。

（8）**适当追肥** 在施足基肥的基础上，还应适当追肥。追肥要早追苗肥，中期结果时追钙肥，后期叶面喷施磷、氮肥，使之出苗齐全、茎枝早发。齐苗后，每亩用尿素 5kg 在雨后泥土湿润时撒施，促早分枝、早开花下针。花生在开花下针期吸收的养分占一生总吸肥量的 60%，因此，在开花下针期施肥利用率高，增产效果显著，此时每亩施复混肥料 20kg。花生开花前后，每隔 7～10 天用 2%～4% 的过磷酸钙水澄清液或 1%～2% 的尿素水溶液叶面喷施 2～3 次，以提高产量。待谢花后，每亩撒施黑白灰 60kg（石灰粉、草木灰各 30kg），防止后期出现早衰和过早谢苗现象。每亩用 100g 硼酸钠兑水 50L，于始花期、盛花期各喷 1 次，硼肥能刺激花粉萌发和花粉管伸长，有利于受精。

（9）**水分管理** 花生是需水较多的作物，全生育期的需水量是"两头少，中间多"。秋花生出苗后 10 天内不灌水，进行蹲苗，促其扎根深，增强抗旱能力。果针期灌水，以水调肥，促早生快发，保持土壤湿润，以利于果针迅速入土。荚果形成至饱果期，每 7 天灌 1 次水，保持干湿交替。同时，在果针下土后，要结合清沟培土，降低田间湿度，预防发生锈病。

（10）**病虫害防治** 花生病虫害主要有青枯病、丛枝病、立枯病、叶斑病、锈病、蚜虫、蓟马等，防治方法参考本书相关部分。连作地病虫害发生严重，建议采用水旱轮作法控制病虫害发生。

7. 鲜食花生早播覆膜栽培技术要点有哪些？

避开常规花生生产收获季节，提前或推后收获，以供应市场，满足城乡居民鲜食目的的花生栽培为鲜食花生栽培。近年来，随着市场经济的发展和人民饮食文化的提高，鲜食花生作为果蔬类特色品种，已跻身于城市居民的菜篮子，其生产在不少城郊产区正逐步向产业化方向发展。鲜食花生通过地膜加小拱棚设施栽培，可提前 1 个月上市，在市场上是稀品，价格较高，一般亩产 400～450kg。

（1）选地整地 在城市近郊、交通方便的产区选择地势平坦、排灌便利、土层深厚、土质疏松、肥力中等以上的沙质壤土。秋后进行深冬耕，耕深 25～30cm，以利于消灭越冬虫卵和病菌菌源，改善土壤物理性状。

（2）因地施肥 实行优化配方施肥，一次施足基肥。一般每亩施优质农家肥 3000～4000kg，总有效含量 25％的花生专用肥 50kg，对含氮量较高的蔬菜基地，可施用同量磷、钾肥，配以 10kg 尿素。有机肥在耕地时全部均匀撒施，1/3 化肥结合有机肥撒施，1/3 在耙地时撒施，1/3 在播种时作种肥。

（3）品种选择 选用鲜食口感好、营养价值高、早熟、结果多而集中、双仁果多、整齐度好、网纹清晰、大小适中、外形美观、易收刨的花生品种。目前尚无鲜食花生专用型品种，各产区大多将普通品种作鲜食花生品种用。

（4）适期早播 鲜食花生春季播种较早，一般在 3 月中下旬～4 月中下旬播种，因此需要采用地膜覆盖栽培。依据播种和上市的早晚，有双膜覆盖和单膜覆盖栽培两种方式。

① 双膜覆盖栽培 3 月中下旬播种一定要采用双膜覆盖栽培。当露地地温连续 5 天稳定在 10℃时，南北方向人工起垄，地膜垄垄宽 80cm，垄高 10cm，双行播种，拱棚垄垄宽 100cm。播种时墒情不足，可顺沟浇小水造墒，确保足墒下种。一般采用先播种后覆膜的方式种植，播种株距 13cm，行距 35cm，播后耙平耙细，每亩用 50％乙草胺乳油 150mL，兑水 40～50kg 防草，然后用地膜覆盖。覆膜后，在花生的播种行上，压两条高 4cm 的土带，使花生能够自行破膜出土。压土时，要保持未压膜面干净，以利于吸光增温。选用

0.008mm 的微膜作棚膜，用长 1.5m、宽 2cm 竹排作拱棚竿，顺垄每隔 2m 将拱棚竿弯曲，两端紧贴地膜边插入地下，拱棚顶端距垄面 40cm，拱棚垄宽 1m。将棚膜覆盖拉紧，两边压紧压实。

② 单膜覆盖栽培　4 月中下旬以后播种多采用单膜覆盖栽培。一般选用 90cm 的微膜，采用大垄双行种植方式，大垄距 80～85cm，垄面宽 50～55cm，垄高 10～12cm，可采用先播种后覆膜或先覆膜后播种两种方式，但以后一种方式为佳。采用先覆膜后播种方式时，按上述规格起垄后，搂平垄面，使垄面细碎平整，并在垄两边垂直开出压膜沟，每亩用 50% 乙草胺乳油 70mL，兑水 40～50kg，均匀喷洒垄面，然后地膜覆盖，将地膜拉紧压实。当膜下 5cm 地温稳定在 15℃时，即可打孔播种。每垄种两行，小行距 30cm 左右，穴距 17cm 左右，孔深约 3cm，每穴播两粒种子，在膜上顺花生播种行压 3cm 左右厚的土埂。采用先播种后覆膜的方式，起垄并将垄面平整后，在垄面上按小行距 30cm 左右人工开沟，以穴距 17cm 左右，每穴 2 粒种子摆播，然后覆土搂平、喷洒除草剂后进行地膜覆盖。

花生播种前 1 周，在晴天中午连续晾晒 2～3 天，并不断地翻晒，使花生均匀受热，剥壳时进行分级，除去病、劣、破损籽仁，选择一、二级籽仁作种子。播种时要根据天气预报抢晴进行。播种时根据土壤墒情，做到适墒播种。墒情不足要进行造墒，防止落干、过湿或因低温出现烂种现象，播种深浅要一致，以 5cm 左右为宜，确保一播全苗。鲜食花生生育期短，一般不采取补苗措施，否则会影响荚果的成熟度和整齐度，商品性降低。

（5）加强田间管理

① 及时清棵放苗　播种后要经常检查出苗情况。对于先覆膜后播种的，当花生子叶顶土、现绿时应及时清棵退土，引苗出膜，封压膜边；先播种后覆膜的，当子叶顶土时，应及时破膜，并在其上覆盖 3～4cm 厚的湿沙土，以防灼伤幼苗，并可引升子叶节，当幼苗再次顶土、现绿时进行清棵，引苗出膜，并封压膜边；齐苗后应将伸入膜下的枝叶抠出膜外，促进其健壮生长。

② 搞好拱棚管理　早春气温变化较大，要及时修补拱棚膜的破洞，防止风进入拱棚内。根据气温的回升变化情况，及时掀棚放风，防止烧苗。到 5 月中旬花生植株生长比较健壮时，将拱棚膜全部揭掉，使其在自然状态下生长。注意在拱棚膜全部揭掉的 7～10 天前应

进行炼苗，防止突然揭膜造成闪苗。

③ 早防病虫危害　齐苗后应注意防治蚜虫、蓟马；如发现病毒病株应及时拔除，以减少田间病害来源，防止病害蔓延。南方产区应注意防治叶斑病和锈病，具体方法可参见本书病虫害防治部分。

④ 浇好花针荚水　花针期到结荚期生长发育快，需水量显著提高，是花生一生中对干旱最敏感的时期。因此，当土壤相对含水量低于60%，即晴天中午少量叶片出现泛白现象时，应及时进行沟灌润浇或喷灌，以满足花生对水分的需要，达到增加前期有效花、提高结实率和饱满度的目的。在南方，花荚期多处于春水雨涝或秋旱干燥季节，应注意及时排涝与防旱。

⑤ 控制植株徒长　鲜食果栽培由于增加了密度，植株相对容易徒长。因此，花针末期至结荚初期可喷施植物生长调节剂，每亩用15%多效唑可湿性粉剂50～80g兑水40kg进行喷雾，对矮化植株促进早熟有明显效果。

⑥ 叶面施肥　结荚期每亩用0.2%～0.3%的磷酸二氢钾水溶液50kg或其他叶面肥喷施，连喷2～3次，有利于促进荚果发育膨大与增饱增重；如果植株出现早衰现象，可叶面喷施尿素水溶液，起保护与恢复功能叶的作用。

（6）分期采收上市　鲜食花生进入饱果期即可开始采收，对种植面积较大的地块，应考虑市场需求，分期分批收获。采收后要淘洗去掉泥沙杂质，分级上市。鲜食花生货架期较短，一般3～5天。因此，鲜食花生以供应当地市场为宜。采用留头斩枝法，连枝头带果上市，可延长鲜食花生的货架期；采用速冻鲜食果的方法，也可在较长时间内供应市场。

（7）鲜花生贮鲜及复鲜方法　将采收后的花生拣去残次果，用清水漂洗后在花生专用贮鲜剂的作用下，用开水漂烫6～8分钟，捞出用冷水冷却至常温后晒干或烘干就可以在常温下进行存放。经贮鲜后的花生既可以直接食用，也可以待市场没有新鲜花生后煮熟上市出售。直接食用入口酥脆，回味清香，使人百吃不厌；煮熟上市和新鲜的花生基本一样，而且还可以煮成香、咸、麻辣等各种风味，很受消费者喜爱，同时，经济效益可提高3倍以上。

8. 旱薄地花生栽培技术要点有哪些？

（1）土壤　土层较浅、土壤肥力较低、保肥保水能力较差、降水量较少且无灌溉条件的地块。

（2）播种前准备

① 施肥　可适当增施有机肥。每亩施腐熟鸡粪 1000～1500kg 或养分总量相当的其他有机肥，化肥施用量：氮 8～10kg、磷 4～6kg、钾 6～8kg、钙 6～8kg。

全部有机肥和 40% 的化肥结合耕地施入，60% 化肥结合播种集中施用。适当施用硼、钼、铁、锌等微量元素肥料。

② 品种选择　选用抗旱性强、耐瘠性好、适应性广的，通过省或国家审（鉴、认）定或登记的中熟或中早熟花生品种。

③ 剥壳与选种　播种前 10 天剥壳，剥壳前晒种 2～3 天。选用大而饱满的籽仁作种子，宜随剥壳、随选种、随播种。

④ 药剂处理　根据土传病害和地下害虫发生情况选择药剂拌种或进行种子包衣。

（3）播种与覆膜

① 播期　大花生宜在土壤 5cm 日平均地温稳定在 15℃ 以上时播种，小花生稳定在 12℃ 以上时播种。

北方春花生宜在 4 月下旬至 5 月上旬播种，麦套花生在麦收前 10～15 天套种，夏直播花生抢时早播。南方春秋两熟区，春花生宜在 2 月中旬至 3 月中旬、秋花生宜在立秋至处暑播种。长江流域夏花生交作区宜在 3 月下旬至 4 月下旬播种。

② 土壤墒情　播种时土壤相对含水量以 60%～70% 为宜。

③ 种植规格　北方产区，垄距 85～90cm，垄面宽 50～55cm，垄高 8～10cm，每垄 2 行，垄上行距 30～35cm，穴距 16～18cm，每亩播 8000～10000 穴，每穴播两粒种子。

南方产区，畦宽 120～200cm（沟宽 30cm），畦面宽 90～170cm，播 3～6 行，每亩播 9000～10000 穴，每穴两粒种子。

④ 覆膜　旱薄地花生应覆膜，选用宽度 90cm 左右、厚度 0.004～0.005mm、透明度≥80%、展铺性好的常规聚乙烯地膜。覆膜前应喷施除草剂。

（4）田间管理

① 撤土引苗　当花生出苗后，及时将膜上的覆土撤到垄沟内，连续缺穴的地方要及时补种。4 叶期至开花前及时理出地膜下面的侧枝。

② 叶面施肥　生育中后期，每亩叶面喷施 2%～3% 的尿素水溶液或 0.2%～0.3% 的磷酸二氢钾水溶液 40kg，连喷 2 次，间隔 7～10 天。也可喷施经农业农村部或省级部门登记的其他叶面肥料。

（5）**收获与晾晒**　当 65% 以上荚果果壳硬化、网纹清晰、果壳内壁呈青褐色斑块时，立即收获、晾晒，尽快将荚果含水量降到 10% 以下。

（6）**清除残膜**　收获后及时清除田间残膜。

9. 花生单粒精播高产栽培技术要点有哪些？

传统花生种植方式是每穴播两粒种子，每亩 1 万穴左右，每亩用种量为荚果 17.5～22.5kg（大花生），每年用种量占花生总产的 8%～10%，不仅用种量大、成本高，而且在高产条件下，群体与个体矛盾突出，群体质量下降，产量降低。以单粒精播代替双粒穴播，不仅可以减少用种量，而且可以缓解花生群体与个体的矛盾。花生单粒精播能够显著提高幼苗个体质量和群体整齐度，是建立合理基本苗的最佳方式。优化肥水，能够形成合理的叶面积动态，花针期显著增加单株和群体的有效花（果）数，有效地提高群体质量，生殖生长期具有较高的光合能力和光合势。培育健壮个体是精播高产的关键，其中，施种肥是培育壮苗的重要措施之一。

（1）**地块选择**　宜选用地势平坦、土层深厚、耕作层生物活性强、结实层疏松、土壤肥力中等以上、排灌方便的地块。

（2）**整地与施肥**

① 整地　宜冬前耕地，早春顶凌耙耢，或早春化冻后耕地，随耕随耙耢。一般年份耕地深度为 25cm，深耕年份为 30～33cm，每隔 2 年进行 1 次深耕或深松，以打破犁底层，增加活土层，提高土壤的蓄水保肥能力。结合耕地施足基肥。精细整地，做到耙平、土细、肥匀、不板结。

② 施肥　每亩施商品有机肥 300～400kg，尿素 15～20kg，过磷酸钙 50～60kg，硫酸钾（或氯化钾）20～25kg，全部有机肥及 2/3

化肥结合冬耕或早春耕撒施，剩余 1/3 化肥起垄时包施在垄内。

（3）品种选择　选用单株生产力高、增产潜力大、综合抗性好的中晚熟品种，并通过国家或省审（鉴、认）定或登记。

（4）种子处理

① 精选种子　播种前 10 天剥壳，剥壳前晒种 2～3 天，选用大而饱满的籽仁作种子，发芽率在 95％以上。

② 药剂处理　根据土传病害和地下害虫发生情况选择符合要求的药剂拌种或进行种子包衣。

（5）播种与覆膜

① 播期　大花生宜在土壤 5cm 日平均地温稳定在 15℃以上时播种，小花生稳定在 12℃以上时播种。

北方春花生宜在 4 月下旬至 5 月上旬播种，麦套花生在麦收前 10～15 天套种，夏直播花生抢时早播。南方春秋两熟区，春花生宜在 2 月中旬至 3 月中旬、秋花生宜在立秋至处暑播种。长江流域夏花生交作区宜在 3 月下旬至 4 月下旬播种。

② 土壤墒情　播种时土壤相对含水量以 65％～70％为宜。

③ 种植规格　北方产区，垄距 85～90cm，垄面宽 50～55cm，垄高 8～10cm，每垄 2 行，垄上行距 30～35cm，大花生穴距 11～12cm，每穴播 1 粒种子，每亩播 13000～14000 穴；小花生穴距 10～11cm，每穴播 1 粒种子，每亩播 14000～15000 穴。

南方产区，畦宽 120～200cm（沟宽 30cm），畦面宽 90～170cm，播 3～6 行，穴距 13～16cm，每亩播 13000～15000 穴，每穴播 1 粒种子。

④ 地膜选择　选用宽度 90cm、厚度 0.004～0.006mm、透明度 ≥80％、展铺性好的常规聚乙烯地膜。

⑤ 机械播种　选用作业性能优良、符合农艺要求、并获得农机推广许可证的花生联合播种机，根据种植规格和无机肥施用数量调好行穴距、施肥器流量及除草剂用量，开沟、播种、施肥、覆土、起垄、镇压、喷施除草剂、覆膜、膜上覆土一次完成。要求播种深度 2～3cm，膜上筑土高度 5cm。

（6）田间管理

① 撒土引苗　当花生出苗后，及时将膜上的覆土撒到垄沟内。连续缺穴的地方要及时补种。4 叶期至开花前及时理出地膜下面的

侧枝。

②水分管理　生长期间干旱较为严重时及时浇水。花针期和结荚期遇旱，中午叶片萎蔫且傍晚难以恢复，应及时适量浇水。饱果期（收获前1个月）遇旱应小水润浇。结荚后如果雨水较多，应及时排水防涝。

③防止徒长　主茎高度北方达到30～35cm、南方达到35～40cm时，及时喷施生长调节剂，如用壮饱安20～25g/亩，兑水60kg，或50%矮壮素水剂1000～1500倍液在晴天叶面喷施，施药后10～15天，如果主茎高度超过40cm时可再喷施一次。

④叶面施肥　生育中后期植株有早衰现象的，每亩叶面喷施2%～3%的尿素水溶液或0.2%～0.3%的磷酸二氢钾水溶液40～50kg，连喷2次，间隔7～10天。也可喷施经农业农村部或省级部门登记的其他叶面肥料。

⑤防治病虫害　苗期如发生蚜虫或蓟马危害，应及时防治。始花后每隔10～15天，叶面喷施多菌灵与代森锰锌混合液50～60kg/亩，连续2～3次，以防叶部病害。若发现棉铃虫或地下害虫危害，可及时用有关药剂防治。后期应注意防治网斑病和锈病。

（7）收获与晾晒　当70%以上荚果果壳硬化、网纹清晰、果壳内壁呈青褐色斑块时，及时收获、晾晒，尽快将荚果含水量降到10%以下。

（8）清除残膜　收获后及时清除田间残膜。

10. 花生连作高产栽培技术要点有哪些？

花生连作又称重茬，其减产的主要原因有：土壤恶化、病虫害加重、毒素积累。花生重茬减产严重，连作的年限越长，减产的幅度越大，重茬1年减产20%左右，2年减产30%以上，连作多年会造成绝收。解决重茬花生减产的最理想的措施是轮作换茬，即花生与其他禾谷类作物实行3～5年轮作。但在作物争地矛盾突出的地方，则不得不实行连作，解决连作障碍，保证花生稳定增产的主要技术措施有以下几点。

（1）深耕改土　应注重冬前耕地，深度30～33cm，冻垡晒垡，翌年早春顶凌耙耢。对于土层较浅的地块，可逐年增加耕层深度。有条件的地区可采用土层翻转改良耕地法，即将0～30cm土层的土向下平移 10cm，而将其下 30～40cm 土层的土平移到地表，操作时尽量不要打乱原来的土层结构。

（2）合理施肥，增施有机肥　连作花生田更应重视有机肥的施用。每亩施腐熟鸡粪 1000～1200kg 或养分总量相当的其他有机肥，化肥施用量：氮 8～10kg、磷 10～12kg、钾 8～10kg。全部有机肥和 60%～70% 的化肥结合耕地施用，30%～40% 的化肥结合播种集中施用。采用农闲轮作的地块，施肥量应增加 20%～25%。适量施用硼、钼、锌、铁等微量元素肥料。有机肥堆制，充分腐熟后，与哈茨木霉活菌制剂混合，能提高肥效，可大大降低田间枯萎病的发病率。重茬地花生增施微量元素有明显的增产效果。亩施 1kg 硼砂作种肥，或花期喷施 0.2% 的硼砂水溶液，可明显地增加结果数，提高出仁率，花生荚果增产 10% 左右。播种前，结合整地在基肥中增施石灰，能达到土壤消毒、补钙等综合效果。

（3）农闲期抢茬轮作　在花生收获后下茬花生播种前的一段农闲时间种植 1 茬秋冬作物，秋冬作物在花生播种前收获或直接压青，相当于花生与其他作物进行了 1 茬轮作，以降低连作减产的幅度。轮作选用的作物以小麦效果最佳，其次为萝卜、油菜、菠菜等。实行农闲轮作的地块，深耕和施肥（花生基肥）可在轮作作物播种前进行。

（4）播种前准备

① 地膜选择　选用宽度 90cm、厚度 0.004～0.006mm、透明度 ≥80%、展铺性好的常规聚乙烯地膜。

② 品种选择　在重茬地上种植花生，应选用抗病性好、耐重茬、抗旱耐瘠、适应性广的中熟或中晚熟品种，并通过国家或省审（鉴、认）定或登记。

③ 种子处理

a. 精选种子　播种前 10 天剥壳，剥壳前晒种 2～3 天，选用大而饱满的籽仁作种子。

b. 药剂处理　根据土传病害和地下害虫发生情况选择符合要求的药剂拌种或进行种子包衣。福美双、噁霉灵等杀菌剂拌种效果好。哈茨木霉活菌制剂拌种对真菌病害防控也有很好的效果。

（5）播种与覆膜　可参考第 8 问相关内容。

（6）田间管理

① 撒土引苗　当花生出苗后，及时将膜上的覆土撒到垄沟内，

连续缺穴的地方要及时补种。4 叶期至开花前及时理出地膜下面的侧枝。

② 水分管理 生长期间干旱较为严重时及时浇水。花针期和结荚期遇旱，中午叶片萎蔫且傍晚难以恢复，应及时适量浇水。饱果期（收获前 1 个月）遇旱应小水润浇。结荚后如果雨水较多，应及时排水防涝。

③ 防止徒长 主茎高度北方达到 30～35cm、南方达到 35～40cm 时，及时喷施多效唑或壮饱安等植物生长调节剂，施药后 10～15 天，如果主茎高度超过 40cm 时可再喷施一次。

④ 追施叶面肥 生育中后期植株有早衰现象的，每亩叶面喷施 2%～3% 的尿素水溶液或 0.2%～0.3% 的磷酸二氢钾水溶液 40～50kg，连喷 2 次，间隔 7～10 天。也可喷施经农业农村部或省级部门登记的其他叶面肥料。

⑤ 病虫害防治 重茬花生一般叶斑病和根结线虫病严重，因此，重茬花生田间管理应以防病保叶和防治根结线虫病为重点。

（7）收获与晾晒 当 70% 以上荚果果壳硬化、网纹清晰、果壳内壁呈青褐色斑块时，及时收获、晾晒，尽快将荚果含水量降到 10% 以下。

（8）清除残膜 收获后及时清除田间残膜。

11. 花生防空秕栽培技术要点有哪些？

（1）土壤选择 选择轻壤或沙壤土，土层深厚、地势平坦、排灌方便的中等以上肥力地块，土壤交换性钙含量低于 1200mg/kg。

（2）整地与施肥

① 整地 宜冬前耕地，早春顶凌耙耢，或早春化冻后耕地，随耕随耙耢。一般年份耕地深度为 25cm，深耕年份深度为 30～33cm，每隔 3～4 年进行 1 次深耕。平原地在花生播种前挖好排水沟，或播种时留出排水沟的位置，雨季到来之前挖好。

② 施肥原则 花生施钙应采用有机无机混施的方式。碱性土壤施用过磷酸钙、石膏、磷石膏等酸性钙肥。酸性土壤施钙镁磷肥、石灰等碱性钙肥。

花生防空秕生产的施肥应遵循重前茬施肥，重施有机肥、氮肥和钙肥的原则，将氮肥用量的 40%～50% 改为缓控释肥，氮、磷、钾、钙的配比为 2：1：2：2。适当施用硫、硼、锌、铁、钼等肥料。

③ 施肥数量　产量为每亩 300kg 以下的地块，每亩施优质腐熟鸡粪或养分含量相当的其他有机肥 1000～1500kg，化肥施用量：氮 6～8kg、磷 3～4kg、钾 6～8kg、钙 6～8kg。

产量为每亩 300～400kg 的地块，每亩施优质腐熟鸡粪或养分含量相当的其他有机肥 1500～2000kg，化肥施用量：氮 8～10kg、磷 4～5kg、钾 8～10kg、钙 8～10kg。

产量为每亩 400～500kg 的地块，每亩施优质腐熟鸡粪或养分含量相当的其他有机肥 2000～2500kg，化肥施用量：氮 10～12kg、磷 5～6kg、钾 10～12kg、钙 10～12kg。

④ 施肥方法　春花生覆膜栽培将全部有机肥、2/3 的化肥（钙肥除外）结合耕地施入，其余 1/3 的化肥和全部钙肥在起垄时包施在垄内。

麦套花生全部有机肥和磷肥于小麦播种前一次性作基肥施用，3/5 的化肥（钙肥除外）和小麦追肥一起混施，其余 2/5 的化肥和全部钙肥于花生始花前后在植株两侧开沟追施，追肥后及时浇水。

夏直播花生在小麦常规基肥施用量的基础上，加施花生茬的全部有机肥和 1/3 的化肥（钙肥除外），结合小麦耕地施用；其余 2/3 的化肥和全部钙肥在收麦后耕地时或花生播种时施用。

（3）品种选择　选用产量潜力大、后期不早衰、综合抗性好的品种，并通过国家或省审（鉴、认）定或登记。

（4）种子处理

① 剥壳与选种　播种前 10 天剥壳，剥壳前晒种 2～3 天，选用大而饱满的籽仁作种子。

② 拌种　用浓度为 0.02％～0.05％的硼酸或硼砂水溶液，浸泡种子 3～5 天，捞出晾干种皮后播种。或用种子重量 0.2％～0.4％的钼酸铵或钼酸钠，制成 0.4％～0.6％的溶液，用喷雾器直接喷到种子上，边喷边拌匀，晾干种皮后播种。或根据土传病害和地下害虫发生情况选择符合要求的药剂拌种或进行种子包衣。

（5）播种　北方春花生适宜在 4 月下旬至 5 月上旬播种，播种密度为每亩 8000～10000 穴，麦套花生在麦收前 10～15 天套种，夏直播花生抢时早播，麦套和夏直播花生种植密度为每亩 11000 穴，每穴两粒；单粒播种时，播种密度为每亩 13000～15000 穴，南方春秋两熟区，春花生宜在 2 月中旬至 3 月中旬、秋花生宜在立秋至处暑播种，秋花生密度为每亩 11000～12000 穴，长江流域夏花生交作区宜在 3 月下旬至 4 月下旬播种。

春花生、夏直播花生宜采用覆膜栽培。

（6）田间管理

① 撤土引苗　当花生出苗后，及时将膜上的覆土撤到垄沟内。连续缺穴的地方要及时补种。4 叶期至开花前及时理出地膜下面的侧枝。

② 水分管理　生长期间干旱较为严重应及时浇水。套种花生与小麦共生期间，当花生幼苗叶片出现萎蔫，且傍晚或早晨不能恢复时，及时顺沟浇水。夏直播花生要做到足墒播种。

花针期和结荚期遇旱应及时适量浇水，饱果期（收获前 1 个月）遇旱应小水润浇。结荚后如果雨水较多，及时排水防涝。出现严重涝害时及时破膜散墒。

③ 中耕与除草

a. 中耕　套种花生，麦收后 3～5 天，进行中耕灭茬除草；在花生盛花期进行中耕培土迎果针入土，培土要培成凹顶。

b. 除草　施用除草剂。

④ 适时化控　花生主茎高度北方达到 30～35cm、南方达到 35～40cm 时，及时喷施多效唑或壮饱安等植物生长调节剂，施药后 10～15 天，如果主茎高度超过 40cm 时可再喷施一次。

⑤ 叶面施肥　生育中后期植株有早衰现象的，每亩叶面喷施 2％～3％的尿素水溶液或 0.2％～0.3％的磷酸二氢钾水溶液 40kg，连喷 2 次，间隔 7～10 天。也可喷施经农业农村部或省级部门登记的其他叶面肥料。

（7）及时收获　春花生当 70％以上荚果果壳硬化、网纹清晰、果壳内壁呈青褐色斑块时收获；套种花生将收获期推迟到 10 月上旬；小麦茬夏直播花生延迟到 10 月中旬；秋花生在 11 月中旬前后收获。收获后及时晾晒，尽快将荚果含水量降到 10％以下。

（8）清除残膜　覆膜花生收获后及时清除田间残膜。

12. 花生防早衰适期晚收高产栽培技术要点有哪些？

花生生育期长短不一，随着品种更新、地膜覆盖等措施的实施，其生育期也变短，收获普遍偏早。如果能延长花生生育进程，荚果产量会有所提高。传统花生高产栽培一般种植密度较大，过度化控、病虫为害现象经常发生，易导致花生早衰，收获期提前，影响花生产量，且饱果率低，影响花生品质。

（1）地块选择　宜选用土层深厚、耕作层肥沃、地势平坦、排灌方便的地块。

（2）施肥

① 施肥数量　每亩施优质腐熟鸡粪800～1000kg或养分含量相当的其他有机肥，化肥施用量：氮10～12kg、磷6～8kg、钾8～10kg、钙8～10kg。适当施用硼、钼、锌、铁等微量元素肥料。

② 施肥方法　花生不同种植方式施肥方法如下：

a.春花生覆膜栽培　将氮肥总量的50%～60%改用缓控释肥，全部有机肥和2/3的化肥结合耕地施入，其余1/3的化肥结合播种集中施用。

b.麦田套种花生　将全部有机肥和小麦基肥结合小麦田耕地施入，3/5的化肥和小麦追肥一起混施，其余2/5的化肥于花生始花前后在植株两侧开沟追施，追肥后及时浇水。

c.夏直播花生　在小麦基肥常规施用量的基础上，加施花生的全部有机肥和1/3的化肥在小麦耕地时施用，其余2/3的化肥在花生播前耕地时或播种时施用。露地栽培的夏直播花生可结合开花前中耕进行追肥，施肥量为化肥总用量的1/5。

③ 叶面追肥　在结荚后期，每亩叶面喷施2%～3%的尿素水溶液或0.2%～0.3%的磷酸二氢钾水溶液或经过农业农村部或省级部门登记的其他叶面肥料，每亩用液40kg，均匀喷洒于植株叶面，连喷2次，间隔7～10天。

（3）种子处理

① 精选种子　播种前10天内剥壳，剥壳前晒种2～3天，选用大而饱满的籽仁作种子。

② 药剂处理　根据土传病害和地下害虫发生情况选择符合要求的药剂拌种或进行种子包衣。

（4）品种选择　春花生选用中晚熟品种，夏直播及麦套花生应选用早熟或中早熟品种，所选品种要求增产潜力大、品质优良、综合抗性好，并通过国家或省审（鉴、认）定或登记。

（5）覆膜与播种　北方春花生适宜在 4 月下旬至 5 月上旬播种，麦套花生在麦收前 10～15 天套种，夏直播花生抢时早播。南方春秋两熟区，春花生适宜播种期宜在 2 月中旬至 3 月中旬，秋花生最好在立秋至处暑播种。长江流域春夏花生交作区宜在 3 月下旬至 4 月下旬播种。

春花生、夏直播花生宜采用覆膜栽培。

（6）田间管理

① 撤土引苗　当花生出苗后，及时将膜上的覆土撤到垄沟内。连续缺穴的地方要及时补种。4 叶期至开花前及时理出地膜下面的侧枝。

② 水分管理　花生播种时要做到足墒播种。生长期间干旱较为严重应及时浇水。套种花生与小麦共生期间，当花生幼苗叶片出现萎蔫，且傍晚或早晨不能恢复时，及时顺沟浇水。或进行喷灌。

花针期和结荚期，花生叶片出现萎蔫，且傍晚或早晨不能恢复时，应及时浇水。饱果期（收获前 1 个月）遇旱应小水润浇。结荚后如果雨水较多，及时排水防涝。

③ 中耕与除草

a.中耕　套种花生，麦收后 3～5 天，进行中耕灭茬除草；在花生盛花期进行中耕培土迎果针入土，培土要培成凹顶。

b.除草　花生覆膜前应喷施除草剂，麦套花生和夏直播花生结合灭茬除草，或封垄前选用选择性除草剂进行茎叶喷雾。

④ 防止徒长　花生主茎高度北方达到 30～35cm、南方达到 35～40cm 时，及时喷施多效唑或壮饱安等植物生长调节剂，施药后 10～15 天，如果主茎高度超过 40cm 时可再喷施一次。

（7）适时晚收　春花生当 70% 以上荚果果壳硬化、网纹清晰、果壳内壁呈青褐色斑块时，即可收获。套种花生将收获期推迟到 10 月上旬，麦后夏直播花生延迟到 10 月中旬。秋花生在 11 月中旬前后收获。收获后及时晾晒，尽快将荚果含水量降到 10% 以下。

（8）清除残膜　覆膜花生收获后及时清除田间残膜。

13. 花生覆膜机械化生产技术要点有哪些？

花生覆膜机械化生产技术是指按照农艺要求，采用机械作业，集起垄、开沟、施肥、播种、喷药、展膜、压膜、膜上覆土等多道工序于一体的机械化种植技术。该技术具有省工、省力、效率高、播种质量好等特点，可降低作业成本，提高花生产量，增加农民收入，具有较为显著的经济效益和社会效益。

（1）土壤选择 选择交通方便、地势平坦、坡度小于10°、土质为轻壤或沙壤、适于机械操作的地块。

（2）耕地 北方宜冬前耕地，早春顶凌耙耢，或早春化冻后耕地，随耕随耙耢；南方宜播前耕地。宜深浅轮耕，深耕年份深耕或深松30～33cm，一般年份耕深为25cm，每隔2年进行1次深耕或深松，以打破犁底层，增加活土层，提高土壤的蓄水保肥能力。对于土层较浅的地块，可逐年增加耕层深度。

（3）施肥

① 施肥数量 每亩施优质腐熟鸡粪800～1000kg或养分含量相当的其他有机肥，化肥施用量：氮10～12kg、磷6～8kg、钾8～10kg、钙8～10kg。适当施用硼、钼、锌、铁等微量元素肥料。

② 施肥方法 结合耕地将全部的有机肥和2/3化肥施入耕作层内，结合起垄将1/3化肥包施在垄内，做到全层施肥。

（4）品种选择 春花生选择中晚熟直立型品种，夏直播花生应选择早熟直立型品种。选用增产潜力大、结果集中、子房柄坚韧、适收期较长、品质优良、综合抗性好的花生品种，并通过国家或省审（鉴、认）定或登记。

（5）剥壳与精选种子 剥壳前晒种2～3天，每50kg荚果喷洒1kg左右清水，再用塑料薄膜覆盖6小时，选用性能优良的剥壳机进行剥壳。选用大而饱满的籽仁作种子，宜随剥壳随选种随播种。

（6）地膜选择 选用宽度90cm、厚度0.004～0.006mm、透明度≥80%、展铺性好的常规聚乙烯地膜。

（7）播种与覆膜

① 播期 大花生宜在土壤5cm日平均地温稳定在15℃以上时播种，小花生稳定在12℃以上时播种。

北方春花生适宜在4月下旬至5月上旬播种，麦套花生在麦收前10～15天套种，夏直播花生抢时早播。南方春秋两熟区，春花生宜在2月中旬至3月中旬，秋花生宜在立秋至处暑播种。长江流域春夏花生交作区宜在3月下旬至4月下旬播种。

② 土壤墒情　播种时土壤相对含水量以 65%～70% 为宜。

③ 机械播种覆膜　选用作业性能优良、符合农艺要求并获得农机推广许可证的花生联合播种机，根据种植规格和无机肥施用数量调好行穴距、施肥器流量及除草剂用量，开沟、播种、施肥、覆土、起垄、镇压、喷施除草剂、覆膜、膜上覆土一次完成。

（8）防止徒长　主茎高度北方达到 30～35cm、南方达到 35～40cm 时，及时喷施多效唑或壮饱安等植物生长调节剂，施药后 10～15 天，如果主茎高度超过 40cm 时可再喷施一次，使植株高度符合农艺和机械收获的要求。

（9）收获与晾晒

① 分段收获　选用作业性能优良并获得农机推广许可证的花生收获机进行挖掘、抖土和铺放，随后在地头或晒场上用摘果机摘果，摘果后及时去杂和晾晒；或在田间整棵晾晒，待荚果水分含量降至 15% 时，再用摘果机进行摘果，摘果后晾晒。晾晒至荚果含水量降到 10% 以下。

② 联合收获　选用作业性能优良并获得农机推广许可证的花生联合收获机，优先选用列入农业机械购置补贴产品目录的联合收获机，将收获和摘果一次完成。

收获应在适收期内进行。收获前若土壤含水量过低，不利于联合收获，可在收获前 3～4 天浇少量水，以润透土壤、利于收获。

（10）清除残膜　收获后及时清除田间残膜。

14. 高油花生生产技术要点有哪些？

（1）土壤选择　选用轻壤或沙壤土，土层深厚、地势平坦、排灌方便的中等以上肥力地块。

（2）整地与施肥

① 整地　冬前耕地，早春顶凌耙耢；或早春化冻后耕地，随耕随耙耢。耕地深度一般年份 25cm，深耕年份 30～33cm，每 3～4 年进行 1 次深耕。平原地在花生播种前挖好排水沟，或播种时留出排水沟的位置，雨季到来之前挖好。

② 施肥　高油花生施肥应重施有机肥和氮肥，重施基肥，有条件的宜施用包膜缓控释肥。氮、磷、钾、钙配比为 2.5∶1∶2∶2。将全部有机肥和 2/3 的化肥结合耕地施入，剩余 1/3 的化肥在播种时

施在垄内，做到全层施肥。根据土壤养分丰缺情况，适当增施硫、硼、锌、铁、钼等微量元素肥料。不同产量水平施肥量如下。

（3）品种选择 选用含油量高（≥53％）、产量潜力大和综合抗性好的品种，并通过国家或省审（鉴、认）定或登记。

（4）种子处理 可参考第 11 问相关内容。

（5）播种

① 播期 大花生宜在 5cm 日平均地温稳定在 15℃ 以上时，小花生稳定在 12℃ 以上时播种。

② 土壤墒情 播种时土壤相对含水量以 65％～70％ 为宜。

③ 播种规格

a.北方产区 双粒穴播时，垄距 85～90cm，垄面宽 50～55cm，平原地垄高 10～12cm、旱薄地 8～10cm，每垄 2 行，垄上行距 30～35cm，穴距 16～18cm，每亩播 8000～10000 穴，每穴播两粒种子。

单粒精播时，垄距 85～90cm，垄面宽 50～55cm，垄高 4～5cm。垄上播 2 行花生，垄上行距 30～35cm，大花生穴距 11～12cm，每穴播 1 粒种子，每亩播 13000～14000 穴；小花生穴距 10～11cm，每穴播 1 粒种子，每亩播 14000～15000 穴。

b.南方产区 畦宽 120～200cm（沟宽 30cm），畦面宽 90～170cm，播 3～6 行，每亩播 9000～10000 穴，每穴 2 粒种子。

④ 覆膜 选用农艺性能优良的花生联合播种机，将花生播种、起垄、喷洒除草剂、覆膜、膜上压土等工序一次完成。采用除草地膜的，可省去喷施除草剂的工序。选用宽度 90cm、厚度 0.004～0.006mm、透明度≥80％、展铺性好的常规聚乙烯地膜。

（6）田间管理 可参考第 9 问相关内容。

（7）收获与晾晒 当 70％ 以上荚果果壳硬化、网纹清晰、果壳内壁呈青褐色斑块时，及时收获、晾晒，尽快将荚果含水量降到 10％ 以下。

（8）清除残膜 覆膜花生收获后及时清除田间残膜。

15. 高蛋白花生生产技术要点有哪些？

（1）土壤选择 选用轻壤或沙壤土，土层深厚、地势平坦、排灌方便的中等以上肥力地块。

（2）**整地与施肥**

① 整地　冬前耕地，早春顶凌耙耱；或早春化冻后耕地，随耕随耙耱。一般年份耕地深度 25cm，深耕年份 30～33cm，每 3～4 年进行 1 次深耕。平原地在花生播种前挖好排水沟，或播种时留出排水沟的位置，雨季到来之前挖好。

② 施肥　高蛋白花生施肥应重施有机肥和氮肥，重施基肥，有条件的宜施用包膜缓控释肥。氮、磷、钾、钙配比为 2∶1∶2∶2。将全部有机肥和 2/3 的化肥结合耕地施入，剩余 1/3 的化肥在播种时施在垄内，做到全层施肥。根据土壤养分丰缺情况，适当增施硫、硼、锌、铁、钼等微量元素肥料。不同产量水平施肥量如下。

产量为每亩 300kg 以下的地块，每亩施优质腐熟鸡粪或养分含量相当的其他有机肥 1000～1500kg，化肥施用量：氮 6～8kg、磷 3～4kg、钾 3～4kg、钙 6～8kg。

产量为每亩 300～400kg 的地块，每亩施优质腐熟鸡粪或养分含量相当的其他有机肥 1500～2000kg，化肥施用量：氮 8～10kg、磷 4～5kg、钾 4～5kg、钙 8～10kg。

产量为每亩 400～500kg 的地块，每亩施优质腐熟鸡粪或养分含量相当的其他有机肥 2000～2500kg，化肥施用量：氮 10～12kg、磷 5～6kg、钾 5～6kg、钙 10～12kg。

（3）**品种选择**　选用含蛋白质含量高（≥26%）、产量潜力大和综合抗性好的品种，并通过国家或省审（鉴、认）定或登记。

其余生产要点同第 14 问。

16. 如何进行绿色食品花生的生产？

（1）**产地环境**　产地环境应符合 NY/T 391—2013《绿色食品产地环境质量》和 NY/T 855—2004《花生产地环境技术条件》的要求。选择地力中等以上、土传病害轻的生茬地。

（2）**品种选择**　选用通过国家或省级部门审（鉴、认）定或登记的花生品种。种子质量达到纯度≥98%、净度≥99%、发芽率≥95%、含水量≤13%。

（3）**剥壳与选种**　播种前 10 天剥壳，剥壳前晒种 2～3 天。选用大而饱满的籽仁作种子。

（4）**除草**　选用 0.004～0.006mm、符合 NY/T 393—2013《绿

色食品 农药使用准则》规定的除草地膜。如覆盖普通地膜，覆盖前喷施符合 NY/T 393—2013 的除草剂。露地栽培播种后 3 天内，可喷洒符合 NY/T 393—2013 规定的除草剂。露地栽培田和垄种的垄沟可用机械耕耘、人工拔除等方法进行除草。

（5）施肥

① 肥料选择 符合 NY/T 394—2013《绿色食品 肥料使用准则》的要求。

② 施肥量 花生肥料用量，每亩施用氮 10～12kg、磷 5～6kg、钾 10～12kg、钙 8～10kg。其中有机氮与无机氮之比不低于 1:1，根据需要适量施用硫、硼、锌、钼等肥料。在结荚后期每亩叶面喷施 0.2%～0.3% 的磷酸二氢钾水溶液或符合绿色食品生产要求的其他叶面肥料。

（6）水分管理 花针期和结荚期遇旱应及时适时浇水。饱果期（收获前 1 个月）遇旱应小水润浇。灌溉水应符合 NY/T 391—2013 的规定。结荚后如果雨水较多，应及时排水防涝。

（7）病虫害防治

① 病虫监测 在掌握病虫发生规律的基础上，综合病虫情报和影响其发生的相关因子，对病虫的发生期、发生量、危害程度等做出近、中长期的预测预报，并指导病虫防治。

② 农艺防治 采用与禾本科轮、间、套作（种）等栽培制度治理病虫，不宜与豆科和茄科轮作。采取排灌、施肥、施用花生生长调节剂（或微量元素）、冬耕、冬灌、中耕灭茬等措施控制病虫害。

③ 生物防治 保护与利用瓢虫、草蛉、食蚜蝇等防治花生蚜虫，用食螨瓢虫防治叶螨，用福腮钩土蜂防治大黑蛴螬等。

④ 化学防治 施用农药按照 NY/T 393—2013 的规定执行。

（8）收获与晾晒

① 适期收获 当 70% 以上荚果果壳硬化、网纹清晰、果壳内壁呈青褐色斑块时，应适时收获。采用适当的收获方式，防止花生荚果在收获时受损或破裂。

② 晾晒 刚收获的花生鲜果应迅速摊开、晒干，并尽快将荚果含水量降至 10% 以下。阴雨天气，应采用干燥设备。荚果质量应符合 NY/T 420—2017《绿色食品 花生及制品》的规定。

17. 如何进行有机食品花生的生产？

（1）产地选择 选择腐殖质多、土质松软、地势平坦、排水条件好、pH 6.5～7.0 的沙质土壤。上茬作物以玉米、小麦等禾本科作物为宜，避免与豆科作物轮作。

（2）种子及处理

① 种子选择 选用通过国家或省级部门审（鉴、认）定或登记的花生品种。种子质量达到纯度≥98%、净度≥99%、发芽率≥95%、含水量≤13%。

② 种子处理 播种前 15 天，将种子荚果晾晒 2 天，晾晒后对种子进行果选，去掉杂果、秕果、烂果；其后进行选分级，去掉杂仁、虫仁、秕仁、霉仁。选用饱满的籽粒备播。

（3）整地与施肥 冬天深耕 25～30cm，中等以上肥力不同产量水平施肥数量如下：

300kg/亩产量水平，每亩施土杂肥 3000～4000kg 或腐熟鸡粪600～800kg；400kg/亩产量水平，每亩施土杂肥 4000～5000kg 或腐熟鸡粪 800～1000kg。除有机肥外，可配施一种微生物肥料。

早春土壤化冻 6～7cm 时，顶凌耙压地，要求耕匀耙细、土碎地平、上松下实。

（4）播种 当 5cm 地温稳定在 15℃时，抢墒或造墒播种，要求土壤水分为最大持水量的 60%～70%，即耕作层土壤手握成团。播种采用机播，播深 3～4cm，每垄两行，行距 30cm，株距 7～8cm，垄距 90cm，种植密度为每亩 18000～21000 株，保苗 17000～19000株，覆厚度 0.01mm 以上的聚乙烯地膜。

（5）田间管理

① 发芽至幼苗期

a. 及时破膜 播种 5 天后，80%花生发芽拱土时，在上午 10 时以前、下午 4 时以后进行破膜，打孔 5cm 左右，随后封土将地膜压实。

b. 查苗补种 出苗后及时检查出苗情况，如发现烂种，及时催芽补种。催芽时采用 30℃温水浸种 4 小时，取出后在 20℃条件下催芽 24 小时，待种子露白 0.5cm 时可用于补种。墒情不足时，需要坐水补种。

c.划锄清棵　苗齐后及时在花生破膜处进行划锄，人工清除杂草，破除板结。清棵宜在2片子叶露出地面时进行。

② 开花下针至结荚期

a.水分管理　开花下针期土壤水分保持田间最大持水量的60%～70%，结荚期为50%～60%。早期田间土壤持水量降到50%以下时，及时小水沟灌润浇，忌大水漫灌。雨水较多时及时排水防涝。

b.施肥　每亩用120g硼砂兑水50kg，盛花期和荚果期各喷施一次。根据需要，适量使用含钼、铁、锰等微量元素的叶面肥进行叶面喷雾。

c.防止徒长　对徒长的花生（花生下针至结荚前期株高超过40cm），采取人工去顶的方法，摘掉花生主茎与主要侧枝的生长点，抑制生长，提高花生饱果率。

③ 饱果成熟期　应根据需要，适量补充磷肥和钙肥。雨期及时排水防涝。

（6）病虫害防治

① 防治原则　综合运用农业、物理、生物防治措施，创造不利于病虫草害滋生和有利于各类天敌繁衍的环境条件。优先采用农业措施，通过选用抗病抗虫品种，加强栽培管理，合理轮作等方法达到防治病虫草害的效果。

② 病害防治

a.褐斑病（早斑病）、黑斑病（黑疽病）　轮作换茬。及时中耕除草，收集病残体或落叶后集中处理。使用1∶1∶200波尔多液，或1.5%多抗霉素可湿性粉剂或5%井冈霉素水剂600倍液喷雾，根据病情每10～15天喷1次药，连续喷2～4次，每次每亩喷药液50～75kg。另外，用干草木灰＋石灰粉混合，趁早晨露水未干时撒于叶面，可防治多种病害。

b.网斑病　选用抗病品种，轮作换茬，播种前一年进行冬季深耕，及时中耕除草，收集病残体或落叶后集中处理。主茎叶片发病率达5%～7%时，每亩使用3%井冈霉素水剂200mL，兑水60～75kg叶面喷雾。

c.根腐病　选用抗病品种，轮作换茬，播种前一年进行冬季深耕，病害严重地区整地时追施适量生石灰或草木灰，雨季清沟排水降湿。

d.黄曲霉　荚果发育期间保障水分供给，避免收获前干旱造成黄曲霉菌感染大量增加。盛花期中耕除草时避免伤及荚果，不宜于结荚期和荚果充实期中耕除草。适时防治蛴螬和根腐病，降低病虫害对荚果的损伤。花生成熟期，在干旱又缺乏灌溉的条件下，适当提前收获。收获后及时晒干荚果，将花生含水量控制在8%以下。

③ 害虫防治　在掌握害虫发生规律的基础上，综合害虫情报和影响其发生的相关因子，对害虫的发生期、发生量、危害程度等做出近、中长期预报，并指导害虫防治。

a.农业防治　与非寄主作物或不良寄主作物轮作，防治根结线虫等。前一年收获后实行冬耕深翻，消灭越冬蛹，降低虫口基数。有机农家肥在使用前必须进行15～20天充分的腐熟发酵，通过发酵过程中65℃以上的温度杀灭虫卵。

b.物理防治　田间间隔挂黄板诱杀棉铃虫、蚜虫等，悬挂的适宜高度为植株顶端以上5～10cm，每亩使用30块。每30亩范围内安装一盏频振式杀虫灯，夜间开灯诱杀金龟子、棉铃虫等。

c.生物防治　在田间种植蓖麻，引诱金龟子取食后中毒死亡，或使其麻醉后集中杀死。在棉铃虫产卵初盛期，释放赤眼蜂2～3次，每次15000头。保护与利用异色瓢虫、大草蛉等有益生物，防治花生蚜虫。

d.药剂防治　可使用楝素、白僵菌、核型多角体病毒以及石灰等，作为合理耕作制度、田间管理技术和物理、生物防治技术的辅助或补充，防治花生害虫。

地下害虫。蛴螬、金针虫、地老虎等，每亩用150亿孢子/g的球孢白僵菌可湿性粉剂250～300g拌适量土，播种时撒施在播种沟内；田头地边种蓖麻可诱杀蛴螬成虫。

蚜虫。当每百墩虫量达到500头左右时，可用0.3%苦参碱水剂300倍液叶面喷洒，并兼治蓟马、红蜘蛛等，或用小苏打＋水＋肥皂液（1：40：0.3）喷洒叶背面；同时可用黄色捕虫板诱杀。

棉铃虫、造桥虫、斜纹夜蛾等。利用成虫的趋光性，每3.5公顷安装1盏虫灯诱杀。药物防治应在3龄前（6月底7月初）进行，可用含孢子量100亿/g以上的Bt可湿性粉剂，稀释500～800倍，或1.8%阿维菌素乳油2000～3000倍液，每亩喷施药液40～50kg。

当棉铃虫盛发期来临之前，用0.1％醋酸水溶液喷洒叶面，每隔5～7天喷1次，连喷3次，能有效驱避成虫，降低虫口密度，减轻幼虫危害。

（7）收获　当植株剩下3～4片复叶，70％以上荚果果壳硬化、网纹清晰、果壳内壁呈青褐色斑块时，应及时收获。采用人工收获，包括镢刨、提蔓、抖土、摘果，做到无残果、碎果。要求刨深以10cm为宜，应边刨，边拾果抖土，按顺序放好，并及时进行人工摘果，摘下的果放于竹筐内，运往场院晾晒。

收获后1周内将荚果含水量降到8％以下，随即包装，防止回潮。

第二章

花生种子选购及播种育苗技术

第一节 花生种子选购及处理

18. 怎样选购花生良种？

花生优良品种应具备 5 个条件：适应性广、抗逆性强、早熟性好、高产稳产和品质优良。优良品种应在当地正规区域进行 2 年以上试验和大区示范，种植后表明性状明显优于其他品种。农民在选购花生良种时要注意如下几点。

（1）根据种植模式来选择品种　当前种子经营门市所出售的花生种子一般来说都适合本地的气候条件，在生产上都具有推广价值，但不同的品种之间在产量、品质、抗逆性等方面千差万别，所以，要根据你的种植模式选择适宜的品种，如种植地膜覆盖花生就要选择增产潜力大、早熟的大中果型的品种；种植麦套花生就要选择生育期短、高产稳产的中小果型的品种。

（2）根据生产用途来选择品种　作为煮食用一般要选择大果型的花生并且采用地膜覆盖栽培技术；作干炒果用，要选择皮薄、豆大、口感香脆的品种；加工榨油，就要选择出油率高的品种。

（3）异地引种或更换新品种　特别是在春播花生主产区，多采用重茬的种植模式，在一定程度上制约着花生的产量，生产试验表明，采用更换新品种或异地引种的方法在减轻病害发生、提高花生产量上效果比较明显。

（4）根据自然条件和生产水平选用品种　选用良种时要考虑当地的自然条件和生产水平。肥水条件好、生产水平高的地块，应选用耐肥、增产潜力大的大果型良种；肥水条件差的地块，应选择耐旱、耐瘠能力强的大果型或小果型良种。

（5）根据不同耕作制度选用品种　耕作制度的改革往往对花生新品种有新的要求，随着复种指数的提高，根据不同需要选择不同生育期的品种是丰产、增收的关键。如北方春花生产区春播应选用大果型品种，套种则应根据花生生长季节长短选用大果型或小果型品种，夏直播花生一般选用小果型良种；长江以南和东北花生产区因生长季节较短，一般应选用小果型品种。

（6）到正规部门选购良种　由于一些农民对品种的识别能力较差，为避免上当受骗，选购种子时，要到具备种子经营资格的单位（经农业行政主管部门批准、工商行政管理部门登记注册的单位）购买种子。

（7）选用三证齐备并通过审定的品种　为避免盲目购种给生产上带来不应有的经济损失，选购良种时，首先应查看种子标签或种子包装袋上是否标有"三证"号（种子生产许可证号、种子经营许可证号、种子检疫证明编号）及品种审定号，其次是咨询品种的特征特性、产量指标及丰产栽培措施，筛选出切合自己需要的良种。

（8）原种、大田用种质量应符合国家标准　花生原种、大田用种质量应符合我国已制定的国家花生种子生产质量标准（GB 4407.2—2008《经济作物种子　第2部分：油料类》）（表1）。

表1　花生种子质量指标　　　　　　　　　　　　　　　%

级别	纯度不低于	净度不低于	发芽率不低于	水分不高于
原种	99.0	99.0	80.0	10.0
大田用种	96.0	99.0	80.0	10.0

（9）选用良种时应做到六忌　一忌盲从，不管土壤的土质、肥力、管理水平等情况，别人种什么品种自己也种什么品种；二忌趋新，认为凡是新品种就是好品种，也不管该品种是否适合当地的环境条件和栽培技术水平；三忌跨区引种不经过试种，因不同地区气候和土壤条件差异较大，要考虑品种的适应性，试种表现良好的品种才能大面积推广；四忌趋高，认为价格高的种子就是好种子；五忌懒惰，留种不认真去杂去劣、单收单贮，导致种子混杂和种性退化；六忌拖拉，办事拖拉，不抓紧时间购种，往往拖到快要播种时才想起买种子。

19. 怎样进行花生种子的选种分级？

没有经过精选的种子往往大小不齐，混有破损、带病虫的花生粒，甚至有其他品种类型的花生粒。如果不挑拣出来，不仅影响发芽和芽的长势，而且影响花生的品质。

剥壳前对留种的荚果进行再次选择，选择饱满的双仁果（珍珠豆型）作种。剥壳后对种子进行粒选分级，首先将秕粒、小粒、破碎粒、感染病虫害和霉变的种子一次性拣出，然后选择充实饱满、颜色鲜亮、发芽力强的种子播种。

最好进行分级粒选，按种子籽粒的大小分为一级、二级、三级，选出粒大、无损伤、无病虫、胚根未萌动的种仁，分级播种。用筛眼大小不同的筛进行分级，播种时要求一级米放在一起播，二级米放在一起播，每穴放 2 粒，淘汰三级种，使出苗全、齐、匀、壮。据试验，一级种比三级种增产 9.9%～29.0%，二级种比三级种增产 6.6%～11.0%。切忌混播，混播的花生出苗后以及在以后的生长过程中，易出现大苗欺小苗现象，发挥不出个体生产潜力。

20. 为什么花生要进行播前晒果，怎样进行花生播前晒果？

发芽率 95% 以上，发芽势在 60% 左右的种子，主要是由于贮藏期间种子回潮或是轻度霉捂，或者是种子不充实饱满，未通过后熟，没有打破休眠期。为了提高种子的生活力，促进种子后熟，播种前可带壳晒果。

花生种子播前晒果，能促进种子后熟，打破种子的休眠期，促进酶活动，有利于种子内养分的转化，提高种子的生活力，尤其能提高种子的呼吸强度和种子内含物的水解活性，提高发芽率和发芽势，使出苗率提高 10%～36%；晒果可使种子干燥，增强种皮的渗透性，提高种子的渗透压，增强吸水能力，促进种子的萌动发芽，特别是对成熟度差和贮藏期间受过潮的种子效果尤为明显；从花生秋季收获至晾干入库贮存期间，受外界环境的影响，花生可能会遇潮和遭受病虫害，通过晾晒可以降低种子的含水量，杀死病菌和害虫，促使种子发芽快而整齐，据试验，春播种子晒种后，种子带菌率比不晒种减少 25%。晒果与不晒果相比，出苗提早 1～2 天，荚果增产 6%～10%。

花生播种前晒种一定要带壳，不能晒种仁，以防种皮破裂、返油，从而降低生活力，引起烂种。晒种最好在晴天上午 10 时左右，将种子摊在地上或席子上，种子厚度 7cm，并根据当地气温高低和种子含水量，确定晒种时长，一般连续翻晒 2～3 天，晒果温度以 20～30℃ 为好。花生高温季节不可以把种子摊在水泥地、柏油路或金属板上，以免温度过高，烫伤种子。

21. 为什么花生种子不能提前剥壳？

花生剥壳播种，种子吸水快、出苗快，生长整齐。剥壳后可进行仁选，保证种子质量，提高出苗率，使幼苗生长健壮。剥壳播种还可以节约种子。

但生产中，有些农民对花生种子提前剥壳，甚至提前四五个月，这种做法是不对的。花生果作种用，剥壳不宜过早，这是因为剥壳后，种子失去果壳保护，不易储藏，容易吸收空气中的水分，受潮霉变，增强呼吸作用和酶的活性，促进物质的转化，种子内储存的营养物质消耗加剧，从而导致生命力减弱，进而影响到发芽率和发芽势，使播种后出苗慢且不整齐，并出现缺苗断垄和弱苗、黄苗的现象，对产量的形成构成了直接威胁。同时，由于失去外果壳的保护易遭受机械损伤。据试验，播前 10～20 天剥壳，即使用草木灰或花生壳覆盖，或密封贮藏，发芽率仍然比即剥即播的降低 9.3％～15.5％。

因此，花生剥壳时间应尽量接近播种时间，最好剥后当天或翌日播种。作种用花生最好手工剥壳，以减少对种皮的损伤。播种前将种仁按饱满、中等、秕仁分级，选用饱满种仁和中等种仁作种，并分开播种以使出苗整齐一致，便于田间管理。

22. 为什么花生播种前最好进行发芽试验，怎样进行？

发芽试验是各种作物播种前必须进行的程序之一。通过发芽试验，一可减少浪费，二若发芽率及发芽势不好，可及早采取必要补救措施。对基本上丧失发芽能力的种子及时调换，另作他用；对发芽率偏低的种子可采取浸种催芽或适当增加播种量等方法加以弥补。

花生播种前，要及早检查种子仓，看种子是否回潮、受冻、霉捂。如果种子回潮、受冻、霉捂，发芽势弱，发芽率低，严重的就不能作种。为了鉴别种子的发芽势强弱和发芽率高低，花生播种前最好进行发芽试验，方法是：剥壳后取 50～100 粒种子，放在 30～35℃ 的温水中浸泡 2～4 小时，待种子吸涨后，将种子放入带湿沙或垫湿布的碗盘中，再用湿草纸或湿布盖上，放于热炕上或饭后的热锅里，保持 25～30℃ 条件下发芽。为了保证种子湿润，每天可淋水 1～2 次。从第二天起，每天检查 1 次发芽数。一昼夜的种子发芽率为发芽势，3 昼夜的发芽率为总发芽率。发芽势在 80％ 以上，总发芽率达 100％ 的为优种，可作高产田用种；发芽势在 60％ 以上，总发芽率 95％ 以上的为一般种，可作为一般大田用种；发芽势 40％ 左右，总发芽率 80％ 左右的为劣种，不能作种，应及早换种。

23. 怎样进行花生的浸种催芽？

浸种催芽是争取全苗的重要措施之一，通过人为的方法，创造种子发芽所需的适宜条件，促使种子提早发芽，播后迅速扎根出苗，提高小苗的成活率。花生种子在播种前进行浸种催芽不仅具有以上好处，而且有利于解决早播与低温烂种的矛盾，及时抢墒播种，有利于保证良种下田，减少种子浪费，有利于在干旱或低温情况下种子出苗。但播种时如果墒情太差，则不宜过早进行浸种催芽；土壤墒情好、温度适宜，播种干种子完全能够保证全苗时，也可不进行浸种催芽。浸种催芽的方法有以下几种。

（1）土坑催芽 土坑催芽，是采用室外密封土窖，利用浸种余温和种子呼吸热催芽。具体做法：选背风向阳的空闲地，根据催芽种子数量和盛种子筐篓大小、形状挖土坑，坑深以 50cm 左右为宜，深了底层温度低，出芽不齐。坑底挖一个深、宽各 16.5cm 的排水坑道，以备筐内多余水分下渗，坑底铺约 16.5cm 厚的湿麦秸。经过分级粒选的发芽势强、发芽率高的一级大粒种，用两凉一开的温水（约40℃）浸泡 3～4 小时，二级中粒种浸泡 2～3 小时，使种子一次性吸足水分（横切种仁检查中间有 1/3 未吸进水的硬心即可）。将浸好的种子装入筐篓，随即放入土坑内，使筐篓高于地面 5～6cm，周围塞上用开水浸湿的麦秸，以保持种子温度，然后盖上草席，再盖上 5～6cm 土密封，一昼夜后，种子发芽率达 80％～90％，即可出坑拣芽播种。其优点：一是方法简便易行，节省劳力；二是不用温室，节省燃料；三是催芽快、质量好。其缺点是由于通气不良，生活力弱的种子易发黏霉烂，因此不好的种子不能用此法。

（2）沙床催芽 发芽率低和发芽势弱的种子，可采用沙床催芽法。

① 选地建床 沙床要选择背风向阳、地势高燥的地方，就地用土坯垒砌成前低（45cm）、后高（90cm）的苗床，宽60cm，长度不限，两头各留一个气孔，便于通风调温。

② 备足细沙 细沙以小米粒状的干沙最为适宜。因为花生种子萌发所需的温度和水分，主要由湿沙提供。如沙粒过大，则含水少，温度低；沙粒过小或带泥土，则含水多、通气差。

③ 热水拌沙 把干沙放在沙床内，厚15～20cm，用80℃的热水拌沙，拌后沙的温度以35℃左右为宜，沙的湿度以手握不出水为宜。

④ 热沙拌种 随即把分级挑选的种子倒入湿沙内充分拌匀，按1kg种子5kg热沙的比例进行，沙细吸水多，拌种可稍多点；沙粗吸水少，拌种可少点。1次拌种的数量不可过多，要随拌随摊放在沙床内。把种、沙混合均匀（热沙拌种要快，防止降温）后，铺到沙床内，厚20～23cm，然后在种子堆的外表再覆盖一层3cm左右的纯湿沙，以防种子露种干燥。拌后床温以28～35℃为宜。然后在沙床上面覆盖塑料薄膜和草苫，以保持温度和湿度。

⑤ 沙床管理 沙床内应保持温度25～28℃。温度降低时，白天可揭开草苫，让阳光照射以增加温度，夜间、阴天或寒流来临时，可加盖草苫或麻袋保温；温度高时，可打开通气孔或适当揭开塑料薄膜降低温度。床温如降至20℃时，种子萌发时间延长，发芽率降低。温度在30℃以上时，则出芽嫩弱或造成烂芽。堆放14～16小时后，要检查沙堆的水分情况，如果过于干燥，可加入少量温水，重新拌匀堆放。一般经24小时左右，即可筛沙拣芽播种。

⑥ 注意事项 催芽的种子芽尖不要太长，以刚露白为宜。如芽尖太长，呈弯钩状，播种时一定注意胚根向下，否则播种后易出现断芽无主根或盘圈窝苗现象，出苗不齐不壮。如果在播前遇寒潮、冷雨不能播种时，可把催好芽的种子放在通风阴凉处摊晾开，以减缓胚根伸长趋势，待寒潮冷雨过后再播种。

（3）温湿沙、盖膜催芽 用种量较少时，采用温湿沙、盖膜催芽，更为简便。其做法是：用热水拌沙，沙温掌握在45℃左右，每10kg温湿沙拌1kg种子，沙、种混合均匀后，上面盖膜保温，其他要求和管理与沙床催芽相同。

24. 怎样对花生进行药剂拌种?

花生种子常带有青霉属、根霉属、曲霉属和镰孢属的病菌，当种子的生活力下降时，这些病菌就大量繁殖危害种苗。花生种子根据不同的要求通过不同药剂的拌种或包衣，可提高花生的抗病虫能力，或补充营养元素来增强花生种子的活力，或增强其抗旱性等，减轻播种后鼠、鸟及地下害虫等对种子的为害，保证花生苗齐、苗全、苗壮，为花生优质高产打下良好基础。在新垦地或瘦瘠地初次种植花生时，将种子与根瘤菌或钼肥拌种可使根系早结瘤、多结瘤。

（1）**药剂拌种** 拌种消毒用的药剂可根据当地常发生的病虫害来选择。一般药剂拌种可选用70%甲基硫菌灵可湿性粉剂，或50%多菌灵可湿性粉剂，或40%拌种灵可湿性粉剂按种子重量的0.3%～0.5%拌种可有效防止烂根死苗；用50%辛硫磷乳油按种子重量的0.2%拌种，用40%乐果乳油250～400g，加水5kg，拌种100kg，可以防治地下害虫；用种子重量0.1%～0.2%的煤油或柴油拌种，起驱避作用，防止地下害虫和鸟兽损害种子。

用"氯虫苯甲酰胺+吡虫啉（优拌）"拌种，可防治蛴螬、地老虎、金针虫、蚜虫、二代棉铃虫等。方法是：将选好的花生种提前2～3天晒种，然后手工剥皮，去除霉变、发芽、爆皮、裂口的种子。每亩15kg花生种，用200g/L氯虫苯甲酰胺悬浮剂10mL加600g/L吡虫啉悬浮种衣剂30mL，兑水250～300mL。找一个预混器，加入总水量的1/3，将氯虫苯甲酰胺倒入，再将吡虫啉倒入。将配好的药液慢慢倒入已经配好的花生种子中，边倒边搅拌2～3分钟。将拌匀的花生种子迅速移到通风处摊晾，一般10分钟左右就可以晾干，种子晾干后就可以正常播种了。

（2）**保水剂拌种** 花生保水剂是一种高分子吸水性树脂，是一种优良的保水材料，可吸收种子自身重量数百倍的水分，旱薄地使用，一般可增产10%左右。方法是：使用时可先湿润花生种子，每亩150～300g保水剂均匀撒在种子表面，然后拌匀。或者进行种子涂层，用量为100～150g/亩。根据用量及保水剂的吸水率，计算并量取清水，将保水剂慢慢加入水中，边加边不断搅拌，使保水剂很快吸水膨胀，直至水和保水剂均匀混合成糊状；然后将花生种子边倒入边搅拌，拌匀后摊薄晾干，以备播种。

（3）**抗旱剂拌种**　目前我国推广应用的主要是抗旱剂1号。其主要化学成分是黄腐酸。一般药剂用量为种子重量的0.5%，加水量为种子重量的10%。先用少量温水将抗旱剂1号调成糊糊状，再加清水至定量，不断搅拌使其完全溶解；倒入花生种子拌匀，堆闷2～4小时即可播种。如果不立即播种，要将种子晾干。

（4）**根瘤菌剂拌种**　根瘤菌剂是一种生物制剂，通过根瘤菌剂拌种，可明显提高根系根瘤数和固氮能力，增加产量。花生采用根瘤菌剂拌种，一般可增产10%左右，在生茬地上应用效果更好。目前的根瘤菌剂有粉剂和液剂两种，用量粉剂为每亩100g，液剂为50g，每克菌剂含活菌2亿个以上。使用时，先向菌剂中加入适量清水和匀，然后倒在所需拌的种子上，再与花生种子拌匀，使每粒花生种子都粘上菌粉或菌液。拌种要做到随拌随播，不要与农药、硫酸铵、石灰等接触，以免杀死根瘤菌。播种时种子要用湿布盖好，以防风吹日晒，影响根瘤菌活力，播后要及时盖土。根瘤菌拌种后，每亩用种再用0.5～1.0kg石膏粉拌和，可增强根瘤菌的抗逆性，提高拌种的增产效果。

25. 花生怎样用微肥拌种？

土壤中微量元素供应不足，作物就会出现不同的缺素症状，影响正常的生长发育，导致产量下降，品质变差，严重时导致绝收。相反，土壤中微量元素过多，作物也会中毒，同样会影响产量和品质。试验表明，在花生生产上，使用铁、硼、钼等微肥有明显的增产效果。在生产上，可对花生种子进行拌种达到增施微肥的目的。花生用微肥拌种的方法有如下几种。

（1）**用硫酸亚铁拌种**　每亩地用量10～15g，兑水10～15kg，配制成0.1%的硫酸亚铁溶液，将花生种子在里面浸泡3～5小时，捞出沥干后即可播种。

（2）**用硼肥拌种**　一般每千克花生种子使用0.4g硼砂，加适量清水溶解后，均匀地与种子搅拌在一起，或者将硼肥溶液用喷雾器均匀地喷洒在种子上，晾干后播种。

（3）**钼肥拌种**　一般每亩地用钼酸铵或钼酸钠6～10g。先用少量40℃的温水溶解，然后配成0.3%～1.0%的溶液，用喷雾器直接喷洒到花生种子上，边喷雾边搅拌均匀，晾干后就可播种。或每亩用钼酸铵或钼酸钠 15～25g，兑水 12.5～15L，浸泡花生种子 3～5 小时，捞出晾干后播种。

26. 花生拌种时的注意事项有哪些？

花生拌种的注意事项有以下几点：

① 拌种前要精选良种，清除霉变、弱小种子；

② 在拌种时，一定要将包装内的药剂洗净，避免浪费；

③ 不要直接在水泥地面上拌种；

④ 拌种时要搅拌均匀，拌过的种子不能在太阳下暴晒。

第二节　花生播种育苗疑难解析

27. 如何把握好花生的播种期？

（1）花生适时播种的依据　花生原产热带，属喜温作物，从种子萌发到荚果成熟都需要较高的温度。不同类型花生品种的生育期长短和所需的积温不同。生育期最短的是多粒型，为 122～136 天，所需积温为 3000℃左右；其次是珍珠豆型，为 126～137 天，所需积温为 3100℃左右；中间型的生育期为 130～146 天，所需积温为 3200℃左右；生育期较长的类型为龙生型，生育期 150 天以上，所需积温为 3500℃；生育期最长的为普通型，为 155～160 天，所需积温为 3600℃左右。另外，花生的生殖生长要求一定的高温条件：开花最适宜温度为 23～28℃，最低温为 19℃；结荚最适宜温度为 25～33℃，最低温为 15℃。

因此，花生播种期必须根据花生的生育期、所需积温、生殖生长期所需要的温度范围及农作物前后茬的农时来确定。在花生的有效生育期内，播种适期的确定，一是要求有利于一播全苗壮苗，二是有利于调节好花生的营养生长和生殖生长的关系，打好花生丰产的基础。

（2）春花生播种适期的确定依据　春花生的播种适期主要根据不同品种类型对温度、土壤含水量的要求确定。

已经通过休眠期的花生种子，必须在一定的温度条件下才能发芽，不同类型的品种其发芽最低温度有一定差异。珍珠豆型和多粒型品种地温稳定在 12℃ 以上时才能发芽,普通型和龙生型品种则需要在 15℃ 以上的较高温度才能发芽。花生种子发芽的最适温度为 25～37℃。

另外,花生种子发芽出苗需要充足的水分,土壤水分以土壤最大持水量的 60%～70% 为宜。低于 40% 时,种子容易失水而不发芽;若土壤水分含量太高(大于 80%),则易造成种子缺氧,引起烂种或幼苗生长不良。

因此,在花生播种适宜时期内适当早播,可延长花生苗期,在开花之前积累较多的营养,有利于花生结实。但早播必须在保证一播全苗的前提下进行,如果采用地膜覆盖,则可以比露地栽培提前 1 周左右播种。晚播种,虽然出苗快、生长迅速,但开花早,前期营养生长不够,影响花生产量,或错过了花生开花下针结荚的有效温度范围,造成大幅度减产或绝收。

(3)春播花生播种适期 春播花生种植区,当 10cm 地温稳定在 12～15℃ 时即可播种。一般情况下,河南、山东、河北等产区于 4 月下旬～5 月上旬播种;湖南 3 月中旬播种;长江中游南部丘陵区、浙江、福建和江西北部以及四川盆地 3 月下旬～4 月上、中旬播种;湖北东部丘陵地区 4 月上旬播种;江汉平原 4 月中旬播种;江苏、安徽等省 4 月中、下旬播种;海南省 2 月上旬播种;广东、广西等省区的南部 2 月中、下旬播种;广东、广西的中部和北部及福建省的中、南部地区在 3 月中、下旬播种。采用地膜覆盖种植,播种期比露地栽培可提前 7～10 天。

(4)麦套花生主产区适播期 此区温度已不是主要影响因素,花生与小麦共生期的长短成为主要矛盾。适宜播期,应以既能达到早播又有利于培育壮苗为目的。畦田麦套种花生一般应于麦收前 15～20 天套种;小垄宽幅麦套种花生一般应于麦收前 20～25 天套种;大垄宽幅麦套种仁播覆膜花生,田间通风透光好,一般于 4 月中旬播种。

(5)夏播花生适播期 夏播花生的生长正处于有利的环境条件下,但无论是油菜茬、大麦茬、大蒜茬还是小麦茬,都面临着生育期短和积温不足的问题,所以,一切栽培措施都必须围绕"早"和"促"来考虑。品种选定之后,早播就成为关键。

(6)地膜覆盖花生适播期 地膜覆盖花生的适宜播期,以播种出苗后终霜期已过为标准。由于地膜覆盖的作用,地温有所提高,因此地膜覆盖花生的播期可较露地春播花生的播期有所提前。

28. 怎样进行花生带壳播种？

花生带壳播种，是一项抗旱、节水、增产的栽培新技术。花生壳是一层保护膜，能够保护花生种仁不易受高温、高湿等外界环境条件的影响，有利于增强种仁的活力。如果剥去花生壳播种，花生种仁易受外界环境条件的影响，从而降低或者失去发芽能力；花生种仁和空气接触，极易吸收水分，增强呼吸作用和酶的活动，也会降低花生种仁的活力。生产实践证明，花生带壳播种比剥壳播种，产量明显增加，增产幅度为11％～18％。花生带壳播种应掌握以下要点。

（1）选择品种 花生带壳播种应选用早、中熟花生品种。对用来作种的花生荚果进行仔细挑选，选择果型一致、大小均匀、成熟度好、色泽正常的2粒荚果。

（2）播前浸种 播种前，应把花生荚果晒2～3天，再将双仁果掰成2个单仁果。然后将单仁果的果嘴捏开，以利于花生种仁吸收水分和出苗。提前3～5天浸种。据研究，浸种的水温越高，种子吸水越快，种子内膜系统修复越慢，种子内容物外渗越多，不利于种子活力的提高。所以，浸种的水温宜低，浸种的时间宜长。用35℃的温水浸果24小时，捞出沥干水分，即可播种。

（3）提前播种 由于果播具有抵御低温冷害等不良环境影响的能力，为了延长生育期，露地栽培果播播期可较仁播提早3～5天，果播覆膜播种可比常规露地仁播提前1个月左右。带壳播种的花生苗期生长较快，中后期生长较慢，株矮枝短，株型紧凑。因此，需要增加10％～15％的播种量才能发挥其增产作用。

（4）播种浅而实 花生带壳播种出苗缓慢，不宜深播，最佳的播种深度为3～5cm。播后用脚轻踏一下，以免花生出苗时将果壳带出土面。对于带壳出土的花生幼苗，应及时去掉果壳。

29. 为什么花生播种不能过深或过浅？

花生播种深度以5cm左右为宜（指开沟深度，不是覆土深度）。当然还应根据土质、墒情灵活掌握，即土质黏、墒情好，可适当浅些，但不能浅于3cm；沙性土、墒情差，应深些，但不要深于7cm。

这是由于花生出苗时间较长（12～20天），如果播种时墒情差，种得太深了，播后遇到大雨和寒流，就会产生窝苗和烂种现象。土壤墒情好、湿度大，播种过浅了，若没有雨，就会出现种子落干和胚芽抽干吊死现象，造成缺苗。因此，花生播种一定不能过深或过浅。

30. 春季干旱时如何进行花生播种？

春季干旱，不利于春花生适时播种，常对全苗造成很大威胁，影响花生产量提高。为了及时播种和保证全苗，可因地制宜采取如下抗旱播种技术。

（1）**抢墒播种**　在花生播种适期，底墒好，表墒差，天气较干旱的情况下，遇有小雨时，趁雨后土壤水分较多，空气潮湿，蒸发量小，及时抢播，能达到全苗壮苗的效果。

（2）**提墒播种**　该法是在表层有一层干土，底墒较足，又无适时雨水的情况下所采用的播种技术。可在播种的前一天下午，用石碌子把地表全面镇压1遍，使底土层的水分借助毛细管引力而上升，增加表层的土壤水分含量（一般可提高2%左右），第二天即可播种。这种方法简单易行，能够保证种子的发芽出苗率。

（3）**闷墒播种**　在播前遇旱，土壤无墒时，在有浇水条件的产区，为了用有限的水造好墒，于播种前按播种要求的行距开沟灌水，灌水后立即覆土闷墒2～3天，第二天或第三天播种层墒情适宜时，再按原垄开沟，然后播种。这种方法接近于最好的自然墒情，又节约用水，保苗效果好。

（4）**假打垄借墒播种**　在无灌溉条件的丘陵旱坡地，于早春土壤夜冻昼消时，按花生种植要求的行距，预先打起较高的小垄（高12～15cm），保持一定墒情，播前几场小雨后，会增加部分墒情，到播种适期时，用耢将垄上的干土耢入垄沟内，露出正垄湿土，立即开沟播种，借墒保苗效果好。

（5）**带壳借墒旱播**　花生带壳借墒播种是干旱地区提高花生单产的一项新技术。花生带壳播种与传统的剥壳播种相比：一是可以节约劳力和时间，可在播种前省去花工大、费时多的花生剥壳这一工序；二是出芽率高，带壳播种的花生，出芽率可达95%以上，且出苗整齐，生产健壮；三是可减轻病害，有些花生病害还可以得到避免；四是能提早成熟，一般可提前7天左右成熟，空壳率低，有利于增产。

31. 花生机械化播种有哪些注意事项？

花生的机械化播种，目前可实现起垄、播种、覆土作业一体化，有些可实现联合作业。花生机械化播种要求双粒率在 75% 以上，穴粒合格率在 95% 以上，空穴率不大于 1%。

（1）播种时间 应根据地温、品种特性、自然条件和栽培制度等综合考虑。一般当 5cm 土层地温稳定在 12～15℃ 时即可播种。地膜覆盖栽培可提前 10 天左右播种，各地应根据地温的变化规律，以花生适宜发芽的温度确定播种时间。播种时，播种层适宜的土壤水分为田间最大持水量的 70% 左右。

（2）播种密度 机械化播种一般采用一垄双行种植模式，按宽 80～90cm 起垄，垄顶宽 55～60cm，垄高 13cm，垄顶整平。每垄种植两行花生，每穴两粒种子。垄上行距不超过 28cm。每亩以 0.9 万～1 万穴为宜，土壤肥力好的地密度相应小一些，地力差的密度大些。

（3）播种深度 一般以 5cm 深为宜。土质黏重、墒情好、地温较低或土壤湿度大的地块，可适当浅播，但最浅不得小于 3cm；反之，可适当加深，但不超过 7cm。种肥应施于种子侧下方 5cm 处。

（4）镇压 墒情差或沙性大的土壤，播后要及时镇压。

32. 花生大垄双行机械覆膜播种技术要点有哪些？

花生大垄双行覆膜播种主要包括如下技术内容：花生大垄双行机械播种、机械施肥、机械喷施除草剂、机械覆膜等。该项技术的机具为花生覆膜播种机，以及与之配套使用的花生收获机。

（1）技术原理 目前，常用的花生覆膜播种机是与中小型拖拉机配套的悬挂式花生播种机，集起垄、施肥、播种、喷除草剂、覆盖地膜、膜上压土等功能于一体，所有工序一次完成。播种机前端的起土铲筑起 15cm 的小高垄，排种器将种子均匀地播到沟内，施肥铲将种肥施入土中，几个小喷嘴把除草剂随即喷出，压膜辊及时将地膜压平，覆土圆盘压实地膜。

（2）技术要点 采用地膜覆盖大垄双行种植技术，比露地生产增产 30%～40%，大大提高了花生产量。同时，地膜覆盖种植还能促进提早成熟，其饱果率、出仁率、蛋白质含量和粗脂肪含量等均比露地生产有不同程度的提高。

① 地膜花生一般比露地花生提前 7～10 天播种。以 5cm 土层地温稳定在 12.5℃时为适播期。播种时应做到足墒播种，土壤含水量为田间持水量的 60%～70%，即"捏土成团，落地散开"，若水分不足要浇水造墒。

② 选择适宜机械化种植的花生优良品种。播种前要晒种。剥壳前选择晴天晒果 2 天，可使种子干燥，促进后熟，打破休眠，同时具有杀菌作用。晒果后剥壳。剥壳后先剔除秕小、破碎、发霉、变色的种子，再把饱满的种子按大小进行分级，过大或过小的种子应拣出。

③ 药剂拌种。一般用 50%多菌灵可湿性粉剂按种子重量的 0.3%～0.5%拌种，防治地下害虫多采用花生种衣剂拌种法，药种比 1∶50，或用 50%辛硫磷乳油 100g 兑适量水拌 50kg 种子。

④ 大垄双行，即 90cm 宽的大垄（包沟），沟深（垄高）15cm，畦面宽 55～60cm，在畦面上播种两行花生，行距 30～40cm，穴距 15～17cm。种植密度为每亩 10000 穴左右。

⑤ 机播要求双粒率在 75%以上，穴粒合格率在 95%以上，空穴率不大于 1%。播种深度一般在 5cm 左右。

⑥ 提高覆膜质量，及时喷施除草剂。覆膜时做到膜紧贴地面，拉紧、伸平、伸直、覆严，两侧用泥土压实，膜上每隔 2m 左右压一小土块或土堆，防止鼓风揭膜，并及时检查堵压漏洞。未使用含除草剂的药膜时，覆膜前必须施用除草剂。每亩用 48%甲草胺乳油 100～150mL 或 50%乙草胺乳油 50～75mL，兑水 75kg 均匀喷雾到畦面后立即覆膜。覆膜结束后，再用除草剂喷洒畦沟，防止沟内长杂草。

⑦ 种肥应施于种子侧下方 5cm 处。

33. 春花生播种的关键技术要点有哪些？

春花生生育期相对较长，不比夏花生麦子收割后要抢种，所以一定要待温度稳定后再播种。

春花生播种后，苗前常发生烂种，严重的烂种率达 20%～30%，造成不同程度的缺苗断垄。有的由于种子质量差，储藏不当和储藏期过长；有的地势低洼，土壤含水量高，土壤黏性大，种子出苗时间过长，芽势降低；有的整地不够，坷垃过大，影响种子对水分的吸收，苗弱；有的没有精选种子，大小不匀，播种不细或深浅不一，造成出苗不齐或缺苗断垄；有的低温持续时间长，造成发芽出苗迟缓而烂种；有的多年连作不换茬，苗期病害发生严重，造成缺苗断垄；有的施用未充分腐熟的有机肥或肥料浓度过高造成肥害，影响出苗。根据以上情况，春花生播种应注意几个关键点。

（1）播种时间 判断花生播种时间，以10cm地温高低来确定，一般10cm地温稳定通过12℃时就可播种，最好是10cm地温稳定在15℃以上时播种。

南方春秋两熟花生区适宜播种期为2～3月中旬，长江流域春夏花生交作区的适宜播种期为3～4月下旬；北方大花生区以及花生产区适宜播种期多为4月下旬至5月上旬。花生发芽的温度：珍珠豆型、多粒型在12℃以上就能发芽，而普通型和龙生型在15℃以上才能发芽，播种期稍迟。

春花生适期播种，可提高土地、光能利用率，使植株生长矮壮，节间密、分枝多、根系生长好，干物积累多，开花、结果多，饱果率高，易于达到高产优质的要求。过早播种，因温度低种子不能正常发芽，出苗慢，增加土壤病虫侵害的机会，出苗率低，幼苗生长不良，并影响花芽的分化发育；但过迟播种，南方产区处在高温多雨环境下，花生容易徒长倒伏，结荚少；中部和北方的花生，特别是普通型花生，在结荚成熟期间，往往碰上秋旱和低温，影响荚果发育和养分积累，导致饱果率、出仁率和含油率低而降低产量和质量。

（2）品种选择 应根据市场需要、栽培方式、播期等因素合理选用优良品种类型和品种。选种要因地制宜，以当地品种为主，跨区域的品种可以适当试种，然后再引进。在挑选种子时应选择粒大、饱满的作为种子。宜选用具有抗性强，适宜密植、丰产稳产的品种。

（3）种子处理 一般在播前晒果2～3天，晒后剥壳，同时选粒大、饱满、大小一致、种皮鲜亮的籽粒作种，不可大小粒混合播种，以免形成大小苗共生，大苗欺小苗，造成减产。

播前做好发芽试验。确保使用发芽势强、发芽率高的种子，以利于出苗快而整齐。

种子包衣是防治花生地下害虫及苗期病害最省力、最简便的方式。播种前每亩种子（15～17kg）用60％吡虫啉种衣剂30mL＋2.5％咯菌腈悬浮种衣剂25mL＋水250mL，或60％吡虫啉拌种剂30mL＋400g/L萎锈·福美双悬浮种衣剂40mL＋水250mL拌种，可有效防治土传病害（根腐病、茎腐病等）和地下害虫，晾干播种。

（4）播种深度和密度　播种时要注意合理密植，大花生一般为每亩8000～10000穴左右，小花生一般为每亩10000～12000穴左右，每穴播种2粒。挖穴点播、冲沟穴播或机械播种。

播种深度以5cm为宜（指开沟深度，不是覆土深度）。具体情况还应根据土质、墒情灵活掌握，即土质黏、墒情好，可适当浅些，但不能浅于3cm；沙性土、墒情差，适当深些。播后还要注意覆土深浅一致，适时进行镇压，特别是干旱多风的地方，更应镇压，以免播种层透风跑墒，造成种子落干缺苗。镇压的时间视土壤墒情而定，墒情差应立即镇压，墒情好，土壤水分多，应等土表水散失后有一层干土时再镇压。

34. 春花生播种后发生烂种缺苗的原因有哪些？

花生原产于南美，是喜温作物。花生种子从发芽到出苗对土壤的水、气、热条件要求较严格。第一是温度，最低萌发温度为12℃，不同品种之间有差异，例如密枝亚种萌发的最低温度为15℃，疏枝亚种从播种到出苗需要大于12℃的有效积温高于115℃。而往往春天花生播后气温变化反复，不利于出苗。春花生从播种到出苗需10～20天。花生进入幼苗期所需的最低温度为14～16℃。第二是种子要吸水，只有充分吸水膨胀后才可萌动，花生从萌动到出苗需要吸收种子本身重量的4倍水分。所以播种前后为了保证土壤适当湿度，一定要做好土壤保墒。第三是通气条件，花生萌发过程耗氧较多，如果土壤空气中含氧量太少会影响出苗。这些要求决定了花生喜欢土层深厚、疏松通气、渗水保水良好、有机质丰富的沙壤土。春花生播种后出苗前常发生烂种，一种是在未发芽时烂种，花生不能正常发芽；一种是发芽后烂种，常造成不同程度的缺苗断垄现象。严重的烂种率高达20％。花生烂种原因颇为复杂，大体包括生理性烂种和病理性烂种两大类，两者很难区分，其中引致生理性烂种的原因有如下几点。

（1）花生种子质量差　如果采用春花生，特别是地膜春花生留种，生命力弱，抗性差；花生荚果在收获过程中遇连阴雨天气，花生果未能及时晒干，发生霉变；在花生果贮藏过程中受潮变质以及剥壳过早、种子走油变质；种子没有精选，大小粒不匀或种皮有破损等因素，都可使花生种子质量降低。

（2）播种过早 花生发芽的最低温度是 12～15℃，如果播种过早，会因温度低，满足不了花生发芽出苗的需要，致使发芽出苗的时间拉长，造成烂种缺苗。出苗越慢，出苗的时间越长，烂种缺苗的现象越严重。

（3）施肥不当 如播种时施肥量过大，特别是化肥用量过大，又集中施在播种沟内，肥料未与花生种分开；施用未充分腐熟的有机肥或施肥浓度过高；或种子与肥料直接接触，均会造成肥害或诱发地蛆等危害，易烂种烂芽。

（4）播种方法不科学

① 地势低洼，土壤黏重，质地差，土壤含水量高，种子出苗时间长。

② 播种过深、播种不细或深浅不一，造成出苗不齐或缺苗断垄。在开沟播种时，若沟开得过深或沟底不平，播种深度在 6cm 以下，容易造成缺苗。

③ 种子倒置。浸过的种子和催芽的种子，如果种倒了就会缺苗。

④ 播种时土壤水分不适宜。播种时墒情差，播种后又长期干旱，使种子萌动后因吸不到水分而干死缺苗。或播种后连阴雨，种子长期处于低温高湿的环境中而烂种缺苗。

⑤ 播种时机选择不当或踩踏过实。雨后播种或造墒播种时踏得过实，使土壤板结，通气性差，种子进行无氧呼吸而烂种缺苗。即使能够发芽，也会因为顶不动板结的土块而死亡缺苗。

（5）整地质量差 多年重茬地块，由于土壤理化性质的改变或土壤习居菌数量的积累等复杂原因，易烂种。整地不实，影响种子对水分的吸收，苗弱。耕作粗放，土块过大，容易压种和跑墒造成缺苗。

（6）虫鼠兽为害 蛴螬、金针虫等地下害虫以及老鼠、蚂蚁、野兽等为害也会造成缺苗。

（7）药剂拌种不当 用药量大、浓度高，易造成药害缺苗。

35. 如何防治春花生播种后烂种缺苗？

（1）提高种子质量

① 选用夏、秋花生留种　南方选用秋花生留种，北方选用夏花生留种，是花生全苗、壮苗、高产的重要措施。花生是自花授粉作物，年年用春花生留种，又作春种，长期在相同的条件下种植，容易造成种性退化而减产。并且春花生，特别是地膜春花生，生长期长，收获后贮藏的时间也长，种子生活力下降。而选用夏秋花生留种作春种，改变了花生的栽培条件，提高了花生的适应能力和抗逆性，并且夏秋花生生育期和收获后的贮藏期都短，种子质量好，表现生活力强，春播出苗率高，长势好，产量高。

② 确保花生种不霉变　对留种花生适期收获并及时晒种，做到科学贮藏。在花生种的收获季节，要做到晴天起收，及时晒干，防止霉变。在贮存期间，要经常晾晒，防止受潮变质。

③ 带壳晒种、适时剥壳　在播种前5～7天，带壳晒种1～2天后再剥壳，不但可以杀死果壳上的病菌，而且可以降低种子的含水量，加快花生新陈代谢，增强种子渗透力，提高种子吸水能力，播种后出苗早，出苗齐，出苗率高，长势强，产量高。播前适时剥壳，不宜过早，剥后当天或翌日播种，去除小粒、破损粒，选粒大无损伤、胚根未萌动的种子播种。

④ 搞好四级选种　搞好花生的四级选种是防止花生品种退化、提纯复壮、增强花生种子活力、提高花生产量的重要措施。可于花生收获前，选择品种纯、长势好、病害轻的田块作留种田；收获时进行株选，将分枝多、节间短、结果多而集中、果大饱满的单株留种；将选好的单株进行果选，边摘边选，然后将选中的荚果集中晒干，单独存放；播种前结合剥壳再进行粒选，将小粒、破粒，以及破皮、变色、长有紫斑的籽粒全部剔除，选粒大饱满、皮色鲜艳的籽粒播种。

（2）提高整地质量

① 深翻细整　花生属地下结果的作物，要求深厚、疏松、肥沃的土壤条件。因此，种植花生的田块必须提前深翻，精耙细整，达到深、平、细、松、软的标准。

② 起垄种植　竖畦横起垄栽培花生，不但能增加土层，有利于抗旱保全苗，而且有利于清棵蹲苗、排涝降渍、加大昼夜温差，大幅

度地提高花生产量。

③ 开好"三沟"，保证雨过田干 即开好丰产沟、腰沟、田边沟，防止播种后遇雨涝渍。

（3）科学施好种肥 用作花生种肥的有机肥必须充分腐熟。花生的种肥应该选用过磷酸钙、磷酸二铵或低氮高磷中钾的复合肥品种。不宜采用单质尿素或高氮尿基复合肥。有的地区要考虑施钙肥，防止出现空壳现象。要避免种子与肥料接触。

（4）提高播种质量

① 药剂拌种 用种子重量 0.1% 的 50% 甲基硫菌灵可湿性粉剂或 50% 多菌灵可湿性粉剂拌种，或 40% 三唑酮·多菌灵、45% 三唑酮·福美双可湿性粉剂按种子重量的 0.2%～0.3% 拌种，或用种子重量 0.1% 的新高脂膜粉剂拌种，预防苗期病害。地下害虫及鸟害和鼠害较多的地方，还应加入种子重量 0.2% 的 50% 辛硫磷乳油混合拌种。

② 适时播种 不要盲目求早，遇到低温天气，应适当推后播种，播期的选择主要看气温条件，只有当气温稳定在 12～14℃ 以上时播种才保险。播前是否需浸种催芽，要依据当时的条件判断，在土壤墒情好、温度低、适期或偏早播种时，无需浸种催芽。只有适当晚播，墒情又不好时才需浸种催芽，要浸种必须催芽，即使是催过芽的花生，播种时也要芽向下或平放，防止倒种。

③ 精细播种 干旱带水造墒，避免雨后烂种。雨前带水造墒播种比大雨后播种产量高。花生播种有穴播和单粒条播两种方式，穴播两粒种子，播种深度要根据土壤墒情而适当调整，墒情适中时播深宜在 5cm 左右；深度最浅不浅于 3cm，最深不深于 7cm。

④ 合理覆土 一是先覆湿土，后覆干土；二是造墒播种或雨后播种时，覆土后不要压得太实。

⑤ 推广地膜覆盖 地膜覆盖栽培可以保墒，提高地温 2～3℃，花生出苗快，出苗齐，有助于减少烂种。

36. 花生地膜覆盖对地膜的选择有何特殊要求？

花生地膜覆盖采用的大都是聚乙烯薄膜，厚度一般在 0.015mm 以下。超过 0.02mm，果针就难以穿透薄膜入土结实。近年来，各地选用厚度在 0.008mm 以下的超薄膜，效果更好，投资少，效益高。薄膜的颜色，主要有黑色、银色、透明 3 种，以透明膜效果为好，增产幅度较大。目前，市场上销售的地膜种类很多，选择时要掌握以下标准。

（1）宽度 地膜的宽度应根据垄宽而定，花生以垄宽为 85～90cm、膜宽 85～90cm 为宜，小花生膜宽以 80cm 为宜。垄宽为 100cm 或 200cm 的地区，则选用相应宽度的地膜。

（2）厚度 薄膜的厚度以不超过 0.02mm 为宜，每亩用量在 3.0～4.0kg。购买时一定要特别注意膜的厚度，既不可太厚，也不可太薄。薄膜厚度≥0.018mm，不仅薄膜用量大，成本高而且会影响花生有效果针入土结实，降低增产效果；薄膜厚度＜0.004mm，增温保温效果明显减少，并会因此无法控制无效果针入土。

（3）透光率 种植花生的地膜透光率要求≥70％，如＜50％会影响太阳辐射的透过和传导，不利于光的吸收和光合产物的形成。现在也有用黑色地膜的，这种黑色地膜虽然透光率较差，但防草效果较好。

（4）物理强度 一定要选拉伸强度高的薄膜，只有拉伸强度高，才能更好地抗老化。要选拉伸强度＞100kg/cm^2、直角撕裂≥30kg/cm^2、断裂伸长率≥100％的地膜，确保覆膜至封垄后不碎裂。

（5）展铺性好 膜应不黏卷，不卷边，无褶皱，展铺性好。要想展铺性好，以选用高压聚乙烯与低压聚乙烯共混膜为宜。这种膜成本低，强度高，不黏卷，不卷边，便于铺展。

37. 花生地膜覆盖栽培的播种方式有哪些？

花生覆膜的方式有两种，一种是先覆膜后打孔播种，另一种是先起畦播种后覆膜。这两种方式各有优缺点，可因地制宜选用。前者在播前能保自然墒有利于提高地温以防止"闪苗"，但在花生出苗期间保温效果差，早播种出苗慢。无霜期短的旱地春花生和夏直播花生可以应用此方式。后者的优点是比覆膜打孔播种省工，花生出苗期间保温效果好，出苗较快，而缺点是开孔放苗，膜下湿热空气冲出易"闪苗"。

（1）先播种后覆膜 在起好垄的垄面上，按规格开 2 条播种沟，沟深 3～5cm。墒情差的地块要顺沟浇少量水，待水下渗后，按穴距规格将事先处理好的种子，并粒平放 2 粒种仁，切不可向沟内散播。否则，既影响密度规格，又因种子分散易造成开膜孔多放苗困难，降低了覆膜增温保墒效果。播后覆土要均匀，北方产区要适当镇压垄面，南方产区只需拍实或抹平垄面。然后向垄面喷施 50% 乙草胺可湿性粉剂，用量为 150mL/亩，兑水 50kg，喷头距离垄面 40cm 左右，垄面见湿为止，随即盖膜。另一种方法是在已起好垄的垄面上打孔播种后，再覆盖地膜。该法保温保湿效果好，播种速度快，出苗快，但费工，密度规划不合理，播种深度不一致，出苗不整齐。如开孔不及时，易灼烧幼苗，难以达到覆膜规范化的要求。

技术要求：地膜要铺平拉直，在垄的两边，两个人一边后退，一边用脚踩地膜，使地膜能够左右紧贴垄面，一边用小钩镰勾土，压在踩下的地膜上，盖膜结束后，顺着垄沟将压在地膜边上的土踩一遍，做到拉紧、压实、盖严，达到不透风、不透水、不透气、保墒、保水、保温的目的。

（2）先覆膜后播种　播种前 5～7 天趁墒覆膜，可起到保温保湿和调节劳动力的作用。播种时采取打孔、浇水、放种、施药、封孔盖土连续作业。根据花生播种密度确定株距和行距，用木制打孔棒或铁制打孔器在垄面上打直径 4.0～4.5cm、深 3～3.5cm 的洞，并在其上横装一标尺，以控制孔深和孔距。按播种规格在膜面上打 2 排播种孔，逐孔用水壶浇水，待水下渗后，插播或平放 2 粒处理过的种子，注意种子播深保持在 3.0～3.5cm。为防止蛴螬和苗期蚜虫危害，可在易拉罐底部打小孔，装入辛硫磷等药剂，逐孔筛药盖种，然后在垄沟取湿土填满压实，再在膜孔上盖直径 3～4cm 的馒头状土堆，封膜保温保湿和避光引苗。这种方法省去了人工破膜用工，且不易烧苗，但打孔点播比较费工，播种深浅和覆土多少不好掌握，容易造成缺苗。

（3）注意事项　一是选择肥力较高的土壤覆膜，增产效果明显。二是要求地面平整。三是覆膜前施足基肥，盖膜后，土壤在高温高湿的条件下，肥料分解快、利用率高，无法进行追肥，因此，盖膜前要比一般的花生田增施 1000kg 的有机肥，并配合施用一定量的速效性肥料。四是不管哪种播种方法，都要在膜顶面适当压土以防大风掀膜，但不能压得过多，压多了影响光照，失去了覆膜的意义。

38. 在花生生产上如何使用液体地膜？

液体地膜，既具有塑料地膜的增温、保墒、保苗作用，又具有较强的黏附能力，可将土粒联结成理想的团聚体。喷施后，作物可以自然出苗，不用人工引苗、放苗，节省劳动力，对地形地貌适应能力强，并且能自行降解，解决了"白色污染"的问题。

（1）产品特点

① 增温　液体地膜可以用农作物秸秆作原料，由木质素、胶原蛋白、表面活性剂、土壤保水剂等天然高分子物质经过特殊加工形成高分子材料，使用时可将除草剂混入其中，每亩 25kg 地膜兑入 2～3 倍的水，直接喷洒在农田表面，即可在表层形成能看得见的黑色的膜，100％降解，这层膜物质可保持土壤水分，使 5～15cm 土层温度上升 1～6℃。

② 增效　液体地膜与人工覆膜相比大大减轻了劳动强度并提高了劳动效率。生物可降解液体地膜有极好的浸润性，能把所有的土壤表面全部覆盖，有保水增湿的作用，极有效地防止土壤水分蒸发，水分蒸发抑制率在 20％～50％之间，配合吸水材料，就能长时间保持土壤水分。植物的幼苗长出时，可自行将膜顶破，膜会自动降解，变成腐植酸肥料，翻压入土后，具有改良土壤团粒结构的作用。

③ 增产　使用液体地膜的花生比使用塑料地膜的花生增产 20％以上，可广泛应用于干旱、寒冷、丘陵地区农作物的早期覆盖和林木、果树等的防寒。具有增温、保墒和良好的通气、透水功能，改善作物的生长环境，促进作物增产、增收。使用液体地膜的花生比使用塑料地膜的花生根系发达，茎粗叶厚，抗旱能力强，无叶斑病、根腐病、烂根、烂果。

（2）优点

① 生物全降解液体地膜可根除"白色污染"问题，达到农业增产增收、资源综合利用的目的。

② 生物全降解液体地膜具有多重功效：有塑料地膜的吸热增温、保墒、保苗作用；有肥效、药效和较强的黏附能力，可将土粒联结成理想的团聚体以改良土壤通透性的作用。

③ 生物全降解液体地膜在消除白色污染改善农业生产环境的同时，又有集农药、肥料和农膜于一身的特点。

④ 现场喷施造膜，省工省时，可将农药、除草剂掺混到地膜中一起喷施，从而提高劳动效率，节省劳动力，且对地形地貌适应能力强。

⑤ 作物出苗时，可自然出苗，不用人工放苗。

目前已开发出大蒜、花生、马铃薯、棉花、烟草、蔬菜瓜果等几个种类的专用型可降解液体地膜，降解期分别为 60～200 天，并可根据市场和生产需求进行配套改进。

（3）缺点　液体地膜喷后 3 天内应避免践踏和铲趟。

① 到目前为止，市场上的液体地膜都存在成膜时间短的问题，它对植物的后期抗旱效果很差。

② 在成膜后没有韧性，导致地表容易开裂。

39. 花生播种后不发棵的原因有哪些，如何预防？

（1）花生不发棵现象　小麦收割后，花生苗不发棵，没有新叶出现，即使有新叶发出，也是发黄、叶片小，老叶也慢慢干枯，植株瘦弱、矮小，生育不良，慢慢整棵枯死。拔出病株，有的根部发黑；有的根部正常，但没有新根发生。

（2）发生原因

① 花生大多是种在不能种植玉米的沙土地，多为重茬种植，重茬的土壤带菌量大，局部土壤带菌量更大，造成花生出苗后，长势弱，植株矮小，死苗较为严重。

② 农户种植花生多为自留种，种子质量较差，播前没有进行杀菌处理，出苗后病菌侵染，造成局部花生长势弱，不发棵进而死苗。

③ 茎腐病、根腐病等土传病害发生。茎腐病又称"倒秧病"，多发生在花生生长前期和中期，幼芽出土前即可感病腐烂，花生苗期子叶黑褐色，干腐状，最后成黑褐色腐烂，4～5 天可致全株枯死。

根腐病在花生各生育期皆可发生。引起烂种、烂芽；苗期受害引起根腐、苗枯；成株期受害引起根腐、茎基腐和荚腐。病株地上部表现矮小、叶片黄化、生长不良，茎基部水浸状，黄褐色，植株较矮，叶片自下向上干枯，苗期发病易死亡。病株主根表皮部分或全部变褐腐烂，维管束变褐，主根皱缩干腐，病部表面有黄白色至淡红色霉层，侧根很少或全无。

（3）预防措施

① 在选种上废弃自留种，引进高产优质品种。

② 可进行播前拌种，沃普花生拌种剂能有效抑制作物多种病害的发生，能有效地保持作物根部 $30 \sim 40 cm^2$ 水分，特别在拌种后能保持作物苗期 $1 \sim 2$ 月内不缺水、无干旱、长势良好，出苗齐、苗壮，安全高效环保。

40. 如何搞好地膜春花生的播前工作？

地膜春花生种植是一种高效的种植模式。采用地膜覆盖栽培，可以实现花生提早播种，提高产量，及早上市，提高复种指数，增加农民的种植效益。花生播种前后应做好以下 6 个方面。

（1）选择土壤 花生是一种耐干旱、耐瘠薄的油料作物，尤其喜欢通透性好、昼夜温差大的沙性壤土。选择上茬未种植过花生、豆类作物的地块，以大葱茬、玉米茬、蔬菜茬等为好。

（2）选择优种 覆盖地膜能够提高土壤温度，增强保墒能力，提高肥料利用率。花生根系发达，对养分的吸收利用率高，所以增产较为显著。为提高种植效益，地膜覆盖栽培应选择增产潜力较大、产量较高、抗病性强的大果型品种。

（3）配方施肥 花生是一种高产油料作物，对肥料的需求量较大，因为其本身具有固氮功能，对氮肥的需求量不是很大，但对磷、钾肥的需求量较大。地膜春花生要实现高产，一定要保障充足的养分供应，做到有机肥与化肥结合施用。有机肥全部作底肥一次性施入，亩施充分腐熟的农家肥 5000kg、硫酸钾型复合肥 50kg。增施钙肥可以有效预防烂果病和"黑膏药斑"，每亩施用 50kg 过磷酸钙磷肥。增施硼肥和锌肥各 1kg 能明显提高坐果率，提高荚果饱满度。

（4）药剂拌种 花生种子剥壳过早容易导致种子质量下降，种子失去外壳的保护，会吸收空气中的不良气体和有害物质，活性大大降低。花生种子宜在播种前半月剥壳，将剥完壳的种子盛放在编织袋中，选择通风干燥的地方贮藏。在播种前 $3 \sim 5$ 天，选择晴朗天气的中午前后，在泥土地或水泥地上铺设报纸，将花生种子摊到上面晾晒 $3 \sim 5$ 小时。将晒后的种子挑选分级，拣出病粒、残粒、发芽粒。之后，选用 25g/L 咯菌腈悬浮种衣剂等杀菌剂拌种，可以有效预防茎腐病和根腐病的发生。

（5）**适时播种**　生产上常会出现两种误区：一种是播期提早。地膜花生播期过早，早春气温不稳，甚至出现倒春寒或寒潮，会给早播的花生带来很大的威胁，轻则造成缺苗断垄，严重的导致毁茬。另一种是延迟播期。延迟播期，地膜覆盖的作用不能充分发挥，上市期相应推迟，会影响收益。试验表明，地膜春花生的播期一般早于露地春播花生 10 天左右。

（6）**确定适宜密度**　地膜春花生栽培密度不宜偏小也不宜过大，偏小会影响产量，过大单株结果率下降，浪费种子，降低产量。先起埂，埂基部宽 85～90cm，顶部宽 50～55cm，高 10～12cm。生产上常采用一膜双行栽培模式，行距在 30cm，株距 15～18cm，亩密度为 1 万穴左右，每穴两粒，亩用种量 16kg。

第三章

花生田间管理技术

第一节　花生苗期管理技术

41. 克服花生连作障碍的措施有哪些？

（1）**综合防治**　将冬季深耕、覆膜播种、增施肥料、选用耐重茬品种、病虫害防治等技术组装配套，对连作花生进行综合防治，解除花生连作障碍。通过深翻或覆膜栽培，可有效地改善土壤理化性质，促进土壤微生物的活动；增施有机肥料，既提高了土壤肥力，又有利于土壤微生物的繁衍；增施磷、钾肥，适当补充硼、钼、锰、铁、锌等微量元素，有利于改善因营养元素缺乏而造成的生长发育不良；选用耐重茬品种，提高品种对不良环境的适应能力，减轻连作对花生产量的影响；加强病虫害防治，避免或减轻花生的病虫为害。

（2）**土层翻转改良**　土层翻转改良即将原地表 0～30cm 的耕层土壤平移于下，将其下 7～10cm 的心土翻转于地表，这样既加厚了耕层，又改变了连作花生土壤的理化性状，为连作花生创造了新的微生态环境，同时减轻了杂草的为害和叶斑病的发生，也可使连作花生产量大幅度提高。但翻转后应增施有机肥和速效肥，而土层过浅或心土过于黏重的地块不宜采用该法。

（3）**施用土壤微生物改良剂**　土壤微生物改良剂具有土壤消毒和土壤改良作用，能够杀死土传病原真菌，而不杀死对土壤有益的细菌和放线菌，能够使土壤形成团粒结构，提高土壤的保水保肥能力，还能够活化土壤磷素，提高磷的利用率。在连作花生土壤中直接施入有益微生物制剂或施入能抑制甚至消灭土壤中有害微生物而促进有益微生物繁衍的制剂，使连作土壤恢复并保持良性生态环境，是解除花生连作障碍最有效的途径。

（4）进行覆膜栽培 地膜的增温保湿及改善土壤理化性质的作用，促进了土壤微生物的活动。据测定，覆膜土壤中微生物总数较不覆膜土壤多32.6%～37.65%，其中放线菌增多61.4%～87.5%，氨化菌增多8.5%～11%，磷细菌增多30%～33.2%，钾细菌增多59.7%～60.2%。因此，覆膜对于因连作而引起的细菌、放线菌大幅度减少具有一定的补偿作用。所以，连作花生要获得高产，采用地膜覆盖是一项有效的措施。

（5）模拟轮作 模拟轮作即利用花生收获后至下茬花生播种前的空隙时间，播种秋冬作物，通过其分泌的可溶性有机化合物和无机化合物，影响和改变连作花生土壤微生物类群的活动，并于封冻前或第二年早春对秋冬作物进行翻压，进一步改善连作花生土壤微生物类群的组成，使之既起到轮作作物的作用，又不影响下茬花生播种。为确保模拟轮作作物的播种及翻压时间，播种应在花生收获后抢播；翻压应在封冻前或早春进行；播种方式以撒播或窄行密植为宜；翻压时应增施适量氮肥，以促进模拟轮作作物植株残体的分解。

42. 花生轮作的方式有哪些？

对已通过整地、改土深耕、增肥等措施培创的高产田，必须实行多年轮作，与花生轮作的作物可因地制宜地进行选择，最好与水稻、玉米等禾本科作物或薯类、甘蔗、烟草、十字花科蔬菜等作物进行至少3～4年的轮作，才能达到用地养地获得高产的目的。

（1）北方花生产区的三种主要轮作方式

① 春花生→冬小麦→夏玉米（夏甘薯等其他夏播作物） 这是黄河流域、山东丘陵、华北平原等温暖带花生区的主要轮作方式。春花生种植于冬闲地，可以适时早播，覆膜栽培，产量高而稳定。冬小麦在春花生收获后播种，使小麦成为早茬或中茬。

② 冬小麦→花生→春玉米（春甘薯、春高粱等） 在黄淮平原等气温较高、无霜期较长的地区多采用这种方式，能充分利用光、热等自然条件，使轮作作物和花生均获得高产。

③ 冬小麦→夏花生→冬小麦→夏玉米（夏甘薯等其他夏播作物） 该方式已成为气温较高、无霜期较长地区的主要轮作方式，只要栽培技术得当，就可以获得轮作作物和花生双丰收。

（2）**长江流域春夏花生交作区的主要轮作方式**

① 冬小麦→春花生→冬小麦→夏玉米（或夏甘薯）；

② 油菜（豌豆或大麦）→花生→冬小麦→夏甘薯（夏玉米等）；

③ 冬小麦→花生→冬闲→早、中稻→秋耕坑田（休闲）。

（3）**南方春秋两熟花生产区的主要轮作方式**

① 春花生→晚稻→冬甘薯（小麦）；

② 春花生→中稻→晚秋甘薯；

③ 早稻→秋花生→大麦或蔬菜；

④ 甘薯（早稻）→晚造秧田→秋花生→冬甘薯（或小麦）；

⑤ 春花生→晚稻→冬甘薯（或小麦、油菜、绿肥）→翌年早稻（或黄麻）→晚稻→豌豆（蚕豆或冬闲）；

⑥ 早稻→秋花生→冬黄豆（蔬菜、麦类、冬甘薯或冬闲）→翌年早稻→晚稻→冬甘薯（麦类或冬闲）；

⑦ 春花生→中稻→晚甘薯（或冬烟、冬大豆）→翌春黄麻（或早稻）→晚稻→冬甘薯（或蔬菜）。

43. 花生合理密植的原则有哪些？

高产花生的种植密度应在详细了解和掌握该地区花生生育期间的气温、地温、降水、光照等自然条件和土壤质地、土壤肥力等土壤生境，以及所采用品种的特征特性的前提下，根据以下原则予以确定。

（1）**根据植株形态确定播种密度**　直立型花生株型紧凑，结果范围小，单株生产力低，密度宜大些；蔓生型花生，茎枝匍匐于地面，分枝多而长，结果范围大，单株生长力高，只要当地生育期、温度、水分、养分等条件能够满足此类花生生长发育的需要，就可多开花、多结果，因此密度宜小些；半蔓型花生其生育习性介于上述两种类型之间，因此其密度也宜介于二者之间。

（2）**根据生育期长短确定播种密度**　珍珠豆型等早熟花生品种，一般生育期较短，分枝少，株型紧凑，开花早而集中，密度宜大些；普通型晚熟大花生，生育期长，分枝多，密度宜小些；中熟品种种植密度介于早熟品种和晚熟品种二者之间。

（3）**根据土壤条件确定播种密度**　土层浅、肥力低、土壤结构差、蓄水保肥能力弱，单株生长受到限制，个体长势弱，只有充分利用群体的优势，才能提高光能和热能的利用率，增加单位面积的产量，因此应当加大密度；反之，土层深厚、肥力较高，花生的个体发育有保证，植株长势强，个体发育好，群体间争光上升为主要矛盾，因此宜适当减小密度，充分利用个体优势，避免因群体优势过强而引起旺长倒伏，造成产量降低。

在同等土壤条件下，在不同的施肥范围内，施肥量多，浇水条件好，个体发育旺盛，密度宜小些，靠个体夺高产；反之，施肥量减少，浇水条件差，个体发育较弱，则密度应适当大一些。

（4）根据气候条件确定播种密度　生育期内气温较高、降水较多的地区，适宜花生的生长发育，密度过大，容易引起旺长倒伏，因此密度宜适当小些；但在低温干旱或高温干旱的地区，由于水分供应不足，不利于花生的生长发育，植株矮小，光能利用率下降，因此密度应适当大一些。

（5）根据耕作制度确定播种密度　春播花生，地块前茬一般冬闲或种植绿肥，有充足的时间，便于施肥、整地、保墒、播种等耕作措施的进行，有利于培育壮苗，发挥个体优势，因此密度应适当小一些；夏直播花生，因受前茬作物的影响，时间紧，施肥、整地等细致的耕作措施难以进行，且生育期短，其发育进程不免会受到一定的影响，但夏直播花生其生长发育的环境条件较为有利，依靠群体优势容易获得高产，因此密度应适当大一些；麦垄套种的花生密度可介于春播花生和夏直播花生之间。间作的花生应根据间作作物的种类、带宽等综合考虑，确定适宜的密度。

44. 花生合理密植的注意事项有哪些？

（1）珍珠豆型花生合理密植　南方水田春植以每亩 9000～11000穴，18000～22000 株为宜；旱坡地春植和水田秋植花生，以每亩10000～12000 穴，20000～24000 株较适宜。长江流域夏花生生育期短，密度宜加大，单粒植，每亩 11000～12000 株；双粒植，每亩11000～12000 株才能取得高产。肥水地春花生以每亩种 10000～12500 穴，20000～25000 株为宜。

（2）普通型和中间型品种合理密植　中肥田春花生，适宜密度为每亩8087～8230 穴，肥水地适宜密度为每亩7142～8080 穴；麦套夏直播花生为每亩8888～9090 穴，每穴播双粒。

（3）合理密植的适宜株行距　种植方式对花生个体和群体的生

育有一定的调控作用。种植方式，一般水田花生畦宽 1.40～1.50m（包沟），每畦播种 4～5 行；旱坡地花生畦宽 1.67～2.00m（包沟），每畦种植 6～7 行。通常行距 20.0～27.0cm，穴距 16.7～23.3cm，每穴播两粒种子。

同样密度下，行、株等距，虽然生育前期有利于个体生育，但易造成过早封行，田间过早郁闭，严重影响群体的光合性能，比相同密度的宽行窄穴方式显著减产。在不影响种植密度的情况下，适当缩小穴距放大行距，是一项重要的增产措施，宽行、窄穴，每穴 2 株，生育前期，穴内和穴间植株相互间有一定的抑制效果，但行间通风透光条件好，有利于群体光合速率的提高。加之花生高产田土壤肥力高，为便于灌溉和排水，创造良好的结实条件，高产田宜采用宽窄行种植法，畦宽 1.4m（包沟），畦面宽约 1.0m，播 4 行，两边畦边留 10.0cm，中间宽行距 40.0cm，穴距 16.7～20.0cm，双粒播，即播种密度为每亩 19000～23000 株。

45. 为什么花生播后要进行镇压，如何操作？

播后镇压是花生抗旱播种确保全苗的一条成功经验。镇压后，不仅可以减少土壤水分的蒸发，而且可使种子与土壤紧密接触，促使土壤下层水分上升，防止种子"落干"，便于种子萌发出苗，起到接墒作用，在干旱多风的沙土地尤为重要。经过镇压，土粒间的孔隙度减少，并压碎了土壤中的暗坷垃，使土壤容重相对增加，含水量相对提高，不但起到了增墒作用，而且有利于种子出苗。

镇压可用石磙镇压或顺行脚踩。播后镇压应根据具体情况而定。墒情较差沙性大的土壤，应随播种随覆土随镇压；土壤含水量较多时，可以上午播种，下午镇压，也可第一天播种，第二天镇压；土壤过于黏湿时，土质较黏紧，播后不能随即镇压，以免土壤板结，影响出苗，应待水分适当散失，地表有一层干土时，适时镇压，以避免因镇压造成地表板结，不利于保墒，影响出苗。平作栽培，如用犁开沟播种，在墒情很好的情况下，点种后用耢耱平即可。墒情一般时，点种后随覆土踩一下即可。墒情稍差时，点种覆土后应顺播种沟用力踩踏镇压，然后用耢耱平。垄作种植，可视土壤质地和墒情，于播种后当天下午或隔 1～2 天，用锄板或刮板镇压，或人工踩踏镇压。

46. 如何进行花生的贴芽补苗？

花生贴芽补苗是指与春播花生同期育芽，等大田花生缺苗时，在缺株穴内贴补同龄幼苗的方式。贴芽补苗的苗株与原播种的春花生苗龄相近，因此增产效果优于补种催芽种子和干种子。

贴芽补苗技术要点：选靠近春花生的春作物沙性地进行育芽。先将垄沟或垄行内的土深刨弄细、浇水造墒、整平，使种子胚根朝下插播，每平方米约400粒（合每25cm^{2}播种1粒），再盖5～6cm湿润的沙土或沙壤土，轻轻耙平，待子叶顶出土而未裂开时，将芽苗起出来，移到缺苗苗穴。先将原花生穴内霉烂、落干、虫伤未出苗的种子挖出来，再用小铁铲在原花生播种穴深扎7～8cm，随后将铲刀柄往右一扳，形成35°～45°的孔穴，然后再把花生芽苗子叶朝上，胚根向下，靠补种穴左边的垂直面贴上去。子叶顶端要与地面平，胚根尖要垂直。最后，把铁铲抽出，将右边的土培向左边，把芽苗压紧埋平。如果墒情差，可在贴芽后培土前，给种穴浇底水。

47. 如何进行花生的育苗移栽？

花生育苗移栽是在小麦和豌豆、油菜等小春作物收获前育好花生苗，等小麦和小春作物收获后，再移栽花生幼苗。提前育苗而适时移栽的夏秋花生，由于生育期延长，积温高，苗株矮健、敦实、壮而不旺，而且早开花早结果，比直播的夏秋花生增产明显，一般增产10%～30%。

（1）育苗时间　应根据当地气温和前茬来定。如果前茬是预留的空闲地，可在日平均气温回升到15℃以上时育苗。前茬是小春作物，育苗时间预计在小春作物收获前12～15天。若前茬是小麦，育苗时间预计在麦收前10～12天。

（2）苗床面积　育苗的苗床，可以是前茬预留的空闲地，也可以是场院、地头和房前等空闲地。若按大粒品种每亩移栽2万株苗时，共需种16kg，以每平方米苗床育苗200株计，需用地100m^2；中粒品种每亩移栽2.4万株苗时，需种子15kg，苗床用地需120m^2。

（3）育苗方法　苗床最好设置在距花生地近又有水源的沙壤土地上，土质黏的要适当掺沙。平地作床，床土要弄细、整平，床土上面铺3～5cm沙性的细肥土，避免起苗时伤根。床土内要施足肥水，在床土上每100cm^{2}并排平放2粒花生种子（每平方米200粒），盖3～5cm厚的细沙土，然后用竹木或树条架起16.5cm左右高的拱架，在架上盖膜，四周用土固定，以便透光、增温、保湿，利于花生出苗。当花生子叶破土出苗后，揭膜炼苗。在前茬预留的空闲地上育苗，可采取并粒双株育苗，即行距20cm、穴距8.25cm，每亩20000穴，方法同前。苗龄适期时，可隔行起苗移栽，留下的一半苗可作为直播花生，加强管理。

（4）移栽苗龄　苗床花生子叶出土80％时揭膜炼苗，子叶变绿至主茎有3～4片真叶时即可起苗移栽。最迟主茎不能超过5片真叶。苗龄越大，移栽伤根越多，对产量影响越大。

（5）移栽方法　移栽地在前作收获后，按高产田要求，整地、施肥、起畦，并结合当地的种植密度规格起苗，每日下午4时以后移栽。苗龄大的要带土起苗移栽。每亩10000～12000穴，每穴双株。移栽时开沟或开穴均可，深度要依照苗株根系长度而定。芽苗直栽入穴中，用细土培根，使子叶露在外，灌足清粪水，使土与根自然沉实，再培细土固定住胚根。在起苗、运苗、栽苗时，尽量减少根、芽、子叶的损伤。移栽后4～6天再灌1次稀粪水，以促根快生和发棵增叶。

48. 花生苗期怎样进行清棵蹲苗？

花生清棵又叫清棵蹲苗。是根据花生子叶不易出土和半出土的特性，在花生齐苗后进行第一次中耕时，用小锄在花生幼苗周围将土向四周扒开，形成一个"小土窝"，使2片子叶和第一对侧枝露出土面，接受阳光，以利于第一对侧枝健壮生长。

（1）花生清棵蹲苗的依据　花生播种时，种子首先吸水膨胀，内部养分代谢活动增强，胚根随即突破种皮露出嫩白的根尖，叫种子"露白"。当胚根向下延伸到1cm左右时，胚轴便迅速向上伸长，将子叶和胚芽推向地表，叫"顶土"。随着胚芽增长，种皮破裂，子叶张开，主茎伸长并有2片真叶展开，叫"出苗"。花生出苗时，2片子叶一般不完全出土。因为种子顶土时，阳光从缝间照射到子叶节上，打破了黑暗条件，分生组织细胞就停止分裂增生，胚轴就不能继续伸长，子叶不能被推出地面。在播种浅，温度、水分适宜的条件下，子叶可露出地面一部分。所以，花生是子叶半出土作物。这是花生栽培上"清棵蹲苗"的依据之一。

花生结果主要依靠第一、第二对侧枝。第一对侧枝结果数占全株结果数的 60%～70%，第二对侧枝结果数占全株结果数的 20%～30%，而主茎和其他侧枝结果很少，因此，在栽培上促使第一、二对侧枝健壮发育十分重要。由于花生第一对侧枝着生在子叶节上，而花生出苗时子叶不出土或半出土，因此第一对侧枝开始生长时往往被埋在土中，生长不健壮，直接影响花芽分化和开花结果。在花生出苗后及时清棵，可使第一对侧枝露出土面，提早接受阳光的照射而健壮生长。实践证明，清棵后的植株主茎和侧枝基部节间短，茎枝粗壮，开花结果多。

（2）清棵的作用

① 可促进幼苗第一、第二对分枝健壮生长，节间短壮　在花生出苗后及时清棵，可使子叶叶腋间的茎枝基部露出地面，提早接受阳光照射，改变花生基部湿、冷的小气候，茎枝生长健壮，起到了蹲苗作用。

② 可促使有效花芽及早分化，为花多针齐和果多果饱打下基础　由于清棵蹲苗的花生茎枝生长健壮，二次分枝早生快发，相对使花芽分化早而集中，开花下针多而齐，结实率和饱果率增高。

③ 可促进根系生长，增强抗旱耐涝能力　清棵可使主根深扎，侧根增多，根系发达，从而增强植株的抗旱吸水能力。

④ 可减少幼苗周围的护根草危害　花生清棵可提前把基部周围的护根小草随扒土清除，能有效地减轻生育中期草荒，也是增产的一个重要因素。

⑤ 可减轻蚜虫危害　花生清棵后，已将埋子叶节的土清除，改变了植株基部的小气候，不利于蚜虫的繁殖。同时第一对侧枝基部因清棵蹲苗组织老化，不利于蚜虫刺吸为害，因此清棵后花生的茎枝基部蚜虫显著减少。

（3）清棵蹲苗技术

① 清棵时间　正确掌握清棵时间是实现清棵增产的关键。清棵过早，幼苗太小，扒出土后对外界环境的抵抗能力弱，叶片易出现晒伤，并使表层土过干，影响幼根伸展；清棵过晚，第一对侧枝基部埋在土中的时间长，侧枝细弱，基部节间伸长，影响清棵效果。因此，清棵要求齐苗后立即进行，最好按照播种出苗顺序，齐苗一块清一

块，充分发挥清棵的增产效果。

② 清棵深度　平作花生，在齐苗后及时用大锄深锄头遍地，随即再用小手锄后退着把幼苗周围的土扒向四边，使两片子叶露出来；起垄种的可先用大锄深锄垄沟，浅刮垄背，破除垄面板结层后，再用小锄清棵。清棵的深度以 2 片子叶露出土面为宜，不要过深或过浅，浅了则子叶不露土，第一对侧枝和茎基节仍埋在土里，起不到清棵作用；深了则需要把子叶节以下的胚颈（下胚轴）扒出来，易造成苗株倒伏，不利于正常生育。另外，清棵时不要损伤和碰掉子叶，不论播种深浅都要清棵。

③ 蹲苗时间　花生清棵后经过一段蹲苗时间，幼苗才能健壮生育，二次分枝才能早生快发。一般在清棵后 15～20 天，花生茎枝基部节间已由紫变绿，二次分枝已分生时，再进行第二次中耕较为适宜。

49. 如何加强春花生苗期的田间管理？

从 50% 的幼苗出土展现 2 片真叶到 50% 的植株第一朵花开放，为花生的幼苗期（彩图 9）。出苗前主根长 5cm，并出现侧根；主茎有 4 片真叶时，主根长 40cm，侧根长 30cm；出现 3 片真叶时，分生第一对侧枝；出现 5～6 片真叶时，分生第三、第四对侧枝。第一对侧枝高于主茎时，基部节位始花。适宜幼苗生长的气温是 20～22℃，土壤含水量为最大持水量的 45%～55%。苗期的主要管理措施如下。

（1）施足基肥　春花生大面积高产栽培，要坚持有机肥为主、无机肥为辅的原则。以腐熟的有机肥配合适量的磷肥、草木灰和石灰等作基肥，是花生壮苗的基础。有机肥的施用量应根据产量指标、土质、肥力及肥料质量而定，一般应占总施肥量的 80%～90%。在要求每亩产量 200～250kg 的指标下，每亩一般应施用优质土杂肥 1000～2000kg，并与碳酸氢铵、过磷酸钙各 15～20kg、花生麸 10kg 堆沤腐熟，在临施前混入草木灰 50kg，在播种前耙地时施用石灰 25～50kg。

（2）看苗补肥　花生追肥主要根据基肥情况和植株生长情况而定，如果土壤肥沃、基肥充足，幼苗生长势壮旺的，一般可不施或少施追肥；如果土壤瘦瘠、基肥较少，幼苗生长势较弱、叶色不青绿的，是缺氮的原因，应根据叶色定肥、追肥，保证植株正常生长。

目前南方推广良种大多数属于珍珠豆型品种，花芽分化很早，种子萌发不久，第一对侧枝还在腋芽状态时花芽已经分化；有 3 片复叶时，花芽已分化约 50 个。主茎有 5 片叶时，第二对侧枝已出现，这时根瘤刚刚形成，根瘤菌的固氮能力很弱。根据花生苗期这些特点，施用适量氮肥能加速花生营养器官的生长，第一、二对侧枝粗壮，有利于花芽分化饱满，达到早现蕾早开花、多开花多结果的要求。若苗期缺氮，则花生营养体发育不良，植株黄瘦矮小，花芽瘦弱，开花结实数量减少。不过这时花生幼苗生长较慢，株丛矮小，吸肥量不多，肥料三要素的吸收量只占全生育期总量的 5% 左右，基肥中的磷、钾肥已够使用，一般每亩追施尿素 5～7kg，增产效果显著。苗期追肥宜掌握在齐苗后约有 3 片复叶时结合第一次中耕除草及早进行，使花生苗达到"三叶苗三叉、六叶两对叉、八叶苗见花"的高产长势。

（3）查苗补种 一播全苗是丰产的基础，但在大田生产中，花生播种后往往因种子质量不好或土壤墒情不适、病虫为害、低温等原因造成缺苗断垄现象。因此，在花生出苗后，要及时进行查苗，缺苗严重的地方要及时补苗，使单位面积苗数达到计划要求数量。查苗补苗一般在播种后 10～15 天进行，具体方法有以下三种。

① 贴芽补苗 用与田间苗龄相近的花生备用幼苗，补种在缺苗的播种穴，增产效果优于浸种补种或催芽的种子。具体措施是在花生的地角、地边或其他空地，先将育苗地深刨细整，浇水造墒，点播种子，每穴 1～2 粒，穴距 15cm，盖上 4～5cm 的湿润沙壤土，轻轻耙平，待子叶顶出土面未裂开时，在大田缺苗的地方用移苗器打孔，将原花生穴内霉烂、落干或因虫伤未出土的种子连同土壤取出，然后将花生苗移到缺苗的苗穴，浇水下渗，待地表不黏时用小锄或铲子浅松土破板即可。

② 育苗移栽 选择一块空地或田边地角，用报纸做成直径 3～4cm 的营养杯，装上营养土，每个杯中种 1 粒备用花生苗种，待幼苗长出 2～3 片真叶时，选择阴天或傍晚移栽。

③ 催芽补种 上述两种方法费工较多，而且育芽或育苗数量不容易掌握，数量过多浪费种子，数量过少又不能满足补栽之用。为了节省用工，可将种子催芽后直接补种，补种时加施点肥料，以促进幼苗早生快发。补种时间要适当提早，加强田间管理，能获得较好的

收成。

（4）中耕除草　苗期中耕的主要作用是壮棵早发。旱时中耕能切断土壤毛细管，防止土壤水分蒸发，保墒防旱，有利于茎枝分枝发展。涝时中耕能打破土壤板结层，增强土壤通透性，散墒提温，有利于根系下扎，壮苗促长。因此，露地高产栽培应适时中耕除草，一般中耕2次。第一次中耕在花生基本齐苗后清棵炼苗前进行，要及时用大锄破垄，小锄清棵，即把花生幼苗基部周围的土扒开，使2片子叶和第一对侧枝露出地表。清棵后蹲苗时间要适度，以达到第一、第二对侧枝健壮生长，二次分枝早生快发的目的。一般应维持15～20天，待幼苗茎枝基部由白变紫，由紫变绿，二次分枝分生时，再进行二次中耕。因此，第二次中耕在清棵后15～20天进行，要浅锄，刮净杂草，花生基部尽量少掩土，以保持清棵炼苗所创造的小气候。清棵后如第二次中耕过早，易使花生基部埋土，达不到炼苗健株的目的。

（5）开膜放孔　地膜覆盖高产栽培，如先覆膜后打孔播种，孔上按要求盖土，幼苗子叶节可自行伸出膜面，如花生出苗前遇雨使膜上土堆结块出现裂缝，应及早修补裂缝，以避光引子叶节伸出膜面，如有个别子叶节仍在膜下，应将植株周围的土壤轻轻下压，使子叶节伸出膜面，子叶节伸出膜面时，应将膜面上多余的土撒回垄沟。

先播种后覆膜时，应在幼苗顶土刚露绿叶鼓膜时，及时破膜孔放苗，并随即在膜孔上盖上厚3～4cm的湿土堆，使幼苗避光、封膜、保温、保湿出土，引子叶节出膜面，然后将膜上土堆撒掉，并将个别苗株伸入膜下的分枝提出膜面，即可起到清棵炼苗的作用。

（6）控水炼苗　苗期控制水分炼苗，使根群发达深扎，幼苗矮壮，是花生高产增产的措施之一。炼苗是从第四片真叶时开始控制土壤水分，使畦面变白，以表土下3～4cm的土壤抓不成团为标准。炼苗时不能炼到"反叶"，更不能"卷叶"，否则有害无益。如果叶片暗绿无光泽，是缺水现象。炼苗到第六片真叶时，如不下雨，应及时灌溉。苗期叶片含有较多的叶绿素，叶色较浓绿，"分枝黑"是正常现象。如果叶色不青绿，就是缺氮的表现，应根据叶色定肥、追肥，同时不宜炼苗。

（7）防治害虫　高产花生如在播种时未进行种子包衣，应注意蚜虫、蓟马、地老虎等苗期害虫的防治。

第二节 花生花果期田间管理技术

50. 如何加强春花生花针期田间管理？

从 50％植株开花（彩图 10）到 50％植株出现鸡嘴状幼果时（彩图 11），为花生下针期。表现为叶片数迅速增加，叶面积迅速增长，根系增粗增重，大批根瘤菌形成，固氮能力迅速增强，第一对、第二对侧枝出现二次分枝。主茎增加到 12～14 片真叶时，叶片加大，叶色转淡，光合作用增强，第一对侧枝 8 节以内的有效花全部开放，单株开花达到高峰。栽培上要喷施硼肥，保证花多、受精率高、果整齐，保证栽培条件适宜，温度为 22～28℃，土壤含水量为最大持水量的 60％～70％。含水量过少，叶片生长停止，果针伸长缓慢，入土果针停止膨大；含水量过多，则出现烂果、烂针。花生花针期主要田间管理措施如下。

（1）水肥管理 该期植株生长逐渐旺盛，对水肥需求量急剧增加，如果基肥不足或遇旱，应及时灌水和追肥。

① 灌溉 遇 0～30cm 耕层土壤含水量小于田间最大持水量的 50％（相当于粉沙黏壤土绝对含水量的 12.5％），叶色黑绿，日开花量减少，中午叶片萎蔫泛白，日落后尚能恢复时，可及时采用小水短节、沟灌润浇的办法，以恢复土壤湿度，但切忌大水漫灌。试验表明，遇旱浇水处理，前期有效花数量较不浇的增加 16.0％，结实率和饱果率分别提高 14.5％和 13.5％。

② 追肥 若浇水后仍叶色过浓，可结合浇水每亩根际追施过磷酸钙 10～15kg 和草木灰 25～50kg，或叶面喷施 2％～3％的过磷酸钙水澄清液。若心叶浅黄而小，叶脉失绿，为缺氮和缺锌的表现，可在根际追标准氮素化肥 5～10kg 和叶面喷施 0.2％硫酸锌水溶液。缺硼地块应叶面喷施 0.2％～0.3％的硼砂水溶液，以提高受精率和结实率。缺铁地块，可在根际追施 1.5～2kg 硫酸亚铁，或叶面喷施 0.2％～0.3％的硫酸亚铁水溶液。缺钙地块应在根际追施钙肥，酸性土壤每亩施石灰 25～50kg；碱性土壤每亩追施石膏 25～50kg。浇水追肥后趁机进行中耕松土。

（2）中耕松土 露地高产栽培，要在开花下针期末，群体植株接近封行，大批果针入土结实之前进行深中耕松土。要深锄、细锄、刮去地表板结皮，彻底消灭护根草。深锄注意不要松动入土果针，刮锄不要碰伤结果枝。

（3）病虫防治 花生叶斑病对花生产量影响较大，高产田要特别注意防治。应于始花后开始田间调查，发现病情及时喷施波尔多液、百菌清和多菌灵等农药，每隔 10～15 天喷 1 次药，连续喷洒4～5 次，可取得较好的增产效果。害虫主要是注意蚜虫、棉铃虫、蛴螬等的防治。始花至单株盛花期如遇阴冷干燥的天气，易发生蚜虫；如遇高温多湿的天气，则二、三代棉铃虫易大发生；开花下针后期，金龟子产卵孵化，幼虫蛴螬入土咬食花生根和果。应定点观察，及时防治病虫害，保花保果。

51. 如何加强春花生结荚期田间管理？

从 50％植株有鸡嘴状幼果到 50％植株有饱果出现时，为花生结荚期。表现为根系增重，根瘤增长，固氮活动、主茎和侧枝生长量及各对分枝的分生均达到高峰，大批果针入土形成荚果。此时是花生生长的最盛期。适宜温度 25～33℃，土壤含水量为最大持水量的65％～75％，结实层含水量高于 85％易烂果，低于 30％出现秕果。花生结荚期的主要田间管理如下。

（1）培土迎果针 在植株封行和大批果针入土前深中耕，将垄行间的土培到垄顶的外缘，使垄的外缘加高，缩短高节位果针的入土距离，使结实范围内的果针入土结实，提高结实率和饱果率。

① 培土时间 培土迎果针的时间为单株盛花期、群体植株封垄之前，应在锄完最后一遍地后，及时选晴天墒情适宜的时候进行。一般培土两次，第一次结合最后一次中耕即单株盛花期时，用小锄把行间和畦边的松土培压在花生基部。第二次在第一次培土后 10 天左右，结合清畦沟，将松土放在花生基部，特别要注意边行的培土，充分发挥边行的生长优势。培土过早会影响茎枝基部发育和开花成针，培土过晚因花生群体植株封行和大批果针入土，则中耕不便，并且容易松动入土果针。

② 培土方法 单行垄种和双行垄种略有差异。单行垄种可用大锄在锄板和锄钩交接处带上草环，退行深锄猛拉，刮去顶上板结皮，彻底消灭护根草，深锄注意不松动入土果针，刮锄不碰伤结果枝。壅

土培垄要做到不压蔓。

双行垄种应先用大锄深锄垄沟，浅刮垄背，退去垄上的干结土层，然后用耘锄穿沟培土。培土最终要使花生垄达到"沟清土暄、顶凹腰胖"的标准，以利于高节位果针入土结实。

（2）控棵稳长　结荚期是花生生命周期中的最盛时期，也是对肥水需要量的高峰期，水肥不足往往影响植株生育进程和荚果饱满。但土壤肥力基础太好和花针期水肥猛促，也易引起群体植株徒长，过早封行，造成田间过早郁闭甚至后期倒伏，使有效叶面积迅速下降，净光合生产率显著降低，果针高吊、针多不实、结实不饱，很难获得高产。倒伏时间越早，倒伏程度越大，减产愈严重。

防止花生徒长倒伏除选用耐水肥、抗倒伏的品种外，主要通过加强花生栽培管理，培育强大根系和矮壮苗来控制。包括深耕整地、合理施肥，尤其注意防止过量施用化学氮肥，增施磷、钾肥，中后期加强肥水管理等措施。当植株出现倒伏苗头时，可采用人工摘心或割（打）顶的办法来防止徒长倒伏。

在花生始花后 30～50 天（早熟品种花后 30～40 天，中熟品种 40～50 天），主茎高 30～40cm，第一对侧枝 8～10 节的平均长度大于 5cm 时，应及时叶面喷施 50～70mL/L 多效唑水溶液，控制茎叶生长，防止田间郁闭和植株倒伏，确保茎枝稳长，保持较高而稳定的群体有效叶面积和净同化率，加速营养体光合产物向生殖体运转的速率。浓度一定不能超过 100mg/kg，即每亩用量不能超过 30g，叶面喷雾时应在晴天无风时进行。

（3）排涝防旱　南方花生区春花生中后期处在高温多雨季节，应特别注意排水防涝防渍。如遇干旱，0～30cm 耕作层土壤含水量低于田间最大持水量的 30%，群体植株叶片泛白，傍晚不能恢复原状时，应进行灌溉。沟灌时要确保小水润浇；如采用喷灌，水滴不要太大太急。

🌱 52. 如何加强春花生饱果期田间管理？

从 50% 植株出现饱果到大多数荚果饱满成熟时，为饱果成熟期。主茎保留 4～6 片真叶，根瘤停止固氮，老化破裂回到土壤中。荚果增重，不同栽培条件下出现 3 种情况：营养生长衰退过早、过快，干物质积累少，荚果增重不大；营养生长不见下降，干物质积累不少，但向荚果运转得较少，果重增长不快；营养生长缓慢衰退，保持较多的叶片和较强的生理功能，又能有较多的干物质运转给荚果。饱果成熟期在栽培上要注意喷肥保顶叶。此时，适宜温度 $18\sim20℃$，土壤含水量为最大持水量的 $40\%\sim50\%$，高于 60% 果实充实减缓，低于 40% 茎叶枯衰，饱果率降低。饱果期的主要田间管理如下。

（1）喷肥保顶叶　为增强顶部叶片活力，延长功能时间，提高饱果率，从结荚后期开始，叶面喷施 $2\%\sim3\%$ 的过磷酸钙和 $1\%\sim2\%$ 的尿素混合水溶液，每隔 $10\sim15$ 天一次，共喷 $2\sim3$ 次。据试验，露地栽培高产田喷施 2 次，荚果增产 11.2%，增产效果十分显著。磷、氮肥液的配制方法是：称取 $2\sim3kg$ 过磷酸钙加入 $5kg$ 清水，搅拌浸泡一昼夜后，将澄清液滤出，加入 $45kg$ 清水稀释，然后再加入 $0.5\sim1.0kg$ 尿素，充分溶解后即成为 $2\%\sim3\%$ 磷 $+1\%\sim2\%$ 氮的混合水溶液。喷施时要选择晴天下午进行，肥液要随配随用。

（2）湿润增饱果　饱果成熟期植株耗水量锐减，根系吸收能力衰退。此期花生耗水量虽少，但遇到严重干旱，易造成根系衰败，引起顶部叶片迅速脱落，荚果难以充实饱满，从而大幅度减产。因此，当 $0\sim30cm$ 耕层土壤含水量低于田间最大持水量的 40%（相当于粉沙黏壤土绝对含水量的 10%）时，应及时轻浇润灌饱果水，以养根护叶，维持功能叶片的活力，提高饱果率，这是确保花生高产的关键措施。如果此时降雨过多，田间排水不良，易引起根系腐烂，茎枝枯衰，饱果率降低，甚至发生烂果，因此，高产田应特别注意疏通沟渠，排除内涝和积水。

（3）防病不早衰　饱果成熟期是花生叶斑病、锈病发生最严重的时期，要在开花下针期开始防治的基础上继续注意防治，确保植株不早衰。

53. 花生为什么出现花多果少、秕果多饱果少现象？

当花生幼苗侧枝长出 $2\sim4$ 片真叶时，花芽就开始分化，团棵期是花芽大量分化的时期，此时分化的花芽多是能结成饱满荚果的有效花。通常，花生一生中花针率占开花总数的 $50\%\sim70\%$，但花果率仅占 $15\%\sim20\%$，饱果率仅占 $10\%\sim15\%$，产生这种花多果少、秕果多饱果少现象的原因是多方面的、复杂的，但根本原因在于花生本身的特征。

花生属于无限花序作物，花期长，花量大，不孕花多，有效花少。珍珠豆型花生品种，从始花到终花需 60 天左右，单株花量 50～100 朵，多的达 200 朵以上；普通型花生品种，花期达 100～120 天，单株花量 100～200 朵，多的达 1000 朵以上。其中不孕花占总花量的 30％左右。由于不孕花多，盛花期以后的花，多为无效花。

花生是地上开花、地下结果的作物。开花受精后必须形成果针并伸长入土才能结荚，结荚时间很不一致，早入的早结荚，发育时间充分，早成熟，常为饱果，迟者则发育不充分，结荚时间短，迟成熟，常为秕果或幼果，甚至还是果针。因为每个荚果从开始膨大到饱满成熟均需要 60 天以上。

养分供应不足，气候不良，栽培管理粗放或不当，对开花结果也有影响，也会导致"花多果少、秕果多饱果少"，如结荚层缺氮、磷元素，只增加秕果而不产生空果，缺钙不但秕果增多，而且还会产生空果。

因此，目前生产中要完全克服这种现象是很难的，只能通过加强栽培的措施和化学处理等方法适当减轻其对产量的影响。

🐦 54. 如何防止花生空壳？

收获花生时，拔出来的花生有时看起来又大又多，但是掰开一看，里面竟然没有花生果仁，这种现象叫空壳现象（彩图 12）。一旦发生无法逆转，要提前进行预防。

（1）中耕除草 花生根系生长和荚果的发育，均要求土壤有适宜的湿度和空隙度。及时中耕除草松土，不仅有利于根系生长，而且可以促进果针入土结实。

春播花生一般中耕除草 2～3 次。齐苗后第一次中耕宜浅，促进第一对侧枝的发育；此后 8～10 天进行第二次除草松土，应适当深锄；第三次在开花、封行前进行，要适当浅锄，以防损伤子房柄。特别是丘陵红壤旱地，土层板结，及时中耕除草松土，对促进花生生长和开花结果的作用就更加显著。

（2）培土 培土壅蔸，指在最后一次中耕时，把行间土壤壅向植株根部，厚度以 2～3cm 为宜，这样可以缩短果针与地面的距离，使果针容易入土。肥土压苗，就是把厢沟的土挖松，泼上稀薄粪水拌匀，制成肥土，要求干湿适度。再将肥土压在花生兜心上，以便果针入土和子房柄膨大结果。

（3）主茎摘心　在花生始花期将主茎顶心摘去，可使养分相对集中，结果率和果重都有显著提高。方法是：在主茎最高的一个分枝以上一半处，用剪刀把主茎顶心剪去。选择晴天进行，剪口要平整，摘心后及时追施速效肥。对徒长的花生除摘去主茎顶心外，还应摘除一次分枝的边心。

（4）抗旱防涝　花针期植株生长发育快，温度高，叶面蒸腾作用旺盛，是花生一生中需水最多的阶段。此时如遇干旱，必须及时进行沟灌，以保持土壤湿润，促进开花结果。如遇连续降雨，应及时清沟排水，以防茎叶徒长和烂果。

（5）叶面施肥　花生开花结果期对养分吸收急剧增加，应喷施0.5%磷酸二氢钾溶液1～2次。叶片发黄的，还应另喷1.5%尿素溶液1～2次，防止早衰。花生对钙的反应敏感，除石灰性土壤外，一般土壤种植花生，应在初花期和盛花期叶面喷施2%过磷酸钙浸出液各1次，以满足花生对钙素的需要，增产效果显著。

对锈病、叶斑病和蚜虫等病虫害，要采取综合措施，及早进行防治。

55. 夏茬花生地膜覆盖容易出现哪些问题，如何解决？

（1）夏茬花生地膜覆盖容易出现的问题

① 土壤养分消耗大　首先是土壤有机质分解快。据测定：覆膜后，因土壤微生物数量增多30%，活动加快，分解土壤有机质的速度加快，土壤有机质比没有覆膜的当年减少0.1%。其次是从土壤中吸收的营养元素数量多，地力消耗大。亩产500kg荚果约需氮31.5kg、磷5.5kg、钾16kg、钙10kg，覆膜后根瘤菌的生长发育良好，增强了固氮能力，比没有覆膜的碱解氮每百克土增加1.41mg，但每百克土的速效磷和速效钾分别下降了0.27mg和0.15mg。

② 郁闭重　覆膜后，花生地上部分营养生长旺盛，到7月下旬就基本封行。加之7～9月气温高、雨水多、湿度大，易发生叶斑病和叶腐病等，影响荚果充实。

③ 草害重　覆膜后未进行化学除草的，其膜内草是膜外草的1.3

倍，严重影响花生的个体发育。

④ 污染重　长期使用普通地膜，田间残留的废膜多，易造成环境污染，并影响下茬作物根系发育。据分析，每亩地含残膜土 9kg 时可使作物减产 14.6%～59.2%。尤其是残膜与藤蔓混合，家畜误食会引起疾病甚至死亡。

⑤ 品种选用不当　影响地膜覆盖增产效应的发挥等。

（2）解决办法

① 选用良种　因麦茬花生播期短，应选用中果、中熟、丰产品种。高产田的前茬以选用早熟高产的小麦品种或油菜为宜，以利于花生早种。

② 选用降解膜　选用降解膜进行花生地膜覆盖，能获得普通地膜同样的增产效果，而且保持了土壤生态环境，当季地膜降解率为90%。以降解日龄 70 天的为宜。

③ 合理用肥　施足基肥是前提，一般每亩施农家肥 3000～4000kg、尿素 8kg、过磷酸钙 50kg、氯化钾 30kg、生石灰 40kg。麦茬留高桩的田块，在麦子收获后，每亩施碳酸氢铵 15～20kg 和生物钾肥 400mL 后再耕翻作畦，以加速麦草的腐解。

④ 提高播种质量　花生是耐旱怕渍作物，采用膜宽 80cm 的降解膜进行起垄覆膜栽培，可减轻烂果 7.5%～15%，每亩增产 40%。每畦宽 4m，每畦起垄 6 个，共种 12 行花生，行距 33.3cm，穴距 16.7cm，每穴 2 粒，密度每亩 1.2 万穴。覆膜时做到垄面平、喷洒除草剂、膜与垄面紧贴、两边压严实。

⑤ 防治病虫草　播种时，每亩用 3% 辛硫磷颗粒剂 1～1.5kg 撒于播种沟内，盖种后，每亩用 50% 乙草胺乳油 400 倍液均匀喷雾后盖膜。再用乙草胺喷于膜外地面上，防治田间杂草。花生生长期间若发生叶腐病应及时防治。

⑥ 加强田间管理　花生生长期间，要在雨后及时排水降渍。花生主茎高达 20cm 时，每亩用维他灵 20mL 兑水 40kg 化控 1 次，20天后再化控 1 次，使主茎最终高度不超过 35cm，花针期后，可喷1～2 次植物活力素或磷酸二氢钾，可增产 3.5%～8.6%。

⑦ 捡净废膜　于花生收获后，捡净田间及藤蔓中的废膜，以减轻田间污染。

56. 地膜花生后期管理措施有哪些？

立秋之后，昼夜温差较大，有利于地膜花生结荚后期迅速生长，这个阶段是提高花生产量的关键时段。

（1）排涝防旱 若遇连续降雨天气，花生土壤含水量较大，甚至会出现涝灾，对于地势低洼和黏土地块，雨后要及时排出田间积水，防止花生出现烂果现象，提高饱果率，确保高产稳产。如果遇到高温干旱天气时，要及时浇水防旱，以确保花生荚果正常的灌浆生长。

（2）叶面追肥 对底肥不足或沙壤地等瘠薄的地块，应于收获前 20 天左右喷施叶面肥，选用 1％尿素加 0.2％磷酸二氢钾混合液喷雾，10 天左右喷施 1 次，可提高叶片光合作用，延长叶片功能期，促进荚果饱满，有明显的增产作用。

（3）防病保叶 进入花生生长后期，花生褐斑病、网斑病、叶斑病等病害发生较为频繁，可选用 50％多菌灵可湿性粉剂 1000 倍液或 70％甲基硫菌灵可湿性粉剂 1500 倍液进行喷雾防治，每 10～15 天喷施 1 次，连续喷施 3～4 次，对于防治花生叶部病害有明显的效果。

（4）适时收获 收获过早，荚果不饱满，产量低，影响收入。收获过晚，荚果容易出现发芽现象，会降低商品性，品质变差也会影响收入。在收获前要密切关注近期的天气预报，如果阴雨天气频繁，可考虑刨收后及时出售鲜果；如天气持续晴朗，可考虑晾晒干果，等待行情较好时出售。这样能最大限度地规避市场风险，以实现优质高产、优质优价。

57. 如何防止花生生育后期的落叶现象？

花生的生育后期是指初见饱满荚果至成熟收获的一段时间，即饱果成熟期，历时 45～55 天。此段时间新生叶片不再增加，下、中部叶片开始脱落，荚果快速膨大和充实已成为生长重点，是形成经济产量的重要时期。田间管理的重点是预防早落叶，尤其是上部叶片，保持较大的绿叶面积，维持较长的功能期，从而增加有效结果数，提高成实度，增加产量。

（1）引起花生早期落叶的主要原因 脱肥早衰，沙性大的地更严重；叶斑病危害，尤其是黑斑病和褐斑病，一旦发生就迅速蔓延，往往几天内造成叶片大量脱落；过早和过量喷洒植物生长调节剂，尤其是多效唑及含以该成分为主的调节剂。此外，后期如果遭到红蜘蛛、甜菜夜蛾、棉铃虫等害虫的严重侵扰，啃食造成叶片残缺，可造成叶片大面积坏死，叶片脱落。

（2）预防早落叶的主要措施

① 叶面喷肥　花生到了生育后期，根系从土壤中吸收养分的能力和根瘤固定氮素的能力都开始减弱，而叶片吸收养分的能力却在增强。叶面喷肥补充养分具有吸收快、作用迅速、利用率高等诸多优点，是预防早衰的较好措施。

土质偏沙，地力薄，基肥不足，植株矮，长势弱，叶泛黄有脱肥现象的花生地，可叶面喷施 1% 尿素溶液。苗旺株健具有疯长趋势的田块，不必喷尿素。花生叶面对磷的吸收能力较强，在其生长中后期，每亩喷施 2%～3% 过磷酸钙浸出液（浸 14～16 小时过滤）60kg，每隔 7～10 天喷 1 次，连喷 2～3 次，一般增产 7%～10%。或每亩用磷酸二氢钾 100～150g，兑水 50kg，待充分溶解后于傍晚或阴天下午喷施，最好连喷 3 次，每次间隔 7 天，若喷后 8 小时内遇雨，要重喷 1 次。

② 严防叶斑病　花生叶斑病以黑斑病和褐斑病为主，两种病害均以危害叶片为主。花生发病时先从下部叶片开始出现症状，后逐步向上部叶片蔓延，发病早期均产生褐色的小点，逐渐发展为圆形或不规则形病斑。褐斑病病斑较大，病斑周围有黄色的晕圈，而黑斑病病斑较小，颜色较褐斑病浅，边缘整齐，没有明显的晕圈。天气潮湿或长期阴雨，病斑可相互联结成不规则形大斑，叶片焦枯，严重影响光合作用。如果发生在叶柄、茎干或果针上，轻则产生椭圆形黑褐色或褐色病斑，重则整个茎干或果针变黑枯死，使花生产量大幅度下降。

花生到生育后期，危害叶片引起早落叶的叶斑病有多种，危害较重又难防治的主要是褐斑病和网斑病。可在发病初期及时喷药。发病初期，可选用 80% 代森锰锌可湿性粉剂 800 倍液，或 70% 甲基硫菌灵可湿性粉剂 800～1000 倍液、75% 百菌清可湿性粉剂 600 倍液、50% 多菌灵可湿性粉剂 800～1000 倍液等喷雾防治。每隔 7～10 天喷药 1 次，连喷 2～3 次，每亩每次喷药液 60kg。

③ 药剂防治　害虫可使用吡虫啉、阿维菌素、哒螨灵、绿僵菌、

白僵菌、Bt、高效氯氰菊酯等药剂进行防治。

在缺铁土壤上施用铁肥，可增产 10％以上。一般在花生花针期、结荚期或植株出现缺铁症状时，用 0.2％硫酸亚铁溶液每隔 5～6 天喷 1 次，连续喷洒 2～3 次。

58. 花生夏季管理措施有哪些？

（1）注意科学追肥 许多农民在追肥方法上存在严重误区，主要表现在偏施氮肥、一次性超倍量施肥等。科学的施肥方法应该是，以施用三元复合肥为主，不要偏施一种氮肥，当花生进入花针期后，根瘤菌的固氮能力很强，如底肥充足或追施苗肥的没有必要再大量追施氮肥，可每亩地追施碳酸氢铵 20～25kg，配合过磷酸钙 10kg 和硫酸钾 5kg。对于沙壤地可分 2～3 次追肥，分别在花针初期、结荚初期和高峰期，每 20 天左右追一次肥。

（2）做好病虫害防治 进入盛夏以后，蚜虫、红蜘蛛在条件适宜时，很有可能大发生。在防治适期应选用高效氯氰菊酯等农药防治。遇到长时间的阴雨天气，容易暴发根腐病、茎腐病等真菌性病害，可选用多菌灵或百菌清粉剂，配合 1.8％复硝酚钠水剂（爱多收）或芸苔素内酯和磷酸二氢钾混合喷施，每 10 天左右喷一次，可增强植株的抗性。

（3）适时做好化学防控 进入 7 月中下旬后，在雨水较多的条件下，植株极容易徒长，要选用植物生长调节剂进行化控。如选用金得乐花生专用调节剂，可调节营养生长和生殖生长，增强植株的抗性，从而增加产量和品质。每亩用金得乐 30mL，兑水 15kg，在 7 月初喷施。根据田间的长势在 8 月初再喷施一次。

（4）注意防旱排涝 花生具有"喜涝天不喜涝地""地干不扎针，地湿不鼓粒"的生理特点。在结荚期，如遇到长时间的雨天，要注意排水，使荚果正常膨大，减少烂果。如遇伏旱或秋旱要及时浇水，保证荚果正常发育。

59. 预防夏花生后期早衰的措施有哪些？

夏花生生育期短，前、中期气温高，降水多，花生生长快，后期降温快，易早衰。

（1）发生原因

① 花生生长后期，如遇秋旱，易引起根系受损，顶叶早脱落，导致茎枝早衰。

② 如果花生生长后期降水过多，田间排水不良，易引起根系腐烂，茎枝枯衰。

③ 叶斑病或网斑病、红蜘蛛严重的花生地，一旦发生就蔓延迅速，往往几天内造成叶片大量脱落，并导致茎、叶早衰。

④ 土壤肥力较差，底肥不足，前期追肥不足，加之生长后期根系老化，活力下降，吸肥能力降低，导致后期脱肥早衰。

⑤ 过早和过量喷洒调节剂，尤其是多效唑及含以该成分为主的调节剂更严重。

⑥ 花生连作，重茬严重，造成土壤残留病菌增多和微量元素匮乏。

（2）预防措施

① 病虫防治　结荚中后期至饱果成熟期，花生营养生长（茎、叶）逐渐衰退停止，以生殖生长为主，黄河流域花生产区从8月上旬开始，喷药防治叶斑病、网斑病，可延缓叶片衰老，促进荚果充实。可在发病初期，间隔8～10天连喷3～4次80%代森锰锌干悬剂600～800倍液，也可喷70%甲基硫菌灵可湿性粉剂800～1000倍液或其他新型杀菌剂。高温高湿天气，要注意防治红蜘蛛，在田间有点片发生时，及时选用哒螨灵、阿维菌素等药剂防治，注意药液要喷足，叶片正反面都要沾上药液。

② 叶面喷肥　在结荚后期，于8月中下旬至9月上旬，叶面喷施2%尿素水溶液＋3%过磷酸钙水溶液、0.2%～0.4%磷酸二氢钾水溶液，共喷2～3次，间隔7～10天。

③ 使用沃普花生专用ABC营养套餐，有效防治花生死苗、早衰、落叶　共喷施3次，第一次在苗期喷施，补充肥力，促苗期苗壮，防治苗期死苗烂根。第二次在下针期至膨果期喷施，控制旺长，补充肥力，提高产量，防治根腐病、茎腐病。第三次在花生收获期前20～25天使用，籽粒饱满，防治早衰，活秆成熟，经多年的试验应用效果明显，花生不早衰，无病害，产量高，增产高达30%以上。

④ 抗旱排涝　饱果成熟期遇秋旱，应及时轻浇饱果水，遇涝时应及时将积水排出，可起到养根护叶，预防植株早衰，提高荚果饱满

度的作用。

60. 如何掌握花生荚果的适宜收获时期？

花生荚果适宜的收获时期，应根据各地品种生育期、播种时间、气候条件、田间土壤状况确定，确保产量、品质、产值均达到最高值。

（1）根据品种熟性适时收获　一般珍珠豆型早熟品种生长 120～125 天、中晚熟品种生长 130～135 天后收获为宜。作为种植种用的花生，则不能延期收获，而以提早 5～7 天收获更为合适。

（2）南方适宜收获期　南方花生产区主要种植珍珠豆型品种，广东、广西、福建、台湾等产区，春花生因播种时间不同，收获适期一般在 6 月下旬至 7 月上、中旬。秋播花生以种用为主，一般在 11～12 月收获。四川、贵州等产区，早中熟品种一般在 8 月底至 9 月中旬收获。湖北省晚熟花生 10 月上旬收获，夏花生在 10 月上中旬收获。江西、湖南等产区，春花生 8 月下旬至 9 月上旬收获，秋植花生一般在 11 月中旬至 12 月收获。

（3）北方适宜收获期　北方春播大花生产区的早中熟品种一般在 8 月下旬至 9 月上中旬收获，麦套、夏播花生在 9 月下旬至 10 月上旬。过迟收获，在田间或晒干期间有受冻害的危险，影响花生荚果品质。东北早熟花生区，一般应在 9 月中下旬收获。

61. 花生摘果方法有哪些？

各地摘果方式主要包括手工摘果、人工摔果、打谷机脱果、摘果机摘果等。

手工摘果比较费工、费时，效率不高，但荚果质量保持较好，荚果基本不受损伤，比较适合于种用花生摘果，虽然比较费工费时，效率低，但荚果和种仁不受损伤。

人工摔果在北方比较普遍，是用手握住花生植株梢部，向筐篓、杈杆等器具上摔打，使果柄折断、荚果振落，剩下的部分秕果用手摘下。

南方有用人力或电动打谷机脱果的，效率较高，但破碎较多，多用于榨油的花生。

近年国内新制造的一些花生摘果机，果柄半干时进行脱果，荚果基本无破碎，茎蔓也比较完整。

第三节　花生用肥技术疑难解析

62. 花生配方施肥技术要点有哪些？

（1）花生的需肥量

① 高肥水地块　根据花生每亩产500kg荚果对氮、磷、钾主要营养元素的吸收量和肥料的吸收利用率分析，施肥比例为：每亩施氮14.8kg、磷11kg、钾16kg，折合成优质圈肥5000kg、尿素13kg（或碳酸氢铵35kg）、过磷酸钙72kg、硫酸钾22kg（或氯化钾18kg或草木灰138kg）。

② 中等肥力地块　实现花生每亩产500kg荚果的目标，施肥比例为：每亩施氮27kg，折合优质圈肥10000kg、尿素26kg（或碳酸氢铵70kg），其他的施肥量相同。在黄泛区和洼区酸性土壤上要增施石膏或磷石膏30kg左右，主要是为了增加钙素。

（2）花生一般配方施肥技术

① 基肥　中等地力地块一般亩施优质农家肥2000～3000kg，三元复合肥20kg，硫酸钾6kg，硫酸锌1～2kg，硼砂1kg。

② 追肥　苗期追肥以氮为主，花针期追一次肥，亩追尿素15kg。

③ 微量元素肥料　花生对钼敏感，在苗期和盛花期喷施0.1%～0.2%的钼酸铵溶液，可促进增产和根瘤固氮，也可以每亩用0.1%～0.2%钼酸铵溶液拌种。此外花生对硼肥也较敏感，可以用0.2%的硼砂溶液喷施。

63. 花生施肥原则有哪些？

（1）以农家肥为主，化肥为辅　在我国，花生大部分种植在丘陵地区，土层薄，肥力低，应施用有机肥料以活化土壤，改良土壤结构，培肥地力，再结合施用化学肥料，以及时补充土壤养分。农家肥主要是有机肥，含有丰富的营养成分，能改良土壤，培肥地力，肥效较长。化肥是速效肥，虽然也含有花生需要的营养元素，但与农家肥相比，营养成分较为单一。同时，化肥在施用过程中，还残留其他成分，不利于花生的生长和土壤肥力的提高。

（2）有机肥和无机肥配合施用　有机肥含有氮、磷、钾等多种营养元素，是一种养分全面的肥料。有机肥肥效高、肥效长、肥效稳，可以源源不断地供给花生一生所需的营养。有机肥由动物、植物生命活动中所产生的排泄物和残体组成，这些物质在发酵分解过程中产生热量，提高了地温，促进了微生物和根瘤菌的活动，加快了土壤熟化，有利于根系和根瘤菌的活动。长期施用有机肥，可以改良土壤，提高土壤蓄水、保墒、保肥能力。有机质通过微生物分解，合成腐殖质和产生氮、磷、钾等元素，同时产生二氧化碳，增加碳素营养，有助于矿物质肥料的分解转化。

但是，有机肥料也有一定的缺陷，养分含量低，所含养分大多是有机态的，肥效迟缓，肥料中的养分当季利用率低，在花生生长发育盛期，常常不能及时满足养分需求，而化学肥料具有养分含量高、肥效快等特点，则可弥补有机肥料的不足。所以，为了保证花生的高产优质，提高施肥效益，并达到用养结合，必须贯彻有机肥料和无机肥料配合施用的原则，做到两者取长补短、缓急相济，充分发挥肥料的增产潜力。

（3）大、中、微量养分平衡供应　作物正常生长发育不仅要求各种养分在量上能够满足其要求，而且要求各种养分之间保持适当的比例，做到氮、磷、钾之间和大、中量元素与微量元素之间养分平衡供应。土壤是作物养分的供应库，但土壤中各种养分的有效数量和比例与花生的需求相距甚远，这就要通过施肥来调节土壤有效养分含量以及各种养分的比例，以满足花生的需求。不仅如此，在施肥过程中，一定要密切注意土壤养分含量的变化，及时调整施肥方案，力求所施养分比例趋于平衡。一种作物，每形成单位经济产量的养分需求比例是固定的，但也因品种、产量水平等略有差异。虽然花生对微量元素的需要量很少，但各种必需营养元素之间却是同等重要和不可代替的。生产中，随着花生产量水平的进一步提高，大量元素肥料投入量的增加和有机肥用量的减少，某些微量元素可能成为花生生长的新的限制因素。因此，微量元素肥料的施用也是花生增产的必要技术措施。

（4）施足基肥配合适当追肥　基肥足则幼苗壮，花生稳健生长，为高产优质多抗奠定坚实基础。对花生而言，增加氮、钾肥基施比重可满足幼苗生根发棵的需要；而氮肥追施比重过高，则易引起徒长、倒伏和病虫害，钾肥追施比重过高，则易引起烂果，且肥料报酬递减。肥效迟缓、利用率低的有机肥、磷肥更应以基施为主。因此，在花生生产上如能一次施好施足基肥，一般可以少追肥或不追肥。特别是地膜覆盖花生或露地栽培花生种在蓄水保肥能力好的地块和大面积机械种植，应做到一次施足。在漏水漏肥的砾质粗沙土地块，为避免速效化肥一次基施用量过多造成烧苗和肥料损失，可留一部分用来追肥。根据花生生长发育情况，若需追肥，宜施用速效肥料，并掌握"壮苗轻施、弱苗重施、肥地少施、瘦地多施"的原则。

（5）前茬肥、当茬肥、后茬肥配合　花生对原土壤氮素、磷素养分的利用率高，对当茬所施肥料养分的利用率低，而过多的氮肥会显著影响根瘤菌的固氮能力，当茬施肥主要是对茬后土壤养分的补偿。因此，花生的前茬肥、当茬肥、后茬肥配合施用可以作为花生轮作施肥制度或原则加以确立。

（6）使用生物肥料　生物肥料拌种能促进花生根系发达，根瘤多而大，后期不早衰，可显著提高结果数和果重，提高产量。且生物肥料含有大量有益土壤的微生物和有机质及多种微量元素，具有肥效持久、活化土壤、壮苗增产、保持土壤微生态平衡的特点。

64. 花生地怎样整地作畦？

（1）花生对土壤的要求　花生地最好为沙壤土，土质疏松，杂草少，pH在6~7之间，下雨能迅速排水不积水，干旱能迅速灌水，透水快，耕层深度达30cm左右，土壤肥力高，有机质含量以1%左右为最好。

（2）花生整地要求　花生种子较大，脂肪含量高，发芽出苗需要较多的水分和氧气，因此，播种前整地的总体要求是土壤疏松、细碎、不板结。北方花生产区由于春季空气干燥，土壤容易丧失水分，播前通过耙耱结合整地保墒，在灌溉条件差或平原沙地，适于采用平作整地方式，在灌溉条件好或进行高产栽培时适于采用垄作整地，在低洼地种植则最好采用垄作或高畦整地。花生是深根作物，适当加深耕作层，有利于提高产量和品质。整地时应深耕细耙，耕深一般

25～30cm，使土层深厚而疏松，达到平整、疏松、细碎、湿润。

（3）花生作畦要求 采用窄畦、高畦是确保花生高产稳产的主要措施之一。水田花生畦宽一般在 132～165cm，地势低，地下水位高的田块可缩小到 118.8～132cm，畦高 16.5～26.4cm。畦沟以 33～39.6cm 为最好。窄畦、高畦有利于排水，提高发芽率。旱坡地，最好采用畦宽 198～264cm，畦高 13.2～16.5cm 的规格。采用垄作也有利于排灌、田间管理、提高土温及通风透光。

65. 花生怎样施好基肥和种肥？

花生花芽分化早，营养生长和生殖生长并进时间长，而且前期根瘤菌固氮能力弱，中后期果针下扎时肥料又难深施。因此，施足基肥就显得十分重要。花生基肥用量一般应占施肥总量的 80%～90%。一些花生田只施基肥，后期不进行追肥也能获得高产。基肥的施用是结合耕地进行的。在耕地前，将要施用的有机肥和化肥按照有机肥的全部、化肥总量的 2/3，均匀地撒在地表。

基肥，以腐熟的有机肥料为主，配合氮、磷、钾等化学肥料。有机肥既能满足花生对各种矿质元素的需要，又能改良土壤。每亩施 1500～2000kg 的优质圈肥，花生产量为 150～200kg；每亩施 2500～3000kg 的优质圈肥，花生产量为 250～300kg。地力越差，有机肥效果越明显，新整农田更要多施有机肥，才能保证当年丰产。

种肥，一般为化肥总量的 1/3。施种肥时要注意，花生种子千万不能和肥料接触，人工起垄的要先将化肥掩上，在另外的地方开沟播种；机械播种的，要将化肥拌匀，不要有化肥坷垃，随时检查化肥的施肥速度和施肥量，避免集中施肥。此外，要注意如下几点。

（1）磷肥 花生所需磷肥比一般作物多，对磷肥的吸收利用率也高。实践证明，花生施用磷肥后不仅对当年种植的花生有增产效果，而且后效也很明显。每亩施过磷酸钙 10kg，可使当年花生增产 18.2%，磷肥效果可维持 3 年以上。磷肥虽然对花生有显著的增产作用，但其增产幅度的大小与施肥技术又有密切的关系。有机肥越少，磷肥效果越高，有机肥料用量为 2000kg 时，磷肥效果就不明显了。磷肥施用前最好与圈肥混合堆沤 15～20 天，起到活磷保氮的作用。

（2）钙肥 花生施用钙肥可以调节土壤 pH，提高根瘤菌的固氮能力，改善氮素营养，促进荚果发育，减少空果和烂果。结合耕地或播种，在酸性土壤中每亩施用熟石灰 25～50kg，在微碱性土壤中每亩施用生石膏 5～7.5kg，以调节土壤酸碱度，促进土壤有益微生物的活动和补充花生的钙质营养，提高花生品质。同时钙肥的施用宜与有机肥料配合，以防止过量施钙引起不良后果。

（3）菌肥 人工接种花生根瘤菌可使花生早结根瘤、多结根瘤，提高花生植株的固氮能力，扩大花生的氮素营养来源，降低化肥成本，减轻化学氮肥对环境的污染。根瘤菌剂多为袋装粉剂，按使用说明书进行调配操作。一般是每 50g 可拌 1 亩土地的花生种子。拌种时，将菌剂放在干净的容器里，加入 2～3 倍的水调匀，然后把菌液倒在种子上，轻轻搅拌，使每粒种子都沾上粉剂即可播种。拌好的种子用湿布包好，避免太阳照射杀死根瘤菌。随拌随播，当天播完，以免降低根瘤菌活力。催芽的种子，将根瘤菌粉剂直接撒在种子上，不需加水，搅拌时注意不要损伤种皮和芽尖。拌过杀菌剂的种子，不宜拌根瘤菌剂，以免将根瘤菌杀死，可将根瘤菌剂拌入基肥，提前施入土中，每亩用 250g 左右。要购买经过选育更新的根瘤菌菌种及新鲜不过期的菌剂，否则效果较差甚至无效。

（4）微肥 采用 0.2%～0.3% 钼酸铵或 0.1% 硼酸等水溶液浸种，可补充微量元素。

66. 花生怎样施追肥？

花生是否追肥，要根据田间的花生长势确定，追肥时间一般在结荚期和荚果成熟期，追肥种类以磷、钾肥为主。

（1）幼苗期追肥 幼苗健壮，是花生花多、花齐、果多、果饱的基础。如果土壤肥力低或基肥用量不足，幼苗生长不良，根瘤也不能正常发育，势必影响主要结实枝的生育和前期有效花花芽的分化。尤其是麦套花生，由于不能施基肥，而且与小麦共生期间，幼苗因受遮光影响，多出现"高脚苗"，麦收后更需要及早追施苗肥，促苗早发。夏直播花生，生育期短，前作收获后，为了抢时间播种，基肥往往施用不足，及早追肥也很重要。苗肥应在始花前后追施，时间越早越好，应氮、磷、钾并重。但数量不宜过多，应根据幼苗长势而定。

一般每亩用硫酸铵 5～10kg、过磷酸钙 10～15kg，与优质圈肥 500～1000kg 混合施用，或追草木灰 50～80kg，宜拌土撒施或开沟条施。

（2）花针期追肥 花生始花后，植株生长旺盛，有效花大量开放，大批果针陆续入土，对养分的需求量急剧增加，如果基肥、苗肥不足，则应根据花生长势长相，及时追肥。但此时花生根瘤菌固氮能力较强，固氮量基本可满足自身需要，而对磷、钙、钾肥需求迫切，因此氮肥用量不宜过多，可参照苗期氮肥用量，以追磷、钾、钙肥为主，以免引起徒长。此外，根据花生果针、幼果直接吸收磷、钙营养的特点，每亩可追施过磷酸钙 $10\sim20kg$、优质圈肥 $150\sim250kg$，改善花生磷、钙营养，增产显著。

（3）叶面喷肥 花生叶面喷肥（也称根外追肥），具有吸收利用率高、省肥、增产显著的特点。特别是花生生长发育后期，根系衰老，叶面喷肥效果更为明显。叶面喷施氮肥，花生的吸收利用率达 50% 以上；叶面喷施磷肥，可以很快运转到荚果，促进荚果充实饱满。在生育中后期脱肥又不能进行根际追肥的情况下，可每亩叶面喷施 $2\%\sim3\%$ 的过磷酸钙水溶液 $75\sim100kg$，每隔 $7\sim10$ 天喷一次，连喷 $2\sim3$ 次，可使荚果增产 $7\%\sim10\%$。如果花生长势偏弱，还可添加尿素 $2.25\sim3kg$ 混合喷施。叶面喷施钾、钼、硼等肥，也有一定的增产效果。钾肥可采用 $5\%\sim10\%$ 的草木灰浸出液，或 2% 硫酸钾、氯化钾的水溶液。花生生长后期，亩用磷酸二氢钾 $100\sim200g$，兑水 $50\sim60kg$ 叶面喷施，最好连喷 3 次，每隔 7 天喷一次。

67. 花生中后期如何通过叶面喷肥增产增收？

花生中后期（花期至荚果膨大期）进行叶面喷肥，能有效地提高植株的光合效率，增加干物质含量，使植株个体发育良好，可促进花生荚多荚大粒饱，增产增收，改善荚果质量。

（1）尿素 土质偏沙，地力薄，基肥不足，植株矮，长势弱，叶泛黄有脱肥现象的花生地，在花生开花期至结荚期，叶面喷施 $0.7\%\sim1\%$ 的尿素水溶液，平均增产 10% 以上。苗旺株健具有疯长趋势的田块，不必喷尿素。

（2）过磷酸钙浸出液 在花期、下针结荚期，用 $1.5\%\sim2\%$ 的过磷酸钙浸出液（浸 $14\sim16$ 小时过滤）2 次，每次每亩喷洒 $60kg$ 左右，可增强开花、结荚性能，一般增产 $7\%\sim10\%$。

（3）草木灰浸出液 在花生结荚始期到荚果膨大期，喷施 5% 的草木灰浸出液 2 次，结合培根，可使花生增产 20％以上。

（4）磷酸二氢钾 在花生花期至荚果膨大期，叶面喷施 0.3％的磷酸二氢钾 2 次，可满足花生果针发育的需要，增加饱果数，提高百粒重和含油量，还可防早衰，具有显著的增产效果。

（5）钼酸铵 花生花期至结荚期，叶面喷施 0.1％的钼酸铵水溶液 2 次。能促进豆科作物根瘤菌的固氮作用，协调营养生长和生殖生长，促荚果饱满，增产 10％以上。

（6）硼肥 一般在初花期和盛花期用 0.2％硼砂或硼酸水溶液各喷 1 次。能促进花粉萌发，有利于授粉受精，提高花生坐果率，同时还能增加叶绿素，促进光合作用，增加果重和饱果率。在缺硼土地上施用能增产 15％以上。

（7）硫酸亚铁 在开花期用 0.3％～0.5％的硫酸亚铁溶液连喷 2 次，可增产 13％以上，防止缺铁性黄叶、白化症等。

（8）稀土 花生始花期至结荚期喷施 0.08％的稀土微肥水溶液 2 次，间隔 15 天。促进光合与代谢功能，从而达到增产的目的，平均增产 9.5％～14％。

（9）光合微肥 在花生开花下针期连喷 2 次，每隔 10 天左右喷 1 次，每次每亩用光合微肥 100g，加水 50kg 稀释后，选择在阴天或晴天的下午阳光不太强烈时喷施。能满足其对微量元素的需要，抑制光呼吸，减少消耗，促进饱果，可增产 15％以上。

68. 花生生产上施用缓控释肥的技术要点有哪些？

（1）缓控释肥的施肥原则

① 与测土配方施肥技术相结合 测土配方施肥是一项先进的科学技术，广泛用于各种农作物的生产，具有增产增效和节本的作用。缓控释肥成本较高，通过与测土配方施肥技术相结合，可以有效利用土壤养分资源，减少缓控释肥的用量，提高其利用效率，降低农业生产成本，同时降低施肥对环境的污染。

② 与普通复合肥掺混施用相结合 普通复合肥目前仍是农作物生产用肥的主体，虽然有效期短，但释放迅速，能及时给作物提供养分。缓控释肥与普通复合肥混合施用，可以起到以速补缓、缓速相济的作用。

③ 与花生专用肥相结合 花生专用肥是测土配方施肥的最佳物

化成果，具有养分含量高（总养分含量多在 50% 以上）、配方合理并易于调整、物理性状好等诸多优点。在此基础上，对花生专用肥进行包膜处理，将专用肥加工成缓控释专用肥，增强了专用肥的应用功能，拓展了缓控释肥的应用领域。

（2）缓控释肥的施用技术

① 根据作物生育期的长短，选用不同释放期的缓控释肥　早熟品种生育期 90～100 天，选用控释期 3 个月的肥料；迟熟品种生育期 120～130 天，选用控释期 4 个月的肥料；春植生育期 120 天左右，选用控释期 4 个月的肥料；秋植生育期 100～110 天，选用控释期 3 个月的肥料。

② 肥料配方　肥料中氮、磷、钾养分配比与测土配方施肥相结合，按土壤养分选用。一般花生氮、磷、钾可按 2：1：2.5 施用。

③ 缓控释肥与化肥相结合　一般以缓控释肥作底肥，一次施用，按总施肥量的 70%；以普通复合肥作追肥，按总施肥量的 30% 施用。

④ 注意事项

a.现用现拌，如果混拌后长时间不用，肥料会变黏，虽不影响肥效，但会给施肥带来不便。

b.种肥缓控释肥一次投入，施肥量大，盐离子浓度高，易造成烧种烧苗。施肥时必须做到种、肥隔离，一般肥距离 5～6cm。

c.漏水、漏肥地块，如沙土、坡地，一般不提倡一次性施用缓控释肥。

69. 如何识别与防治花生缺氮症？

氮是花生各部分组成中含量最多的营养元素，对花生的生命活动有重要作用，直接或间接地影响花生的代谢和生长发育。

（1）缺氮症状　氮肥不足时，植株矮小、叶片黄瘦、分枝少、光合强度降低、产量低。氮素是能再利用的元素，花生缺氮时，下部叶片首先受害，老叶片中的蛋白质分解，运送到生长旺盛的幼嫩部位去再利用。若蛋白质合成减弱，花生植株体内的碳水化合物相对过剩，在一定条件下，这些过剩的化合物可转化为花青素，使老叶和茎基部出现红色，叶面积小，产量降低。根系发育不良，主根入土浅，侧根少，根瘤很小，开花结果率也相应地降低，产量降低。

（2）**防治措施**　接种花生根瘤菌剂是花生生产中一个必要措施。根瘤菌剂最好在播种前拌种，每亩约需 50g 菌粉，它可与钼酸铵同时拌种，但不能与杀菌剂（特别是汞制剂）共同使用。酸性土宜结合施适量石灰降低酸度，可促进根瘤菌活动，充分发挥腐熟有机质肥的功效。

氮肥可单独用作种肥或提苗肥，也可与磷肥配合施用。在施用一定数量基肥的基础上，播种时或苗期每亩增施硫酸铵 5～10kg，最好与有机肥沤制 15～20 天后施用，能改善苗期氮素养分的供应，积极促进根瘤形成。花生有效花芽形成的盛期（约开放第一朵花的稍早时期）需要大量氮素，如此期及时适量供给氮素（不宜太迟太多，以防徒长），增产效果显著。

🌱 70. 如何识别与防治花生缺磷症？

（1）**缺磷症状**　花生植株中磷的临界值为 0.2%，即低于该值时缺磷症状明显。花生缺磷时，植株生长缓慢、矮小、分枝，根系发育不良，次生根很少，叶色暗绿无光泽，向上卷曲，晚熟低产。由于花青素的积累，下部叶片和茎基部呈红色或有红线。花生苗期在天气寒冷的情况下，往往出现严重缺磷症状，当天气转暖、根系扩展后，缺磷症状一般就会逐渐消失。

（2）**防治措施**　磷肥一般多用过磷酸钙，个别地方也有用磷矿粉的。每亩用过磷酸钙 15～25kg 与有机肥混合沤制 15～20 天作基肥或种肥集中沟施。或每亩用磷矿粉 25～50kg 基施。

🌱 71. 如何识别与防治花生缺钾症？

（1）**缺钾症状**　花生缺钾时，老叶首先表现明显，在簇生叶上最初的症状是植株下部叶片叶脉间出现斑驳，随着缺钾逐渐加重，大部分叶面褪绿，只有沿中脉的一个狭窄部分保持绿色，沿叶脉出现褐色坏死部分。另一症状是老叶上出现黑褐色圆斑。缺钾植株矮小瘦弱，支撑根少，容易倒伏和受病虫害侵袭。在症状显现之前，植株生长迟滞，最后产量锐减。

（2）**防治措施**　花生缺钾的情况并不常见。一般花生的前茬作物中只要充分施用钾肥，花生田即不必再施钾肥，若必须施用时，应在播前耕地时施于地下。因为土壤表层含钾量过高，能抑制果针和果荚对钙的吸收而降低产量和品质。

若在田间发现缺钾现象时，可在根外追施 0.2%～0.3% 的硫酸钾或硝酸钾或 0.3% 的磷酸二氢钾溶液 2～3 次，隔 7～10 天 1 次，可起到较快的矫治作用。土壤增施钾肥，如每亩增施草木灰 100～1500kg，或硝酸钾、硫酸钾、氯化钾 5～10kg，结合整地或中耕松土时施入，也有较好作用。

72. 花生如何施用钙肥防空壳？

钙能够促进花生体内蛋白质和酰胺的合成，减少空秕率，增加荚果饱满度。花生是喜钙作物，给花生施钙肥，可促进花生的根系生长，增强根系活力，防止花生早衰，还能促进花生果仁饱满，提高百粒重和蛋白质含量，增强花生抗病性。在酸性土壤中施用钙质肥料石灰，还可以降低土壤酸度，有利于根瘤固氮。因此，含钙肥料能提高花生的产量和品质。一般亩施钙肥 30kg，可增产花生果仁 30kg 左右，经济效益可观。花生根系吸收的钙主要保存在茎叶中，荚果发育需要的钙主要依靠果针、幼果和荚果从土壤中直接吸收。因此，钙可作为基肥施用，施于结实层，有利于荚果发育。

（1）缺钙症状　花生缺钙对胚芽下端维管束组织影响很大，使一定数量的胚芽变黑，即所谓"黑胚芽"病。有关试验表明，如土壤中缺乏石灰，生长的花生其种仁约有 10.5% 为"黑胚芽"，这种种子只有 23% 能发芽。结实层缺钙时常形成"泡荚"，其荚果外观很大，但荚壳很厚，种仁瘦小，即所谓"大头秕"。大粒品种花生更易产生这种现象。在缺钙土壤中生长的花生，烂果率也特别高。有关试验表明，花生荚壳中含钙量低于 0.2% 时，就易发生烂果。土壤缺钙时，花生表现为植株矮小，地上部生长点枯萎，顶叶黄化有焦斑，老叶的边缘及叶面会出现不规则的白色小斑点，叶柄变弱，新生叶片小，根系弱小、粗短而黑褐，荚果发育减退，空果、秕果、单仁果增多，种仁不饱满；严重缺钙时，整株变黄，顶部死亡，不能形成根部器官和荚果。

（2）防止措施　应科学施钙肥减轻花生缺钙症状。

① 因土因肥制宜　由于花生不耐盐碱，故在缺钙的盐碱土上，要施用含钙的酸性肥料，这样不仅能满足花生对钙的营养需要，而且能够中和土壤，缓解、矫治盐碱对花生的危害。而对南方酸性土壤

（花生多种丘陵、岗地上，土壤多为酸性），应施含钙的碱性肥，以降低土壤酸性，有利于花生生长发育。

② 适时施钙　由于花生在生长新根、幼根、果针时，绝对不能缺钙，故钙肥应作基肥早施和在花果针刚出现时作追肥，分两次施下。

③ 适量施钙

a.作基肥施用　由于钙在花生体内的流动性差，在花生植株一侧施钙，并不能改善另一侧的果实质量，而花生根系和叶片吸收的钙主要供给到茎叶，运转到荚果的很少。荚果发育所需的钙素营养，主要依靠荚果本身自土壤和肥料中吸收。因此，最佳的补钙方法应该是基施钙肥，尤其在酸性土壤上，施用钙肥既可调节土壤酸化，还可补充荚果的钙营养。钙肥一般结合耕地时撒施作基肥。

一般酸性土壤每亩施石灰 50～60kg，或钙镁磷肥 35～40kg。碱性土壤每亩可施过磷酸钙 30kg，或石膏 25～30kg，或磷石膏 35kg左右。在中性或微酸性土壤上，可以施用石膏，一般亩施 5～7.5kg。

b.作追肥施用　可在初花期结合中耕培土浅施于花生棵结荚区内。

（3）注意事项　钙肥施用量不可过少，否则，增产不明显。也不可过多，否则，不仅造成浪费，还会破坏土壤结构，降低经济效益。在微酸性土壤中施用石灰，应 2～3 年轮施 1 次，不可年年施用，防止土壤板结。还应注意与有机肥配合施用，与氮、钾肥配合施用，施石灰、石膏的还应配施磷肥，以防止土壤养分失调，引起土壤板结。

73. 如何识别与防治花生缺镁症？

（1）缺镁症状（彩图 13）　缺镁叶片失绿与缺氮叶片失绿不同，前者是叶肉变黄而叶脉仍保持绿色，且失绿首先发生在老叶上；后者则全株的叶肉、叶脉都失绿变黄。缺镁症状表现顺序为老叶边缘先失绿，后逐渐向叶脉间扩展，尔后叶缘部分变成橙红色，茎秆矮化，严重缺镁会造成植株死亡。

（2）防治措施　是否施用镁肥需依据土壤和植株缺镁状况来确定。凡分析测定镁不足的土壤和植株，施用镁肥会有良好效果。镁肥的品种不同，它的化学性质也不同。施用时要注意土壤的酸碱度，接近中性或微碱性，尤其是含硫偏低的土壤以选用硫酸镁和氯化镁为好，而酸性土壤以选用碳酸镁为好。

缺镁的酸性土壤宜施用生石灰，既供给作物镁素营养又中和酸性供给钙素营养。此外，草木灰、钾镁肥、钙镁磷肥也是理想的含镁肥料。一般来说，酸性强、质地粗、淋溶强烈、母质含镁量低以及过量施用石灰或钾肥的土壤容易缺镁，应优先考虑施用镁肥。

缺镁土壤施用的氮肥形态对作物镁素营养也有一定影响。据报道，作物缺镁程度随下列氮肥的形态次序减轻：硫酸铵、尿素、硝酸铵、硝酸钙。镁肥作基肥，土壤追施或喷施均可。化学镁肥与农家肥配合施用往往效果好于单独施用。必要时喷施 0.5％的硫酸镁溶液。

74. 如何识别与防治花生缺硫症？

（1）缺硫症状　硫与花生生长有密切的关系。缺硫时形成层的作用减弱，不能正常生长。虽然硫不是叶绿素的组成成分，但间接地影响碳水化合物的代谢和叶绿素的形成，缺硫时叶绿素含量降低，叶色变黄，严重时变黄白，叶片寿命缩短。叶柄倾向于直立，小叶呈"V"形，植株较矮。

花生缺硫与缺氮难以明显区别，都能引起叶片黄化，植株矮小，发育不良。所不同的是缺硫症状首先表现在顶端叶片，而缺氮则先从老叶开始或全株表现症状。

（2）防治措施　在花生生产中很少有元素会比硫更显得缺乏。因许多肥料和农药中都含有一定量的硫，如过磷酸钙中含硫 10％～12％，石膏中含硫 18％～23％。此外，防治叶斑病所用的硫黄粉或其他硫制剂也含有大量的硫元素，无形中补偿了部分缺硫状况。硫除能被根部吸收外，也能被荚果直接吸收，因而在生长后期更易缺硫。

花生补充硫以硫酸盐为最好，缺硫时，可通过施用含硫的硫酸铵或含硫的过磷酸钙、硫酸钾、石膏、黄铁矿，也可直接以硫黄粉施入土中。硫肥的适宜施用量为每亩 0.3～1kg。一般认为含硫酸盐的肥料宜于中性或微酸性土壤中。在沙性土壤中，施用石膏优于其他硫肥，其相对难溶，可在土壤中保持较长时间，以满足花生在整个生育期内对硫的需求。石灰性土壤含有较多游离的碳酸钙，直接施硫黄粉有利于提高土壤中其他一些元素的有效性。硫酸钠是完全可溶性盐，但不宜重复施用，以免引起土壤盐害。

硫肥最好作基肥，盛花期或以后追施，特别是不含硫酸盐的硫肥，增产效果差。在植株缺硫症状出现时，叶面喷施 0.1%～0.2% 的硫酸钾或硫酸亚铁或硫酸锌等硫酸盐溶液 1～2 次，可取得矫正作用。

75. 如何识别与防治花生缺铁黄化症？

花生缺铁性黄化病，俗称花生黄叶病，是花生种植中最常见的一种世界性生理性缺素症，自苗期至成熟期均可发生，7～8 月是降水较集中的季节，也是花生生长最旺盛的时期，此时，花生最容易发生缺铁黄化症。

（1）**缺铁症状**　花生每形成 1t 干物质，需要吸收 264g 铁。铁在植株体内活性小、移动性很差，因此不易被重复利用。因此花生缺铁时，首先表现为植株上部 1～3 片复叶叶脉间叶肉黄化，叶脉绿色，而下部叶片仍呈绿色（彩图 14）；中等缺铁的植株叶脉变黄，全叶呈黄白色；严重缺铁时（彩图 15），植株叶脉及脉肉、叶肉黄化，上部新叶全部变白，叶片上出现褐斑或黑斑，叶缘呈褐色，焦边，生长减慢、停止，甚至干枯而脱落。鉴定植株是否为缺铁黄化症，可用 0.1% 的硫酸亚铁溶液涂于叶片背面失绿处，若经 5～8 天转绿，可确认为缺铁黄化病。

与花生缺氮、缺锌引起的失绿症比较，花生缺铁失绿症突出表现为叶片大小无明显改变，失绿黄化显著。

（2）**防治措施**　基施或根外追施铁肥增产都十分明显。

① 作基肥　每亩施入 3～4kg 硫酸亚铁，结合冬春耕地，最好与有机肥、腐植酸肥或过磷酸钙混合施用，以补充土壤中有效铁含量，对防治花生黄白叶病害有明显效果。

② 作种肥　播种前，用 0.1% 硫酸亚铁溶液浸种 24 小时，捞出后晾干种皮播种。或用种子重量 0.1% 的稀土微肥拌种。

③ 作追肥　在花针期或结荚期用 0.2%～0.3% 的硫酸亚铁溶液 30～50kg，均匀喷洒叶面，每隔 5～7 天喷施 1 次，连喷 3～4 次。由于花生叶片比较光滑，离水性强，所以在喷施硫酸亚铁溶液时，可加入 0.1% 的中性洗衣粉与 1% 的尿素，也可加入硼、锌微量元素肥料，

增加叶面的黏附性，促进对铁的吸收，提高利用率。

磷、钙、镁、锰、铜等元素对铁有拮抗作用，能降低铁的有效性，在施用硫酸亚铁时，应合理限制这些元素的用量，最好不同时施用含这些元素的肥料。

76. 花生如何施硼肥防治空心？

花生是需硼中等的作物，硼有增强输导组织的作用。硼能提高花生根瘤菌固氮能力和提高花生的抗旱性。在花生生殖体内，含硼量最多的部位是花，尤其是柱头和子房。硼能刺激花生花粉萌发和花粉管的伸长，有利于受精。花生施硼可以提高结荚率、有效果数，同时还可提高植株对土壤中氮、磷、钾的吸收量，促进营养吸收，改善花生品质，提高果仁中的蛋白质含量，降低脂肪含量。在缺硼的情况下栽培花生，会使大量籽仁空心。现在施用硼肥已成为保证花生品质的重要措施。

（1）缺硼症状 花生每形成 1t 干物质，需要吸收 44g 硼。缺硼时，花生结果受到严重抑制，最突出的是种子"空心"，这种种子不能完全发育，两片子叶中间凹陷，中心变为空洞，空洞处常变褐或烘干后变褐。花生展开的心叶叶脉颜色浅，叶尖发黄，老叶色暗，分枝多，呈丛生状，植株矮小瘦弱，开花很少，甚至无花，最后生长点停止生长，以致枯死；根容易老化，粗短，根瘤很多但无固氮作用，侧根很少，根尖端有黑点，易坏死。

（2）防治措施 植株含硼量以苗期最多，占全生育期总量的 46.9％，故苗期为花生需硼临界期，硼肥应早施。常用的硼肥为易溶性的硼酸和硼砂。可作基肥、追肥或叶面喷洒，也可与其他肥料或杀菌剂一齐施用。

① 作基肥 每亩用 250～500g 硼砂，最好与有机肥或常用化肥混合均匀后施用。如采用硼砂泥、含硼玻璃肥料等难溶性硼肥，则每亩用 25～30kg，与过磷酸钙充分混匀，地表撒施，翻入土中。

此外，推荐基施含硼量较高、肥效持久的禾丰颗粒硼 200g/亩，这种硼肥易溶于土壤水溶液中，可快速被作物吸收，并且分散性良好，不会造成土壤中硼累积。

② 作种肥 用 0.02％～0.05％的硼酸水溶液浸种 4～6 小时。也可每千克种子拌 0.4g 硼酸或硼砂，将所需硼砂用适量清水溶解后，

均匀地与种子搅拌在一起，或将种子摊平，用喷雾器将硼砂溶液均匀地喷洒在种子上。

③ 作追肥　每亩用硼酸或硼砂 50～100g，混在少量腐熟的有机肥料中，于开花前追肥。

④ 叶面喷洒　在苗期、始花期和盛花期，喷施 0.2%～0.3% 的硼酸或硼砂水溶液，于苗期、开花期、结荚期各喷 1 次的，效果较单喷 1 次的好。

花生施用硼肥，不论采用哪种方式，均应严格控制用量，否则将引起硼毒害，注意当组织中硼的水平达到 80～100mg/kg 时，花生就会中毒。

77. 花生如何施钼肥促进生物固氮？

植物需钼的数量虽然极少，是微量营养元素中最少的元素，但它却是植物生长发育中不可缺少的元素。钼对花生的主要作用有：参与氮素氧化还原反应，促进豆科作物根瘤的固氮作用；发挥磷对植物的营养作用；促进植物体内糖类的形成与转化；提高叶绿素的含量与稳定性；提高维生素 C 的含量并对呼吸作用亦有影响；减轻或消除过高的铁、锰、铜等金属离子对植物的毒害作用。研究表明，硼、钼配施能增产 50% 以上。

（1）缺钼症状　花生每形成 1t 干物质，需要吸收 1.32g 钼。缺钼时，植株生长不良、矮小，叶脉间失绿，叶片生长畸形，整个叶片布满斑点，甚至发生螺旋状扭曲；根瘤发育不良，结瘤少而小，固氮能力减弱或不能固氮。

其症状与缺氮症状相似。但缺氮先表现在老叶上，而缺钼先表现在新生叶片上。因而植株矮小，根系不发达，叶脉失绿，老叶变厚呈蜡质。另据研究，即使在完全无钼的情况下，花生也能继续开花结果，只是生长受到抑制。

（2）防止措施　在氮充足的情况下倘若施用钼和石灰，花生的叶片就更显绿。石灰能提高钼的可利用能力，这在花生生产上是特别值得注意的。钼肥是高效能肥料，用量少，肥效高，花生施用少量钼肥，幼苗健壮，叶色浓绿，根瘤数量多、发育好，具有明显的增产效果。土壤中有效钼含量低于 2mg/L 时应补施钼肥。常用钼肥为钼酸铵和钼酸钠，都易溶于水。一般用于拌种、浸种，或幼苗期、花针期叶面喷洒。以拌种和浸种效果较好。

① 作基肥 除施用含钼工业废渣和含钼玻璃肥料外，钼酸铵也可作基肥和追肥施用，肥效 2～4 年，整地时，每亩施钼酸铵 15～20g，与过磷酸钙混合施用，或与沙子拌匀撒施。

② 拌种 拌种时，钼酸铵每亩用量 10～15g，先用少量热水溶解，再用冷水稀释到 3％和种子一起搅拌，或把种子摊开，喷洒溶液，翻动种子，晾干后播种。钼酸铵可与根瘤菌混合拌种。也可用禾丰钼 50mL 稀释 100 倍拌 30～40kg 花生，晾干后播种。

③ 浸种 浸种的钼酸铵用量为每亩 10～15g，稀释浓度为 0.05％～0.25％，浸泡种子 12 小时，种子与溶液之比为 1∶1。浸至种子中心尚有高粱粒大小的干点最为适宜。晾干后即可播种。

④ 喷施 叶面喷洒浓度为 0.1％，每次每亩用钼酸铵 15g，兑水 15L，搅拌溶解后于苗期和花针期各喷 1 次。或用 0.05％～0.1％ 的钼酸铵溶液，每亩用液量 50L 左右，于作物生长期间喷施 2～3 次，每隔 1 周喷施 1 次。也可用禾丰钼 15mL 兑水 15kg 进行叶面喷施。

据试验，钼肥不同施用方法对花生增产效果不同：拌种加花针期喷施高于拌种；拌种高于苗期加花针期喷施；苗期加花针期喷施高于花针期喷施；花针期喷施高于苗期喷施。

施用钼肥一定要严格控制用量，如超出规定标准，不但对花生发芽有一定的影响，且易造成重金属钼对花生和环境的污染。

78. 如何识别与防止花生缺锌症？

（1）缺锌症状 锌不足时，花生叶片发生条带式失绿，条带通常在最接近叶柄的叶片上，植株矮小；严重缺锌时，花生整个小叶失绿。缺锌还降低花生油的生化品质。

（2）防止措施 在肥力较低的石灰性沙土中，有效锌低于 0.5～1mg/L 就应补充锌肥。含锌肥料主要有硫酸锌、氯化锌、氧化锌。花生生产上以施硫酸锌较为普遍。

① 作基肥 在缺锌土壤中施用锌肥，有显著的增产效果。锌在土壤中移动很慢，有一定的残留。整地时，一般每亩施用硫酸锌 1kg，加细土 20～25kg，混合均匀后，于播种前随耕翻施入。

② 种子处理 播种前，一般用 0.10％～0.15％ 的硫酸锌溶液浸

种 12 小时，捞出后晾干种皮播种。用作拌种时，每千克种子用硫酸锌 2～6g，先加适量的水，溶解后拌种，晾干后播种。

③ 叶面喷施　必要时，可在花生花针期，用 0.1%～0.2% 的硫酸锌溶液 50～70L/亩，叶面喷施。喷施时要在早上或下午 4 时以后进行，无风无雨时喷施，效果更显著。

79. 如何识别与防止花生缺锰症？

（1）缺锰症状　花生每形成 1t 干物质，需要吸收 39g 锰。缺锰时，蛋白质的合成受影响，叶片的脉间褪绿而其叶脉则保持绿色，早期叶脉间呈灰黄色，到生长后期时，缺绿部分呈青铜色，叶脉仍然保持绿色。叶片边缘发生褐斑，开花和成熟延迟，荚果发育不良。

（2）防止措施　锰可以施于土壤中，也可喷在植物表面。在严重缺锰的情况下两种方法应同时并用。因为在极端缺锰的土壤中，施用的锰很快就被氧化，所以不应将足量的锰完全施于土壤中。

① 基施　作基肥时一般每亩用硫酸锰 1～2kg 与农家肥或其他化肥混合施用，也可条施或穴施。

② 拌种　每千克种子用硫酸锰 4～8g，用少量水将硫酸锰溶解后喷洒在种子上，边喷洒边翻动拌匀，晾干后即可播种。

③ 浸种　用 0.05%～0.1% 的硫酸锰溶液，浸种 8 小时（肥料与种子量为 1∶1），晾干后即可播种。

④ 叶面喷施　从花生播种后 30～50 天始，到收获前 15～20 天止，用 0.1%～0.2% 的硫酸锰溶液 50～75L，分别在苗期、生长盛期各喷 2～3 次。也可在苗期、花期或结荚期叶喷 2000～3000 倍的禾丰锰溶液。需要注意的是，禾丰锰的有效成分是有机螯合锰，这种锰肥叶面喷施利用率高，但土施容易造成缺锰加剧。

花生植株中锰的最高限量为 800～1000mg/kg。在酸性很高的土壤中，叶片中锰积累过高，会出现锰中毒现象。

80. 在花生生产上如何正确施用稀土肥料？

稀土包括镧、铈、镨、钕、钷、钐、钆、铕、钇、铽、镝、钬、铒、铥、镱、镥和钪 17 种稀有元素。稀土虽不含作物生长的必需元素，但施用后对多种农作物均有促进生长和增产的效果。花生施用稀土，能使花生提早开花，增加有效花量，促进植株干物质的积累，促进荚果发育和籽仁充实，促进植株营养体生长，提高光合效能，促进根瘤形成，使有效瘤数增加，单株荚果重提高，生物质产量提高。

目前主要是施用硝酸稀土肥料，稀土对花生出苗势有明显的抑制作用，不宜拌种。以叶面喷施增产效果好。喷施浓度，苗期为0.01%，始花期为0.03%。其效果以喷3次的最好，喷2次的好于1次的。另外，稀土与硼肥配施优于与钼肥配施。

81. 花生下针期黄化的可能原因有哪些，如何防治？

花生开花下针期，正是需要光合作用转化的养分的时期，以促进下部生殖生长、下针坐果，若出现叶片发黄现象，对花生的生长发育和产量的形成极为不利，应予以关注和重视。

（1）花生叶片发黄症状的表现　花生叶片发黄主要表现三个症状：

① 缺铁黄化　表现为上部叶失绿，而下部老叶及叶脉保持绿色，严重时，叶脉绿进而黄化，上部新叶全部变白，出现褐斑坏死，干枯脱落；缺铁黄化症，花生叶片大小无明显改变，但失绿黄化明显。

② 缺氮黄化　引起花生叶片发黄失绿，首先是植株下部老叶褪绿，一般同时表现叶片变薄、变小，植株矮小。

③ 缺锌黄化　缺锌引起的花生叶片黄化，一般表现叶片簇生，出现黄白小叶症。

（2）花生叶片黄化症的防治　对于缺铁黄化，一般可用0.1%～0.2%的硫酸亚铁（黑矾、绿矾）溶液叶面喷施，每隔5～7天喷施一次，连喷3～4次，为了增强叶面的附着性，加入有机硅，提高叶面吸收效果。

对于缺铁、锌、氮等混发地块且不好一一辨认的，建议使用"丰治多保"肥料，补充各种微量元素的缺失，并调节生长解除一些因撒施肥料颗粒灼烧叶片及除草剂药害发生等现象，每亩用一桶水叶面喷施，每隔5～7天喷施一次，连喷2～3次。

82. 如何施用花生根瘤菌剂？

根瘤菌剂是一种细菌肥料。花生接种根瘤菌剂，增产效果显著，是一项经济有效的技术措施。花生根瘤菌剂是用科学的方法从土壤或植株中分离出来的生活力强、固氮能力高的优良根瘤菌株后，经人工繁殖培养制成的粉剂或液体细菌肥料，每克菌剂含活性根瘤菌 5 亿～10 亿个，它本身不含有作物需要的营养元素，而是通过根瘤菌活动，固定空气中的氮素，增加氮素养料，促进花生增产和提高土壤肥力。根瘤菌剂的增产幅度为 12%～21%。据测定，花生对氮素营养的吸收积累量随植株的生长进程逐步增加，其阶段绝对吸收量以结荚期为高峰，以后逐步减少，而根瘤菌的固氮作用自花生出苗后 25 天（始花期）开始，至饱果期逐步增大，它的固氮和供氮高峰期均为结荚期，这与花生氮素吸肥量是一致的。即苗期至花针期固氮率为25.57%，花针期至结荚期为 38.36%，结荚期至饱果成熟期为36.07%。

（1）花生根瘤菌剂剂型 花生根瘤菌剂增产效果的优劣，除受菌株质量影响外，剂型选用也很关键。以含菌数高、杂菌少的优质菌剂为好。一般要求每克草炭菌剂含活性根瘤菌 5 亿～10 亿或以上。贮藏温度不能超过 25℃。否则，会降低对植株的感染力。花生根瘤菌剂型有 5 种。

① 草炭吸附菌剂　它是多年来国内外普遍采用的老剂型，优点是简便易施，便于推广。缺点是黏附性不好，附在种子上的部分菌剂随种子发芽出土，易被阳光杀死。

② 种子丸衣剂　为增加根瘤菌在土壤中的成活率及感染根毛能力，近年来研究推广了种子丸衣接种剂（又称球化种子），即用黏着剂（甲基纤维素等）、难溶性的粉状物，如碳酸钙、石膏和磷肥（磷矿粉）、微量元素等作赋形物制丸。先将黏着剂调匀，再倒入根瘤菌充分搅拌，最后加入粉状物滚动制成丸衣。根瘤菌得到保护，并含有一定的肥料，使根瘤菌早侵入早结瘤。

③ 颗粒剂　是目前国内试验研究的新剂型。优点是经杀菌或杀虫处理过的种子与菌剂分开施用，菌剂播种沟施，用量可以增大。

④ 冷冻菌剂　已在部分省小面积推广，它能降低运输成本和便于贮藏。

⑤ 斜面琼脂加液状石蜡剂型。

（2）施用方法 花生根瘤菌剂的施用方法有以下几种。

① 湿菌拌干种　每亩用菌剂 25g，含活菌 15 亿个以上，先用

150～250mL 清水和匀，然后倒在花生种子上轻轻搅拌，使每粒种子都沾上菌剂后播种。

② 湿种拌干菌　将花生种子先在水里浸泡半天，滤去水后拌入菌剂，使每粒种子都沾上菌剂后播种。

③ 菌剂种子包衣　花生种子沾菌后，再用 1% 甘薯面浆作为菌剂的黏着剂，进行"滚球"，然后播种。

（3）注意事项　花生根瘤菌剂是一种活的生物制剂，使用前不要启封，应妥善放置在阴凉黑暗处保存。有效期 6 个月，过期失效。它主要用于花生播前拌种。播种时，种子要用湿布盖好，防止风吹日晒，要随拌随播，当天用完，以免降低根瘤菌的成活率，影响效果。生茬地和重茬地均可施用，生茬地施用增产效果尤为显著。花生根瘤菌剂不可与硫酸铵、杀菌剂、杀虫剂、炉灰等混合拌种，应分开施用。可以与钼肥、磷肥同时施用，与钼肥混合拌种，或增施过磷酸钙等磷肥作基肥。钼、磷能促进根瘤生长，磷增氮效果更显著。

83. 花生酸害的表现有哪些？

酸害是指因土壤酸性引起的生育障碍。主要指花生对土壤酸性不适应而影响根系代谢以及土壤活性铝对根系的毒害，其中以后者危害较大。

（1）花生酸害症状　受害植株主要表现为严重生长不良，生长量急剧下降。酸害主要伤害根部，幼根伸长明显受阻，变短、变粗、扭曲增多，尖端变钝，状如蚯蚓，根毛发生量显著减少。出苗后出叶速度缓慢，苗叶尖出现黄化等，严重时根尖腐烂，造成死苗。由于根毛大量减少，使根系有效吸收面积剧减，对水分、养料的吸收严重下降，甚至丧失殆尽，此为酸害导致生长不良的根本原因。

（2）花生酸害发生原因

① 酸害发生与土壤缓冲性和肥料等有极为密切的关系。此外，与品种也有关。缓冲性是土壤在加入酸碱物质后阻止 pH 变化的能力，缓冲能力强的土壤不易酸化。决定缓冲能力大小的是土壤黏粒和有机质的含量，其中有机质的缓冲力尤大。所以，质地轻薄、有机质贫乏的土壤缓冲力弱。

② 不合理施肥可引起或加重酸害，合理施肥可缓和或防止酸害。施用硫酸铵、氯化铵等生理酸性肥料会酸化土壤，酸化程度与用量和

频率有关。不属于生理酸性肥料的碳酸氢铵、氨水及尿素，如果施用不当，也同样会导致土壤酸化。这是因为在过量施用情况下，植物不能充分吸收利用而发生流失时，施入的这些氮就会以硝酸根的形态与等当量的钙结合而随水流失。如果流失的钙得不到补充，则氢就取而代之使土壤酸化。

84. 如何防治花生酸害？

（1）**全面推广应用测土施肥技术**　测土施肥就是通过取土分析化验耕地中各种养分的有效含量，以此为主要依据，再根据不同作物需肥特点和产量水平，提出科学、合理的施肥技术和用量。测土施肥具有很强的针对性，耕地中缺什么就施什么，差多少就补多少。这样不仅能显著提高作物产量和质量，而且还显著降低了化肥施用量，减轻了因大量施用化肥对土壤造成的污染和酸化程度。应该说，全面实施测土施肥是解决目前土壤酸化有效、直接、快捷的技术措施。

（2）**增施有机肥**　有机质可有效缓解土壤酸碱度，是目前解决土壤酸化根本的措施。因此，应增加有机肥施用量，确保每亩2000kg 以上，力争达到每亩 3000kg。

（3）**科学叶面施肥**　在土壤酸化的情况下，为提高花生产量，可采取叶面喷施硼、钼等微肥，以缓解因土壤酸化造成的土壤中硼、钼供给不足的情况。一般每亩用 120～150g 硼砂兑水 40～50kg 叶面喷施，或每亩用 30～40g 钼酸铵兑水 40～50kg 叶面喷施。

（4）**合理使用石灰**　对土壤酸化十分严重的地块，可每亩施用石灰 100～200kg，以快速调节到适宜的土壤酸碱度。但此措施只是应急的辅助措施，在施用量上注意不要过大，否则易对作物产生不良影响。

85. 花生盐害的表现有哪些？

水的蒸发量大于降水量，可溶性盐分和交换性钠大量积聚于土壤表层，从而改变土壤理化性质，造成盐害。花生在盐胁迫下，盐害首先在下部叶片上表现。主要表现为叶片失绿、黄化。然后失绿从叶片的顶部外缘向基部扩展，无明显的边界，似水印痕，最后单叶或复叶干枯、脱落，甚至整株死亡。在天气晴朗、蒸腾速率快时，顶部叶片会出现暂时性萎蔫。

🌱 86. 如何防治花生盐害？

花生在有一定盐渍化程度的沙土上种植，可采取相应的措施以提高栽培效益。

① 花生对盐胁迫最敏感的时期是芽期，催芽播种可提高花生出苗率和苗齐、苗匀、苗壮的水平。

② 苗期、开花下针期一般雨水较少，可进行适当的淡水灌溉，最好进行喷灌，以稀释土壤中的盐浓度，减轻盐害，利于花生前期生长发育。

③ 在盐碱地周围挖排水沟，可以脱盐、排涝。

④ 增施有机肥，在提供花生生长营养物质的同时，可以螯合盐离子，降低盐害水平。

⑤ 施用含钙的酸性肥料，如过磷酸钙、石膏、磷石膏等，不仅能满足花生对钙的需要，而且能够中和土壤、缓解、矫治盐碱对花生的危害。

第四节　花生用水技术疑难解析

🌱 87. 花生为什么要适时灌溉和排水？

花生既怕干旱，又怕渍水。如苗期、花期干旱缺水，会影响植株正常生长，减少花数；下针期缺水，果针入土困难，即使下了针，子房也不能膨大；结荚期缺水，则严重影响荚果发育，明显减少结荚数；成熟期缺水，则荚果饱满度、出仁率降低。

播种时土壤过湿，土壤中空气减少，妨碍花生种子萌发时的正常呼吸，容易引起烂种，影响全苗。苗期土壤水分过多，根系发育不良，植株生长加快，新叶变黄，植株瘦弱，根瘤形成晚、数量少，固氮能力差。花针期土壤过湿，植株生长快、节间长，后期容易倒伏，开花量虽大，但受精率低，开花节位高，下针困难，结实率降低。结荚期土壤过湿，对产量影响最大。尤其是肥沃地块，过湿容易引起徒长倒伏。同时，由于湿度过大，温度高，造成叶部病害蔓延，严重影响花生产量。饱果期土壤过湿，不利于荚果发育。轻者果壳变色，含油率下降，品质降低；重者荚果发芽、霉烂、变质和降低产量。因此要积极创造条件，遇旱灌溉，遇涝排水，使花生各生育阶段都能得到适宜的水分条件，保证花生产量和品质双提高。

88. 如何确定花生灌溉时期和次数？

花生灌溉时期和次数，主要根据花生生育期内降水量多少、降水量分布情况、土壤含水量以及花生各生育阶段对土壤水分的需要来确定。不同花生产区上述各项条件差别较大，因此，灌溉时间和灌溉次数应视具体情况而定。

（1）根据土层情况确定灌溉时期和次数

① 土层深厚（50cm 以上）、保水性好的地块，只要播种时墒情适宜，一般年份春播花生苗期不需灌溉，适度干旱有利于蹲苗扎根，对花生后期生育有一定好处；如土壤墒情（土层厚度 50cm 以下）低于田间持水量的 40％时，可适度灌溉。花针期对水分比较敏感，当田间含水量降至 24.7％以下时，就应进行灌溉。结荚期田间含水量降至 23.5％以下时，会造成显著减产，应进行灌溉。饱果期田间含水量降至 27.2％以下时，应进行灌溉。在干旱条件下，在结荚期和饱果期灌溉 2 次增产效果最显著。

② 土层浅（30cm 以下）、保水性差的地块，干旱对花生生长发育的影响更为严重，应根据气候条件和各生育阶段对土壤水分的要求，适当增加灌溉次数。

（2）根据生育期确定灌溉时期和次数　花生花针期遇旱灌水，能够增加前期有效花，提高结实率和饱果率，从而增加产量。对花生生育期影响最大的是花针后期（春播中熟花生始花后 27～40 天）和结荚后期（春播中熟花生始花后 66～78 天），这两个时期是花生需水敏感期，此期遇旱，将导致花生大幅度减产。故在花针后期和结荚后期遇旱要设法浇水。花生的灌溉次数，一般年景春花生以灌水 2～3次、夏花生浇水 1～2 次即可。春花生生育中期和夏花生生育前、中期遇旱浇水时，浇水应在早上或傍晚进行，可避免因中午前后光照强、地温高而引起烂针、烂果等。

89. 花生花针期如何进行沟灌？

花生开花下针期是花生生长发育最旺盛期，此时叶面积大，茎叶生长最快，同时大量花针下扎形成荚果。加之这个阶段株体大、气温高、土壤蒸发量大、叶片蒸腾量大，因而是花生一生中需水量最多的时期，掌握时间，科学浇水，是夺取花生高产的关键。

沟灌，包括沟沟灌和隔沟灌，是指在花生行间开沟引水，使水在沟中流动，通过毛细管和重力作用向两侧和沟底浸润土壤。其特点是水分从沟内渗到土壤中，减轻土壤板结，较畦灌省水。花生产区沟灌一般采用垄作沟灌，花生起垄种植，浇水时将水灌于垄沟内，由垄沟向两侧及底层浸润。

在缺水地区或灌溉保证率低的地区，可采用隔沟灌水技术，隔沟灌即是隔一沟（垄）灌水，灌水时一侧受水，另一侧为干土层，土壤蒸发减少一半。将传统的地面灌溉全部湿润方式改为隔沟交替灌溉局部湿润方式，不仅减少了棵间土壤蒸发占农田总蒸发量的比例，使田间土壤水的利用效率得以显著提高，而且可以较好地改善作物根区土壤的通透性，促进根系深扎，有利于根系利用深层土壤储水，兼具节水和增产双重优点，是一种较科学的节水灌溉方法。隔沟灌适用于缺水地区或必须采用小定额灌溉的季节。

在花生行间隔行开沟，使水在沟中流动，慢慢渗入到植株根部。花生行距为20cm的，可隔3行花生开1个沟；行距为40cm的，可隔两行花生开1个沟；贴茬抢播的夏花生，因播前没有耕翻耕地，土壤板结严重，可行行起沟，以松动土壤，迎针下扎。

90. 花生喷灌技术要点有哪些？

喷灌是利用水泵和管道系统，在一定压力下，水通过喷头喷到空中，散为细小水滴，像下雨一样灌溉作物。

（1）喷灌优点 喷灌可以控制喷水量、喷洒强度和喷洒均匀度，从而避免地面径流和深层渗漏，防止水、肥、土的流失。喷灌可调节小气候，降低叶片温度，冲洗叶面尘埃，有利于光合作用，促进同化，控制异化，减少碳水化合物的消耗。喷灌与地面灌溉相比，具有显著的省水、省工、少占耕地、不受地形限制、灌水均匀和增产等优点，属先进的田间灌水技术。尤其适宜于地面灌溉难度大的山丘坡地。喷灌能适时适量地满足花生对水分的要求，减少土壤团粒结构的破坏，地表不板结，保持土壤中水肥气热良好，有利于花生根系和荚果发育，增产效果显著，在花生开花下针和结荚期遇旱进行喷灌的比未喷灌的增产 37.5%。

（2）喷灌缺点 喷灌也有一定的局限性，如作业时受风影响，高温、大风天气不易喷洒均匀，喷灌过程中的蒸发损失较大，而且喷灌投资比一般地面灌水高等。因此，要因地制宜地稳步发展，推广喷灌技术。

（3）喷灌技术要点 喷灌时，要注意喷灌强度、喷灌均匀度和雾化程度。一般要求灌溉强度不超过土壤的渗透速度，确保喷灌到地面的水能全部渗透到土壤中去。要使每株花生受益均匀。雾化程度要达到水滴直径不超过 2mm 的程度。花生根群主要分布在 0～30cm 的土层内，所以喷灌的湿润深度以 40～50cm 为宜。由于具体年份的降雨情况不同，因而各时期水分供应也不一样。为此，必须根据花生丰产的生理指标和土壤水分状况确定具体的喷灌时间。

一般应于结荚中后期喷灌 2～3 次，每次喷水量每亩 20m³，每隔 10 天 1 次。喷灌时应严格按照技术要求进行，掌握较低的喷灌强度，保证喷洒的水不流失，全部及时渗入土中。水滴击打强度要小，保证花生叶片不受损伤，植株不倒伏。这种灌溉方式能节水 30%～50%。农村的简易喷灌方法，费工费时，易压倒植株，造成土壤的人为板结。在没有喷灌机械的情况下，采取人工喷灌方法时，可沿背垄行走，依次喷洒。一般每亩用水量 13～16m³。

91. 花生滴灌技术要点有哪些？

滴灌（彩图 16）是滴水灌溉技术的简称。它是利用低压管道系统，将水加压、过滤后，把灌溉水（或化肥溶液）通过分布在田间的许多滴头，一滴一滴地慢慢渗入到花生根际周围的土层中，使作物主要根区的土壤经常保持在适宜于作物生长的最佳含水量，而作物行间和株间土壤则保持相对干燥。

（1）滴灌优点 滴灌最为突出的优点是省水。这种灌溉方式比喷灌更为节约用水，一般比喷灌省水 30%～50%，这对缺乏水源的山区丘陵花生生产区更有重要意义。由于滴灌为花生不断输送适宜水分，维持根系附近湿润，同时又保持土壤良好的通气状况，且肥料可溶入滴灌水中不断供应吸收，使花生在良好的环境下生长发育，提高了产量。

（2）滴灌技术要点　目前，我国滴灌设备研制已达到初步配套，现有的固定成套滴灌设备具有结构简单、价格较低、使用较为可靠、安装方便等特点，为花生滴灌技术的发展提供了设备条件，在经济发达地区普遍应用。

① 苗期管理　在足墒播种地块，苗期一般不滴水，否则，每亩滴水 15m³ 左右，以播种孔浸湿为宜，水分能满足种子萌动的需要即可，种子萌动需要吸收本身重量 40% 的水分，不宜过多，若土壤含水量为田间最大持水量的 80%，易导致烂种。

根据幼苗长势在开花前后，每亩滴施花生滴灌肥 5kg。

苗期病虫害主要防治对象是根腐病、茎腐病、蝼蛄、蛴螬、地老虎等。病害可用噁霉灵、咯菌腈等药剂滴灌，地下害虫防治也可在滴水中加入杀虫剂，可起到事半功倍的效果。

② 开花结荚期　开花结荚期是茎、叶、荚生长最快的时期，此期需水量占整个生育期的 50%～60%，也是花生对水分的敏感期，特别在花针期和结荚后期缺水对产量影响很大，此阶段土壤湿度以保持田间最大持水量的 60%～70% 为宜。要滴水保墒，一般 10～13 天滴水 1 次，每次每亩滴水 15～20m³，以浸湿根际为佳。

滴肥一般在下针期每亩追施花生滴灌肥 20kg，结荚期分 2 次每亩追施花生滴灌肥 30kg。

③ 饱果成熟期管理　此期花生对肥水的需求量下降，管理要求以尽量延长叶、根的功能为目的，以实现提高荚果的饱满度为目标，做到轻肥供给、不缺水。此期土壤湿度以田间最大持水量的 50%～60% 为宜，若大于 70%，不利于荚果发育，会霉烂变质。一般滴水 1～2 次，每亩滴水 15m³ 左右。

也可采用简易的滴灌技术。在农村，采用直径 5～10cm 的聚乙烯塑料软管，也可以达到滴头滴灌的效果。方法是在新聚乙烯软管上，按 20～30cm 的距离烙孔，孔径 0.4～0.6cm，然后将软管铺放在花生行间，水流从孔径中慢慢流出，渗入地下。这种方法投资少，300～500 元即可投入生产，能使用数年，易操作，每盘软管 50～80m，取掉活接头后可收在一起。但要注意软管上的烙孔，不宜过密过大，且在一条纵线上，每根软管最多只能对称烙两排滴孔。滴灌的灌水方法和灌水定额应根据花生的目标产量、土质及历年降雨情况来确定。在一般产量水平下，应以保证全苗期和结荚中后期灌溉为主。每次灌水定额为每亩 $10m^3$。滴灌系统的管理主要是防止滴头堵塞，除选择较清洁的水作为灌溉水源外，应在系统前部安装过滤器，并定期冲洗过滤器和各级管道，对已堵塞的微管滴头应及时用除堵器除堵或更换。

92. 花生软管微喷灌技术要点有哪些？

（1）微喷灌的概念及优点 微喷灌是介于喷灌与滴灌之间的一种灌水方式，它是以低压小流量喷洒出流的方式，将灌溉水供应到作物根区土壤的一种灌溉方式。

软管微喷灌中输水管道和微喷带均使用可压成片状盘卷的薄壁塑料软管制成。软管微喷灌的微喷带铺在作物根系表面的塑料薄膜下，每次灌水都均匀分布在根系土层内，而无大量积水乱流现象，不仅减少了水资源的浪费，而且还减少了水分的蒸发，节水率达 50%左右。

应用软管微喷灌技术，底肥追肥集中，水在土壤中渗透缓慢，避免了养分流失，同时随水追肥，有利于作物均匀吸收养分和水分，进而提高了肥效利用率。

应用软管微喷灌技术，给水时间长、速度慢，使土壤疏松、容重小、土壤孔隙适中，减轻了土壤的酸化和盐化程度，为作物正常生长创造了良好的土壤环境，作物长势均衡，一致性好。与畦灌相比，地温可提高 3~6℃，气温提高 1~3℃，有效地促进了作物的生长发育和产量的提高。

应用软管微喷灌技术给水缓慢均匀。加上地膜覆盖土壤内水分蒸发系数极小，空气相对湿度比不应用的降低 23%以上，叶面保持干燥时间长，有效地减少了各种病原菌的侵染，防止了各种病害的发生。

（2）软管微喷灌技术在花生栽培技术上的应用效果 软管微喷灌在节水 50%的前提下，从花生生育进程调查情况来看，膜下软管微喷灌较对照进入幼苗期早 1 天，进入开花下针期早 3 天，进入结荚期早 9 天，进入饱果成熟期早 17 天，说明有提高地温、促苗早发、加快生育进程的作用。此外，使用膜下软管微喷灌的花生在单株结荚数、百果重、百粒重、出仁率、产量等方面均高于对照。膜下软管微喷灌在抗旱性、抗涝性、抗叶斑病等方面优于对照。因此，膜下软管微喷灌技术具有较高的经济效益、社会效益和生态效益，非常适合在半干旱地区花生生产上推广应用。

（3）花生软管微喷灌技术要点

① 安装程序　首先安装主管，在水源与输水管的接口处安装过滤网防止水中杂质进入，然后铺设输水管并在前部与吸肥器连接，做到水肥并施，顺畦延伸。其次布置微喷带，微孔向上，根据微喷带的位置用剪刀将输出水管剪出相应的接头安装孔，利用接头将微喷带与输水管连接，尾端封闭，然后整理水管拉直，再覆上地膜，并将输水管尾部封死，另一头与水源连接即可使用。

② 注意事项

a. 定期对节水灌溉设备进行检修和养护，发现损坏及时更换。保持各部件清洁，特别对过滤器要经常检查并进行清洗，防止微喷孔堵塞，影响使用效果。

b. 施肥用药时要将肥料与农药充分地溶解，并滤去杂质，以保持微喷灌系统正常地运转，最好在出肥口安装纱网过滤，防止阻塞，以发挥良好的功效。

c. 打开阀门前要先拉直各软管，然后打开阀门灌满管后检查各软管孔是否堵塞，如堵塞用手捏一下，使其畅通，提高浇灌效率。

d. 一定要按作物种类、生育期的需水量控制供水量，避免因灌水量过大起不到应有的效果。

e. 花生根群主要分布在 $0\sim30cm$ 的土层内，所以喷灌的湿润深度以 $40\sim50cm$ 为宜。

f. 喷灌时间、次数和喷灌量。播种期：足墒播种地块，在苗期一般不喷水，否则，喷灌以水分能满足种子萌动的需要即可。种子萌动需要吸收本身重量 40% 的水分，不宜过多，若土壤含水量为田间最大持水量的 80%，易导致烂种。

花针期：花针期是花生生长期中需水最多的时期，由于采用节水喷灌技术，灌水的定额由原来漫灌的 $400m^3/$ 亩减到 $200m^3/$ 亩。

结荚中后期：结荚中后期喷灌 $2\sim3$ 次，每次喷水量 $20m^3/$ 亩，每隔 10 天喷 1 次。

93. 花生花针期如何进行膜上灌？

膜上灌是在地膜覆盖栽培技术的基础上发展起来的一种新的地面灌溉方法。它是将地膜平铺于畦中或沟中，畦、沟全部被地膜所覆盖，实现利用地膜输水，并通过花生放苗孔和专用灌水孔入渗供水的灌溉方法。由于放苗孔和专用灌水孔只占田间灌溉面积的 $1\%\sim5\%$，其他面积主要依靠旁侧渗水湿润，因而膜上灌实际上也是一种局部灌溉。地膜栽培和膜上灌结合后具有节水保肥、提高地温、抑制杂草生长和促进花生增产的特点。

94. 花生花针期如何进行低压管道输水灌溉？

低压管道输水灌溉是一种新灌溉技术，具有省水（利用系数比土渠提高 30%）、节能（ 40% ）、省工（用工减少一半）、省地（ 2% ）、成本低、效益大等优点。生产上应用的有移动式、半固定式和固定式3种类型。

（1）移动式　一般指软管灌溉，除水源外，机泵和管道都是可移动的，使用方便，适合联户或单户使用。

（2）半固定式　即地面移动、地下固定，其中机泵和地下管道、给水系统设施都是固定的，而末级软管可移动，直接输水到田间，是目前较为正规的一种管道化灌溉系统。管道灌溉还可以利用自压输水，特别适用于丘陵花生产区。

（3）固定式　指地下固定管道路系统，适用于水源可靠的机井或抽水站灌区，目前仍使用毛渠配水到田间。地面移动软管有聚乙烯和薄壁维纶涂料软管。

95. 花生如何通过栽培进行节水？

节水栽培技术，是指在干旱缺水条件下采用保水、节水、蓄水措施，提高水的利用率，从而增加产量和改善品质的作物栽培技术。

（1）深耕蓄水　花生的抗旱能力及产量随土层厚度的增加而提高，因此深耕可以扩大土壤蓄水容量。对土层厚度不足 20cm 的旱薄地，应进行大犁深耕，破除犁底层，使耕作层再增加 $10\sim15$ cm。犁底层的土壤致密、坚实，透水性极低，并严重阻碍根系下扎，只有打破犁底层，才可以有效地增加雨水的渗透量，减少地面径流，防止水土流失，提高土壤的保墒蓄水能力，使旱薄地在雨季可以接纳更多的雨水，形成"土壤水库"；同时犁底层的破除，有利于作物根系的下扎，使根系的营养范围扩大，可以吸收到较深土层的水分，提高花生的抗旱能力。近年来，一些干旱的花生产区，坚持连年采用大犁深耕、深翻深刨的作用，改变了旱薄地土层浅、蓄水少、产量低的状况，花生产量不断增加。为减少大雨后地面径流，在深耕的基础上应整平土地，减缓流速，特别是丘陵山地，要按照标准田的要求整地。

（2）中耕保墒　为了减少花生生长期间地表蒸发，提高早春地温、消灭杂草，多采取中耕技术。

① 中耕必须抓住早、小、净、多、深　早、小即在花生幼苗和杂草弱小时及时锄地，既省工，又能减少杂草与花生幼苗争水、争肥、争光；净就是将杂草锄净，连根铲除；多、深就是每次降雨和灌水后及时锄地，保持表土疏松，以利于花生果针下扎和荚果膨大生长。

② 中耕要因时制宜、因地制宜　因时制宜，就是春天锄地可疏松土壤、保墒增温；夏锄的目的是消灭杂草。因地制宜，就是锄地要把握适当土壤水分，既不能过干也不能过湿，过干起不到保墒和减少水分损失的作用，过湿锄地、人为践踏容易使表土板结。

（3）以肥济水　施肥可降低生产单位产量所需的水量，在山岭旱薄地上可降低1/2甚至2/3。因而施肥在水资源的有效利用和保护上起着重要的作用。越是肥沃的旱地，越能提高水的生产效率。因此，可以用增施有机肥的措施调剂水分，提高水的生产效率，充分发挥自然降水的增产潜力。有机肥不足的地方，应实施秸秆还田，以尽快扭转旱薄地有机质含量过低的状况。有机质是土壤肥力的基础，除能稳定供给花生直接吸收利用的各种养分外，一部分还转化为腐殖质，贮藏和调节土壤养分，促进土壤团粒结构的形成，增强蓄水保墒能力，提高田间持水量。适时顶凌耙地，耙后耢平。生产实践表明，平衡施肥是提高水分利用率和提高产量的关键措施。

（4）地膜覆盖　花生地膜覆盖栽培是一项新兴的栽培技术，具有增温调温、保墒提墒、保肥增肥、加速土壤氧化的转化、促进作物根系发育、改善土壤理化性状、防止土壤板结、防除杂草、减少病害和防风固沙保持水土等多种综合效应，因而抗旱增产效果显著。花生地膜覆盖栽培，由于地膜的不透气性和阻隔作用，白天土壤水分汽化为水蒸气到达地膜下面，形成小水珠附着在膜面上，不能随即散失在空气中。到夜间气温降低时，水蒸气凝结成的小水珠越来越多，体积由小变大，又从膜面滴回到垄面土壤中。这样往返蒸上滴下，保持了膜内土壤湿润，这就是地膜的保墒作用。当久旱无雨，膜内耕层水分因花生吸收减少时，由于土壤温度上层高于下层，土壤深层的水分，通过毛细管作用逐渐向地表运动，不断补充耕层的土壤水分，始终维持膜下土壤的湿润，这就是地膜的提墒作用。

（5）**地面覆草**　　地面覆草（作物秸秆、杂草、麦糠等）栽培，同地膜覆盖栽培一样，都具有减少土壤水分蒸发、提高地温、防止土壤板结、改善土壤理化性状、加速土壤养分的转化、促进作物根系发育等作用，抗旱增产效果十分明显。据测定，覆草栽培较不覆草的花生株高、侧枝长度、分枝数、结果数和饱果率均得到了增长，最终达到增产效果。覆草栽培增产的主要原因是有效地抑制了地面水分的蒸发，保持了土壤养分。覆草栽培技术简便易行，成本低，不仅当年增产，而且对培肥地力也有一定作用。覆草栽培的方法是：于7月初花生尚未封垄时，将麦糠或秸草均匀施于垄沟，每亩用量200～250kg。

96. 花生如何使用抗旱剂抗旱？

抗旱剂是一种能够控制植物气孔开启的化学物质，在花生生长期喷施抗旱剂，可控制叶片气孔的开放度，抑制叶片蒸腾，缓解土壤水分的消耗。特别是在干旱情况下，能显著缓解植株体内水分的亏缺，增强花生抗旱耐旱能力，防止早衰。抗旱剂用于种子拌种，能提高出苗率，刺激根系生长和促进幼苗健壮。保水剂属于高分子的新型化工材料，又名保湿剂、高分子吸水性树脂、吸水剂。它吸水后可以保持自身重量数百倍乃至数千倍的无离子水，形成一种外力作用下也难以脱水的凝胶物质，并缓缓地释放出来，把它粘在根上或施入土壤，犹如在作物根系周围建造了一个水库，源源不断地供给作物所需要的水分。目前生产上应用的抗旱剂、保水剂主要有：抗旱剂1号、黄腐酸、亚硫酸氢钠、氯化钙、聚烃氧化物、二氧化硅有机化合物、琥珀酸、粉锈宁、改良剂等。

（1）**抗旱剂1号（代号FA）**　　为河南省科学院研制。在花生上施用，具有缩小气孔开张度、降低叶面蒸腾、增加叶绿素含量、提高根系活力、提高酶的活性、减缓土壤水分消耗等功能和作用，从而增强了花生的抗旱能力。据试验，于花生苗期、花针期喷洒，可获得很好的增产效果。其中苗期喷施的较对照增产 10.7%～23.3%，花针期喷施的较对照增产 15% 左右。具体施用方法如下。

① 拌种　每千克花生种子用 5g 抗旱剂 1 号拌种，水量为种子量的 1/10。若每亩播种 15kg 花生种子（籽仁），则用 1.5kg 水，75g 抗旱剂 1 号。先将 75g 抗旱剂 1 号溶解在 1.5kg 水中，溶解时应首先用少量温水将抗旱剂 1 号调成糊状，然后补足水到 1.5kg，边倒水边搅拌，使药液充分溶解。然后将种子倒入，搅拌均匀，堆闷 2～4 小时后即可播种。若不立即播种，应将种子晾干。

② 喷施　每亩用抗旱剂 1 号 75～80g，兑水 50kg。兑药步骤同拌种时兑药步骤，药兑好后用普通喷雾器喷施。如将普通喷雾器的 1.2～1.5mm 孔径的普通喷片换成 0.75mm 孔径的弥雾喷片，则 75g 抗旱剂 1 号加水 7.5kg 就够了，且效果好于普通喷片喷雾器。喷施时期最好为花生结荚期，此期若遇干旱，喷施抗旱剂 1 号增产效果最为明显。在花生开花期、下针期、饱果期遇到干旱，喷施抗旱剂 1 号亦有较好的增产效果。喷施时间以晴天上午 10 时前和下午 4 时前后为好，刮风天和下雨前后不要喷施。喷施时应保证花生上部功能叶片普遍均匀受药，并尽量使叶片正反面受药，因抗旱剂 1 号从叶背面更易进入花生植株体内。

（2）改良剂　生产上应用的改良剂是比利时生产的 HO-MOI-NA。用于播后地面喷施，抑制地面蒸发。施用方法：先开沟播种，然后覆土搂平，于地面均匀喷洒，每平方米用药剂 170g 左右，与水稀释比为 1∶2.5。

（3）黄腐酸　黄腐酸作为抗旱剂使用，既可用于拌种，又可用于叶面喷施。拌种可刺激根系的生成和发展，增强花生抗旱能力，并有一定的肥效；用于叶面喷施，抑制蒸腾，减少水分的散失。不论是拌种或叶面喷洒，均有抗旱和增产效果。施用方法：取 50g 粉剂充分溶解于水中，浸种 12 小时后播种；或于花针期取 75g 粉剂溶于水中喷施，每亩喷药液 50L 左右，喷后遇雨需重喷。

（4）粉锈宁　粉锈宁为三唑类物质，既是一种杀菌剂，又是一种较好的抗旱药物，用其处理幼苗，明显提高抗旱能力。施用方法：于苗期用 0.03% 的溶液喷洒植株。

（5）吸水性树脂（保水剂）　用吸水性树脂拌种、沟施或穴施，花生种子发芽快，成活率高，生长健壮。用以拌种，可有效提高花生的抗旱能力，增产 $10\%\sim15\%$。施用方法：每亩用 5g 粉剂溶于水后拌种。

🌱 97. 如何加强花生的排水工作？

花生是比较耐旱的作物，但抗涝性差，田间积水过多、土壤缺乏空气，导致根系发育不良、根瘤少，固氮能力弱，植株发黄矮小，开花节位提高，下针困难，结实率、饱果率降低，烂果增多，严重影响花生产量和品质。排水的目的在于排除地面积水、降低地下水位和减少耕作层内过多的水分，以调节土壤温度、湿度、通气和营养状况，保持良好的土壤结构，为花生创造良好的生育环境。

在排水工作中，应根据当地的地势、土质、降水量、地下水位高低等具体情况，建立完善的田间排水系统，排除田间积水。丘陵山区可采用堰沟排水，即在梯田的里堰挖堰下沟，田间挖拦腰沟，使其与田外排水沟相通，形成"三沟"配套。平原洼地采用主沟、支沟相通的排水方法。依地势坡向每隔 $30\sim50m$ 在田间挖一条较深的沟，作为排水主沟；再在田间每隔 $20\sim30m$ 用套犁犁成支沟，使支沟与主沟相通，把多余的水排出田外。

第五节　花生用药技术疑难解析

🌱 98. 无公害花生生产可选用的农药有哪些？

无公害花生生产可使用的杀虫剂、杀菌剂、除草剂及植物生长调节剂，见表 2。

表 2　无公害花生生产可使用的杀虫剂、杀菌剂、除草剂及植物生长调节剂

农药名称	含量及剂型	常用亩药量 /（g/次或 mL/次）或稀释倍数	施药方法	安全间隔期 /天
氟虫脲	5%乳油	$25\sim27mL$	喷雾	30

农药名称	含量及剂型	常用亩药量 /(g/次或 mL/次) 或稀释倍数	施药方法	安全间隔期/天
敌百虫	90%晶体	100g	喷雾	7
敌敌畏	80%乳油	100mL,1000~2000倍	喷雾	6
辛硫磷	50%乳油	种子重量的0.1%~0.2%	拌种	
		50mL,2000倍	喷雾	3
		100mL,1500倍	喷雾	7
甲氰菊酯	20%乳油	25mL	喷雾	3
溴氰菊酯	2.5%乳油	20mL	喷雾	2
氯氟氰菊酯	2.5%乳油	25mL	喷雾	7
杀虫双	25%水剂	250g	喷雾	15
氰戊菊酯	20%乳油	10~40mL	喷雾	7
氯氰菊酯	25%乳油	20mL	喷雾	3
噻嗪酮	25%可溶粉剂	25g	喷雾	14
除虫脲	20%可溶粉剂	10g	喷雾	21
	25%可溶粉剂			
灭幼脲	25%悬浮剂	35mL	喷雾	15
炔螨特	73%乳油	3000倍	喷雾	30
噻螨酮	5%乳油	2000倍	喷雾	
氟啶脲	5%乳油	1000倍	喷雾	7
抗蚜威	50%水分散粒剂	10~18g	喷雾	10
吡虫啉	10%可湿性粉剂	50g	喷雾	14
啶虫脒	3%乳油	40mL	喷雾	15
百菌清	75%可湿性粉剂	145g	喷雾	7
甲基硫菌灵	50%悬浮剂 70%可湿性粉剂	100mL 100g	喷雾	30
多菌灵	50%可湿性粉剂	50g	喷雾	30
	20%可湿性粉剂	70~100g	喷雾	20

农药名称	含量及剂型	常用亩药量 /(g/次或 mL/次) 或稀释倍数	施药方法	安全间隔期 /天
三环唑	75%可湿性粉剂	20g	喷雾	21
三唑酮	25%可湿性粉剂	35g	喷雾	20
氢氧化铜	77%可湿性粉剂	134～200g	喷雾	10
福美双	50%可湿性粉剂	800 倍	喷雾	7
代森铵	45%水剂	1200 倍	喷雾	15
代森锰锌	70%可湿性粉剂	175g	喷雾	10
噁霜灵	64%可湿性粉剂	1000 倍	喷雾	3
甲霜灵	58%可湿性粉剂	70g	喷雾	1
	25%可湿性粉剂	1000 倍	喷雾	1
噻菌灵	45%悬浮剂	30g	喷雾	3
井冈霉素	5%水剂(水溶性粉剂)	100～150mL	喷雾	14
多效唑	15%可湿性粉剂	70g(兑水 100kg)	1 叶 1 心期；花生始花后喷雾	25～30
丁草胺	60%乳油	85mL	喷雾	2～3
精吡氟禾草灵	15%乳油	50mL	作物苗期杂草 3～5 叶期喷雾	
异丙甲草胺	72%乳油	100mL	播前或播后苗前土壤喷雾	
甲草胺	48%乳油	150mL	播种后芽前土壤喷雾	
烯禾啶	12.5%乳油	65mL	杂草 3～5 叶期喷雾	

农药名称	含量及剂型	常用亩药量 /（g/次或 mL/次） 或稀释倍数	施药 方法	安全 间隔期 /天
精噁唑禾草灵	6.9%浓乳剂	40～60mL	杂草 2～6 叶期喷雾	
乙草胺	50%乳油	200mL	播后苗前喷雾	

99. 无公害花生生产禁止使用的农药种类有哪些？

无公害花生生产禁止使用的农药见表 3。

表 3　无公害花生生产禁止使用的农药

农药种类	名称	禁用原因
无机砷	砷酸钙、砷酸铅	高毒
有机砷	甲基胂酸锌（稻脚青）、甲基胂酸铁铵（田安）、福美甲胂、福美胂	高残留
有机锡	三苯基氯化锡、毒菌锡、氯化锡	高残留
有机汞	氯化乙基汞（西力生）、醋酸苯汞（赛力散）	剧毒、高残留
有机杂环类	敌枯双	致畸
氟制剂	氟化钙、氟化钠、氟乙酸钠、氟乙酰胺、氟铝酸钠	剧毒、高毒、易药害
有机氯	DDT、六六六、林丹、艾氏剂、狄氏剂、五氯酚钠、氯丹	高残留
卤代烷类	二溴乙烷、二溴氯丙烷	致癌、致畸
有机磷	甲拌磷、乙拌磷、治螟磷、蝇毒磷、磷胺、内吸磷	高毒
氨基甲酸酯	涕灭威	高毒
二甲基甲脒类	杀虫脒	致癌
取代苯类	五氯硝基苯、五氯苯甲醇、苯菌灵（苯莱特）	有致癌报道或二次毒性
二苯醚类	除草醚、草枯醚	慢性毒性
磺酰脲类	甲磺隆、氯磺隆	对后作有影响

100. 花生药害的表现有哪些？

药害是指用药后使作物生长不正常或出现生理障碍，主要包括花生生长发育过程中由于使用除草剂、生长调节剂、杀菌剂和杀虫剂等剂量不当或喷洒器具不清洁等原因而出现的对花生造成的伤害。

（1）药害症状　不同的药剂和同一药剂不同用量所造成伤害表现症状不完全相同。一般表现为：

① 斑点　这种药害主要表现在叶上，有黄斑、褐斑、枯斑等。

② 黄化　黄化的原因是农药阻碍了叶绿素合成，或阻断叶绿素的光合作用，或破坏叶绿素。

③ 枯萎　这种药害一般全株表现症状，主要是除草剂药害。

④ 生长停滞　生长抑制剂、除草剂施用不当出现的药害。

（2）药害类型　有急性和慢性两种。前者在喷药后几小时至三四天出现明显症状，如烧伤、凋萎、落叶、落花、落果；后者是在喷药后经过较长时间才发生明显反应，如生长不良、叶片畸形、晚熟等。

（3）解除方法　发生药害后及时喷施 0.136％赤·吲乙·芸苔可湿性粉剂 5000 倍液可有效缓解药害。

🌼 101. 花生三遍药是指哪三个时期，如何用药？

与其他作物一样，花生在生长过程中也会遇到许多病虫害，如叶斑病、根腐病、蚜虫、飞蛾等，这些病虫害防治不好，花生高产也就无从谈起。因此，在生产上慢慢形成了喷洒三遍药的习惯。"花生要高产，用药须三遍。"花生三遍药，是集治病、杀虫、补肥等功效于一体的花生高产管理技术，按照前促、中控、后保的管理理念，使花生活秆成熟、果大果饱从而增产。

（1）第一遍施药　是在花生初花期（花前用，一般在 7 月上旬），这个时期是决定花生结果多少的关键时期。加入叶面肥及钙、钼微量元素，促进花生快速生长，改善品质，同时加入杀菌剂、杀虫剂防治花生苗期病虫害。主要目的是使花生多开花，提高授粉率，增加结果数，为花生高产奠定基础。

参考用药：噁霉灵、甲霜·噁霉灵、噻呋酰胺加芸苔素内酯（6mL/亩）加磷酸二氢钾 50g 加钼肥还可以增加多种微量元素。

（2）第二遍施药　是在花生下针期（盛花后 3 天，一般在 7 月下旬），这个时期是决定花生成果率和果仁大小的关键时期。在加入花生所需的钙、硼、硫等营养物质的同时，加入花生控旺剂和杀菌剂，控制茎叶徒长，促进茎叶的养分向根部转移，防治花生叶斑病、白绢病等病害。主要目的是增加花生双仁果，使花生果大果饱。

参考用药：吡唑醚菌酯＋磷酸二氢钾 50g＋硼（每亩地 20～30mL 流体硼）＋芸苔素内酯（6mL/亩）（第二遍药条件允许的情况下可以把芸苔素内酯换成鱼蛋白，或者比较好一点的氨基酸类叶面肥产品，效果更好）＋控旺产品。

（3）第三遍施药　是在花生结膨果期（收获前 20 天，一般 8 月下旬），这个时期是决定花生荚果饱满度的关键时期。在加入杀菌剂防治叶斑病的同时，补充花生果仁所需要的氮、磷、钾肥，延长花生生长期，主要目的是防治花生后期病害，增加养分，保茎叶，使花生不早衰，活秆成熟，增加花生的饱满度，从而提高花生的产量。

参考用药：丙环唑、苯甲醚菌酯、吡唑醚菌酯加磷酸二氢钾 100g，芸苔素内酯，加中量元素钙。其中，加钙的目的是使壳硬，花生比重大，发育好。磷酸二氢钾最后一遍加到 100g，效果最显著。

以上技术是农民在实际生产中总结出来的经验，有较高的参考价值，具体情况应根据当地的试验确定，尤其是用药量，每个地方情况都不同。关于花生的害虫防治，根据害虫发生情况用药。一般地下害虫用辛硫磷颗粒剂或用吡虫啉种衣剂。

102. 在花生生产上如何应用赤霉酸调节生长？

赤霉酸又称九二〇。赤霉酸是植物体内广泛存在的激素，是一种植物生长促进剂。施用后能加速植株根系和茎枝的伸长，但不改变节间的数目；能有效地打破种子的休眠，促进发芽；能促使植株组织的呼吸加强，光合产物运输加快，使正在生长的茎尖、幼叶、果实得到较多的光合产物而加速生长。

（1）作用特点　花生施用赤霉酸，使主茎和侧枝明显增加，分枝数目增多，高节位果针显著延长，果针入土率、结实率和饱果率提高。因此，在中等偏下土壤肥力和不发苗的花生田，施用赤霉酸可显著提高花生产量，一般增产率在 10％左右，高的可达 15％～20％。花生播前用赤霉酸浸种，可提前出苗 2～3 天，增产显著。

（2）使用方法　可浸种或叶面喷施。

① 浸种　在花生播种前将分级粒选的种子，首先放入清水中浸泡 2～3 小时，然后再将浸泡过的种子，移到 30～40mg/L 赤霉酸药

液中浸泡 1～2 小时，晾干后播种。药液的配制：称取 0.3～0.4g 赤霉酸药粉加入少量酒精溶解后，再倒入 10L 清水搅拌混匀即可。

② 叶面喷施　在花生生长期间，叶面喷施有显著促进生长的效果，但花期喷施效果最好。据试验，幼苗期喷施增产 6.5%～11.5%；始花期喷施增产 7.2%～16.3%；盛花期喷施增产 8.2%～18.5%。喷施次数以 1～2 次为宜。喷施浓度以 30～40mg/L 为佳。药液配制：称取 1.5～2g 赤霉酸药粉，加少量酒精溶解后，再加 50L 清水搅匀，可供 1 亩花生田喷施。

（3）注意事项　高产田不宜施用；喷施的浓度不宜超过 50mg/L；浸种时间不宜过长，喷施次数不宜过多；忌与碱性农药混合施用。

103. 在花生生产上如何应用三十烷醇调节生长？

三十烷醇又叫蜂蜜醇，是一种天然植物激素。农用含量及剂型为 0.1% 的微乳剂，可直接加水配成所需浓度的水溶液。

（1）作用特点　其功能主要是促进植株体内碳氮代谢，增加叶绿素，提高光合强度，增加干物质积累，并能促进营养体光合产物向生殖体转移的速率，以增加作物产量。用三十烷醇浸种可促进花生种子发芽，出苗快而齐，花芽分化集中，增加有效花量，提高结实率和饱果率。据试验，可使花生每亩增收荚果 14.5～27.6kg，增产率为 8.3%～13.1%。生育前期叶面喷施，可抑制茎枝生长，增加分枝数量和提高叶片光合效率，增加光合产量，可使花生每亩增荚果 33.25～61.35kg，增产率为 12.3%～22.8%。

（2）使用方法　浸种或在生育期叶面喷施均可。

① 浸种　浓度为 0.5mg/L。即量取 0.1% 的三十烷醇微乳剂 2.5mL，加清水 5L 搅匀，放入 1 亩用的花生种子（约 12kg）浸泡 4 小时，种子将药液吸完后，即可播种。

② 叶面喷施　以幼苗期和单株盛花期前为佳，如果在下针结荚期喷施，能促使茎枝徒长，对荚果的形成不利。喷施浓度，幼苗期以 1mg/L 为宜，单株盛花期前以 0.5mg/L 为宜，浓度过大会造成花生营养生长与生殖生长失调，降低荚果产量。喷施要在晴天下午 3 时以后进行，每亩喷施 30L 水溶液即可。如配 30L 0.5mg/L 的水溶液，可量取 15mg 0.1% 的三十烷醇微乳剂加入 30L 清水；配 1mg/L 的水溶液，三十烷醇用量应加倍。

（3）**注意事项**　叶面喷施不宜在上午有雾和露水或烈日当空时进行，以免降低药效或影响叶片吸收；叶面喷施以植株上下叶片湿润为度，不要使药液从叶片流淌；喷施次数不要过多，在花生苗期和开花期各喷1次即可。

104. 在花生生产上如何应用高效花生增产剂调节生长？

高效花生增产剂，又名"花生乐"，为人工复配花生专用增产剂。剂型为黑褐色粉剂，分A型和B型两种产品，在干燥条件下可储存两年。

（1）**作用特点**　高效花生增产剂是由酚类化合物、植物抗病诱导因子、微量元素和生长调节剂等成分复配而成的。该产品兼有对花生生理活动及生长发育的调控作用，营养和免疫促进功能，施用后能减轻病害（特别是病毒病），防止倒伏，促进高产稳产。据试验，施高效花生增产剂的花生，每亩可产荚果293.9kg。其中，A型产品平均每亩增产66.65kg，增产率为29.3％；B型产品平均每亩增产56.4kg，增产率为25.7％。一般情况下，每亩用药量160g，增产率为15％；每亩用药量增至320g，增产率可达20％。

（2）**使用方法**　叶面喷施，施用时先用少量温水将增产剂溶解，再加清水稀释到0.25％～0.5％的浓度。也可用25℃以上井（河）水直接溶解，但需搅拌3～5分钟。溶解后，将适宜浓度的药液均匀喷洒到花生植株上，每次每亩用药量160～320g，兑水65L。在花生生育期喷施1～2次，第一次喷药以在结荚初期为宜，第二次喷药在首次喷施15天以后为宜。

（3）**注意事项**　高效花生增产剂的A型产品为生长延缓剂，只能用于花生高产田；B型产品为生长促进剂，主要用于花生中低产田。在田间喷施高效花生增产剂后，其有效成分迅速分解，不污染环境，不影响下茬作物生长。由于喷药后花生植株体内存在着大量多元酚化合物和细胞壁多糖，所以该产品对人、畜没有潜在危害，但切忌口服。

105. 在花生生产上如何应用壮饱安调节生长？

壮饱安是一种含有多效唑成分的复合型植物生长调节剂，综合效果优于多效唑，一般增产10％以上。壮饱安既能使植物矮壮，叶色变深，又能促进根系生长，增强根系活力，不会引起早衰。壮饱安含有较低的多效唑成分，在土壤中残留量极少，不会对下茬作物产生不良影响。属植物生长延缓剂，易溶于水，性质稳定，稀溶液在任何pH下均稳定。对人、畜毒性很低，对皮肤和眼睛无明显刺激作用，施用安全。

（1）作用特点　壮饱安可调节花生叶片、茎秆、根系和荚果中的内源激素水平，从而控制花生的整株行为，提高花生的整体素质和适应环境的能力；增加花生叶片的叶绿素含量，促进光合作用，调节营养物质分配，增加光合产物向荚果中分配的比例。施用后5～7天叶色明显深绿，直至生育后期仍保持较高的叶绿素水平，有利于后期干物质积累；提高花生根系活力，延缓根系衰老，增加根系对水分和无机营养的吸收与利用，从而提高整株生理功能；延缓花生植株地上部营养生长，抑制植物体内赤霉素的生物合成，减少植物细胞的分裂和伸长，抑制地上部营养生长，使植株矮化，叶色变深，有效防止徒长和倒伏，很好地协调了营养生长和生殖生长的关系；促进花生荚果发育，显著提高产量。主要表现为提高饱果率和双仁果率，增加果重，因此使荚果、籽仁的整齐度和质量得到明显改善。

（2）施用时期　花生下针后期至结荚初期或株高35～40cm时为施用适期。

（3）用量　常用量为每亩20g粉剂。如植株明显徒长，用量可酌情增加，但不宜超过每亩30g；或施用2次，在下针期开始施用，每亩10～15g，间隔10～15天再施用20g。

在干旱年份或旱薄地可适当减少用量，以每亩10～15g为宜。即使用量较大也不会因抑制过度而产生副作用。

（4）施用方法　将药粉先溶于少量水中，搅动1分钟，再兑水30～40L/亩，均匀喷洒在植株叶面上。壮饱安药效较缓。

（5）注意事项　喷药时可在药液中加少量展着剂或中性洗衣粉，以利于药液展着和叶片吸收；喷药宜在午后进行，喷后6小时内降水应酌情补喷；壮饱安为中性，性质稳定，可与杀虫剂、杀菌剂、叶面肥混合施用，但不宜作种子处理剂；壮饱安易潮解，但潮解后不影响施用效果，常温保存至少5年不失效。

106. 花生为什么要控旺，如何应用多效唑控旺？

花生控旺技术是花生高产管理中重要的一环，施用过晚导致花生徒长，产量上不去。施用过早或使用不当，不但不会增产，甚至起反作用，产生单仁果现象，造成减产。

（1）花生需控旺原因 花生疯长秧子不结果已经成为一个公认的事实。花生在水肥充足，气温高光照好的情况下，生长速度加快，极易造成茎叶徒长。这种旺长对花生增产没有有利的影响，反而浪费地力。如果不及时控制，株高过高，容易倒伏，而且营养过度供给茎叶，使荚果发育所需营养减少，不饱满，影响产量。同时还会使花生后期成果时出现早衰现象，进而影响花生产量与质量。因此，必须重视对花生旺长的控制，促进养分向根部转移，果大果饱，提高成果率，以促进花生的增产。

（2）控旺时期 控旺时期是一个关键的问题，过早会减产。例如盛花期是营养生长和生殖生长并进的时期，这个时期用不只抑制茎叶生长，也抑制开花，果针形成少。如果在下针期喷洒，则抑制果针伸长，针短，果细，影响饱果数以及果仁重。

使用植物生长调节剂对花生进行调控，不要希望一蹴而就，一下子就控制住旺长，这样是不符合花生的生长规律的。正确的使用方法和原则是少量多次，逐步控制。

最佳时期：大量果针入土时期，此时第一批入土的荚果有小手指头肚那么粗，第二批果针头部似鸡嘴状。水肥充足，长势旺，株高达到 $30\sim35cm$。喷施前后要注意保持田间土壤湿润，过早，不利于养分吸收，且会提高对花生的抑制作用，产生单仁现象。

（3）使用药剂及方法 花生控旺剂的使用中，比较常用的化控剂为多效唑。一是多效唑用量过大，会严重影响花生荚果发育，使果型变小，果壳增厚，若作种用，出苗延缓，生长势弱；二是施用过早，会加重花生叶部病害发生，使叶片提前枯死、脱落，引起植株早衰；三是多效唑在土壤中残效期较长，对后茬作物的生长会表现出抑制作用，不宜连茬使用。花生繁种田禁止使用。

① 多次少量法。花生控旺要分 $2\sim3$ 次进行，避免一次用量过大，控旺过早，影响花生正常生长。每亩用 15% 多效唑可湿性粉剂的总量不超过 40g（每次用药 20g 左右），每次喷药液量不超过 30kg。

② 喷药在午后进行，6 小时内如果遇雨应重喷。

③ 喷药时加入少量中性洗衣粉，可增加药液展着和叶片吸收能力。

④ 喷药时要喷花生顶部生长点，一喷而过，不能重喷。

⑤ 一般年份按正常量使用，用量过大影响荚果发育，使果型变小、果壳变厚，叶片早衰、枯死，叶部病害亦有加重趋势。

但是遇到特殊年份比如雨水大的年份，第一次控旺后 10～15 天左右，株高超过 40cm 可再喷 1 次，同时喷施时要均匀喷雾，避免重喷、漏喷和喷后遇雨。高产田可结合防治病虫害进行多次少量化控，应注意适当减少每次化控药剂的用量。

（4）控旺时的综合管理技术

① 防病　这个阶段一般高温高湿，是花生褐斑病、黑斑病、疮痂病等病害容易发生的阶段，可结合控旺喷 30% 苯甲·丙环唑乳油或者 60% 吡唑·代森联水分散粒剂防治叶部病害。

② 叶面施肥　此期花生叶片、果针与荚果都能吸收营养，荚果发育期是需要营养的关键时期，同时易缺素使叶片发黄等，此时要重视叶面营养的补充，尽量补充营养全面的液体肥料比如丰洽多保等。结合实际情况以及用工成本，结合控旺把杀菌剂与营养素加进去，省工省力效果好。

（5）注意事项　多效唑只适用于肥水充足、花生长势较旺或有徒长趋势，甚至倒伏危险的地块，生长正常的花生田不宜施用；多效唑用量过大或过早施用会严重影响荚果发育，使果型变小、果壳增厚；多效唑可加重花生叶部病害发生，使叶片提前枯死、植株早衰，用量加大，早衰现象严重；花生种子萌发及幼苗出土对多效唑特别敏感，用 0.5～1.0mg/kg 浓度的多效唑浸种，可抑制发芽，使出苗推迟 3～5 天；多效唑性质稳定，在土壤中残留时间长，残留量较大，如连茬施用将对花生及其他双子叶作物种子萌发和幼苗出土及生长造成不良影响，应引起高度重视，谨慎施用；多效唑虽对花生叶斑病和根腐病有一定的防效，但能诱发后期锈病，因此在花生生长后期应注意防治锈病；多效唑喷叶面后 8 小时如遇雨，待晴天后要重喷。

107. 在花生生产上如何应用甲哌鎓调节生长？

甲哌鎓又名调节啶、缩节胺、助壮素，属植物生长延缓剂。在土壤中降解很快，半衰期只有 10～15 天，无土壤残留，无任何毒副作用，对人、畜、鱼类和蜜蜂等均无毒害，对眼和皮肤无刺激性，施用安全。

（1）作用特点　甲哌鎓有较好的内吸传导作用，能促进植物的生殖生长，提高根系活力，抑制茎叶疯长，改善群体光照条件，使果实增重，品质提高。

甲哌鎓在花生生产上应用，可提高花生根系活力，延缓根系衰老，调节荚果和种子发育过程中的激素平衡，提高荚果干物质的积累强度，促进荚果发育，提高饱果率，增加果重，提高荚果产量和改善籽仁品质。甲哌鎓对花生茎叶生长基本没有影响，在花生结荚期施用甲哌鎓一般可增产 10％左右，同时明显提高籽仁中蛋白质和氨基酸的含量。用甲哌鎓处理花生，对下一代种子的萌发和幼苗生长具有一定的促进作用。

（2）施用方法　甲哌鎓适用于各类花生田。施用适期为花生下针期至结荚初期，下针期和结荚初期 2 次施用效果更好。1 次施用的，用量为甲哌鎓粉剂每亩 5g 或水剂 20mL；2 次施用的，总用量为粉剂 6～8g 或水剂 30mL 左右。施用粉剂时应先将其溶于少量水中，再按 40L/亩兑水，均匀喷洒于植株叶面。

（3）注意事项　甲哌鎓不是肥料，土壤瘠薄、水源短缺的三类苗地不可施用。性质稳定，可结合杀虫剂、杀菌剂和叶面肥混合施用防治病虫。施用时可向药液中加少量黏着剂，以利于黏着和叶片吸收。甲哌鎓固体易潮解，应密封保存。潮解后不影响药效。

108. 在花生生产上如何应用 ABT 生根粉调节生长？

ABT 生根粉属复合型植物生长促进剂，在花生上应用的是 ABT 生根粉 4 号，白色粉末，难溶于水，易溶于乙醇（酒精），易光解，光解后颜色变红，活性降低。长期保存应避光并置于低温条件下。生根粉无毒、无残留，施用安全。

（1）作用特点　ABT 生根粉可提高花生种子活力，促进发根和根系生长，提高根系活力，使根系的吸收和合成能力加强，根系伤流量明显增加，伤流液中细胞分裂素、氨基酸和矿物质含量提高；增加花生叶片叶绿素含量，改善叶片生理功能。由于生育后期根系和叶片的功能得到了加强，从而延缓了植株的衰老。生根粉可促进开花，使前期有效花量增加，结果数量增加，饱果率提高，明显提高荚果产量，籽仁品质也得到改善。在花生上应用，一般可增产荚果 10% 以上，并可提高籽仁脂肪含量。

（2）使用方法　ABT 生根粉适用于各类花生田，既可用于浸种，又可用于叶面喷洒。浸种和叶面喷洒的适宜浓度均为 10～15mg/kg。叶面喷洒宜在花生下针期至结荚初期进行，每亩药液用量为 40～50L。两种施用方式中浸种更为简便易行，用药量少，生产上普遍采用。

（3）注意事项　生根粉不溶于水，用时需先将药粉溶于少量酒精或高度白酒中，再加水稀释至所用浓度。

109. 在花生生产上如何应用烯效唑调节生长？

烯效唑又名优康唑、高效唑，主要剂型为 5% 可溶粉剂。

（1）作用特点　为植物生长延缓剂，对植物的作用和多效唑类似，一般用量相同，药效可为多效唑的 5～10 倍。烯效唑在植物体内降解较快，基本无土壤残留，对人、畜低毒。烯效唑用量小、作用效果明显，在生产上有逐步取代多效唑的趋势。

（2）使用方法　烯效唑适用于肥水充足、花生植株生长旺盛的田块。施用时期以花针期或结荚期为宜，施用浓度以 50～70mg/kg 为宜，每亩叶面喷施 40～50kg 药液，花针期喷施能提高单株结果数，结荚期喷施能增加饱果率，一般增产在 10% 以上。

110. 在花生生产上如何应用芸苔素内酯调节生长？

芸苔素内酯（BL）又称油菜素内酯，难溶于水，在水中的溶解度只有 5mg/kg，易溶于甲醇、乙醇、丙酮等有机溶剂。商品剂型为可溶粉剂。

（1）作用特点　为植物生长促进剂，极低浓度（百亿分之一）即能显示其生理活性，主要生理作用是促进细胞分裂和伸长，提高根系活力，促进光合作用，延缓叶片衰老，提高植物的抗逆性，特别对植物弱势器官的生长具有明显的促进作用。对人、畜低毒，在植物体内和土壤中均无残留，施用安全。

（2）使用方法 芸苔素内酯用量小，效果明显，适用于各类花生田，可浸种和叶面喷施。浸种适宜浓度为 0.01～0.1mg/kg，叶面喷施适宜浓度为 0.05～0.1mg/kg。叶面喷施宜在苗期至结荚期进行，每亩药液用量为 40～50kg。

此外，据生产上的应用对比试验，芸苔素内酯在生产上应用还取得了一些好的效果。

用 0.01％天然芸苔素内酯水剂 5g，再加水 15kg，在始花期开始下针（子房柄入土）时喷洒。喷洒后，生长稳健，单株总果数多，百果重和百仁重都重，比对照增产 22％。

用 0.002％芸苔素内酯可溶粉剂，用清水配成不同浓度的溶液（0.01～1.0mg/L），在下针期喷洒花生植株。在生理上提高硝酸还原酶活性和叶片蛋白质和可溶性糖含量，使主根活力增强。在生长发育方面，四周后，单位叶面积鲜重、干重，植株鲜重、干重都有所提高。成熟收获时，单株结荚数、饱果率和产量均比对照高，其中以 0.05mg/L 的处理效果最高，增产 9.01％。

用 0.004％芸苔素内酯水剂，在花生营养生长期和生殖生长期，各喷 1 次，每亩每次 10mL 0.004％芸苔素内酯水剂，加水 50kg，可以增加单株总果数、单株饱果数和百果重，增产 13％以上。

提高花生幼苗的抗寒能力。用浓度为 0.01～0.1mg/L 的芸苔素内酯药液浸泡花生种子 24 小时，可促进发芽出苗，提高氨基酸、可溶性糖和叶绿素含量。

（3）注意事项

① 要贮存在阴凉干燥场所，远离食物和饲料，勿让孩童接近。

② 使用过程中要注意防护，如与食物和饲料混置，勿让孩童接近。

③ 使用时须戴手套、面罩和防护服。避免药液沾染皮肤和眼睛，防止吸入药雾，无专用解毒药，根据出现的症状对症治疗。

111. 在花生生产上如何应用调节膦调节生长？

调节膦又名蔓草膦，极易溶于水，在水中的溶解度为 170％，微溶于甲醇和乙醇。

（1）**作用特点**　为植物生长抑制剂，只能通过植株茎叶吸收，根部基本不吸收，能作用于植物分生组织，抑制细胞的分裂和伸长，破坏顶端优势，矮化株高，防止徒长，减少无效花，增加产量。调节膦进入土壤后，可被土壤胶粒和有机质吸附或被土壤微生物分解，很快失去活性，在土壤中的半衰期为10天。对人、畜低毒。

（2）**使用方法**　调节膦适用于肥水充足，花生植株生长旺盛的田块。以花生结荚后期喷施为宜。施用浓度以500mg/kg为宜。每亩用药液40～50kg。

（3）**注意事项**　因使用调节膦影响后代出苗率，降低植株生长势和主茎高度，影响结实，所以花生种子田不宜喷施。

112. 在花生生产上如何应用矮壮素调节生长？

矮壮素（CCC）又名氯化氯代胆碱，易溶于水，在水中的溶解度为100%，极易吸潮，其水溶液性质稳定，但在碱性介质中不稳定，对铁及其他金属有腐蚀性。

（1）**作用特点**　为植物生长延缓剂，可由叶片、嫩茎、芽、根和种子进入植物体，抑制赤霉素的生物合成，抑制细胞伸长而不抑制细胞分裂，抑制茎部生长而不抑制生殖器官发育。它能使植株矮化、茎秆增粗、叶色加深，增强抗倒伏、抗旱、抗盐能力。矮壮素在植物体内和土壤中降解均很快，进入土壤后能迅速被土壤微生物分解，用药5周后残留量可降至1%以下，对人、畜低毒。

（2）**使用方法**　矮壮素适用于肥水充足、植株生长旺盛、有徒长和倒伏现象的花生田块，以花生下针期至结荚初期叶面喷施效果较好。施用浓度以1000～3000mg/kg为宜，每亩药液用量为40～50kg。

113. 在花生生产上应用的其他植物生长调节剂有哪些？

（1）**吲哚乙酸**　促进种子萌发。用10～25mg/kg吲哚乙酸水溶液泡花生种子12小时，可促进种子萌发和提高花生产量。低浓度（10mg/kg）效果更好，而高浓度（25mg/kg）可略微提高花生中的油和粗蛋白质含量，并降低糖类的含量。

（2）吲哚丁酸　促进作物生长，增加产量。播种前用 10～25mg/kg 吲哚丁酸溶液浸种 12 小时，可促进开花并提高产量。

（3）增产灵　具有促进植物体内营养物质的运转，加速细胞分化，防止脱落，保花保果，促进灌浆和提早成熟的作用。花生开花期间用 10～30mg/kg 的药液喷叶面 1～2 次，秕果率降低 10%～20%，每亩增产 10%～15%，尤其是在瘠薄地使用，增产效果更好。

（4）石油助长剂　用 40% 石油助长剂拌花生种子，每千克花生用 20g 药剂拌均匀，12 小时后晾干播种，可使花生苗齐，生长旺盛，结实饱满。在花生下针期用 500mg/kg 药液叶面喷洒，可提高结荚率，促使果仁粒饱。

（5）复醇素　为三十烷醇等 6 种醇的混合物。开花结荚期，用 1mg/kg 复醇素溶液叶面喷雾 3 次，可促进成熟，使花生果荚增大，果粒多。

（6）三碘苯甲酸　盛花下针期，用 200mg/kg 三碘苯甲酸溶液喷洒，可提高花生质量。

（7）甲哌·氯胆　40% 水剂，是甲哌鎓与氯化胆碱复配的混剂，具有促进根系发育、矮化植株、增加产量的功效，用于调节花生的生长，于开花下针期，亩用制剂 25～35mL，兑水常规喷雾，施药 1～2 次。

（8）2,4-滴　主要用于浸种和喷雾。喷雾时期选在团棵期至盛花期，效果较好。团棵期用量 50～70mg/kg，能增产 5%～9.3%；盛花期用量 30mg/kg，增产 10% 左右。

（9）植物动力 2003　又名 PP2003。花生喷施时根系发达，叶面积增大，叶绿素含量提高，单株结果数、饱果率、双仁果率增加，产量提高 17.9%～19.8%。可分别在苗期、初花期叶面喷施 0.1% 的水溶液。

（10）稀土　农用稀土产品商品名称为"农乐"。用于花生浸种、拌种和叶面喷施。浸种浓度以 500mg/L 为宜。拌种时，每千克花生种仁用 4g 农乐加水 50g 溶解后，均匀拌种，晾干后当天播种。叶面喷施时，苗期浓度为 0.01%，初花期浓度为 0.03%。大面积生产中增产概率达 93.4%，平均增产 12.0%。

（11）三唑酮　用 300～500mg/L 三唑酮溶液在花生盛花期叶面喷洒，可抑制花生地上部分伸长，利于光合产物向荚果输送，增加荚果重量。

幼苗期用 300mg/L 三唑酮溶液喷洒，可培育壮苗，提高花生抗干旱能力。

（12）复硝酚钠 花生生长期内和开花期前用 6000 倍 1.8% 复硝酚钠溶液分别喷茎叶 2～3 次，间隔一周，叶面和花蕾各一次，可提高花生产量和品质。

第四章
花生主要病虫草鼠害全程监控技术

第一节 花生病虫草鼠害的综合防治技术

114. 如何加强播种前管理以减少花生病虫草鼠害？

（1）**水旱轮作** 有条件的地区推行稻茬种花生，实行水旱轮作，是防治花生病虫草鼠害最有效、最经济的无公害措施。通过水旱轮作，不但可以控制蛴螬、金针虫、根结线虫病、青枯病的发生，使其不需用药防治，而且可以大大减轻草害，叶斑病、网斑病等病害的发生程度。

（2）**旱旱轮作** 无水旱轮作的山区、岭地，实行花生与芋、西瓜、小麦、玉米等旱旱轮作 1～2 年，在青枯病、根结线虫病易发地区轮作 3～5 年，对花生病害有明显的防治效果。

（3）**深耕土地** 深耕不但可以改良土壤，提高土壤肥力，使作物高产，而且可以明显地减轻花生病虫草鼠害。

（4）**认真搞好春季灭鼠** 搞好春季灭鼠，不但可以保证花生全苗，而且春季是控制全年鼠害的最佳时期。

（5）**早春耙地保墒、清除杂草** 早春耙地除能保墒外，还能防除田间杂草，减少地老虎的落卵量及大黑金龟子的食物来源。因此，早春及遇雨后应及时耙地。

115. 如何处理种子以减少花生病虫草鼠害的发生？

（1）**选用高产、优质、抗病品种** 花生品种对不同病害有一定的抗性和耐性。选择抗病能力强、抗逆性强、适应性广、商品性好的丰产品种，可起到减轻病虫危害、减少药剂使用量的作用。在选用抗病品种时，应考虑当地消费习惯、生产目的、病害种类、品种熟性等方面的因素。

（2）严格种子检疫 需要引种、调种的产区，事先必须调查好种子产地的有害生物发生情况，不从重病区调种，不得从根结线虫病、青枯病区调种，以防病害的扩散。

（3）选用秋夏花生留种 选定品种后，还要尽量选用储藏时间短、活力强、未受病虫危害的种子。南方秋花生留种，北方夏花生留种，种子生活力强，耐储性好，休眠期短，耐低温，出苗快，增产显著，是花生品种复壮、防止退化、保持稳产的重要措施。

（4）四级选种 做好四级选种（选地块、株、果、仁）。选长势好、品种纯、病虫害轻、产量高的田块留种；摘果时选结果多而整齐的单株留种；在株选的基础上选双仁果留种；播种前剥壳时，将小粒、破皮、变色、有紫斑的种仁剔除。四级选种是防治花生病害的重要措施，也是花生提纯复壮、高产、稳产的重要技术条件。

（5）注意种子保存 要选择低温、干燥的仓库储藏。目前农家常用瓦缸储藏法，即选择密封性好的瓦缸或容器，放到阴凉的地方，下面垫石灰或草木灰隔潮或者垫一层干燥的花生壳或稻草防潮，放入花生荚果后加盖密封保存。这种方法可保存花生荚果1～2年，适合少量种子的储藏。

（6）晒种 播种前5～7天，选晴好天气，将花生种子带壳晒种2～3天。晒种场地以土质晒场为宜。不要选用水泥或石灰做成的晒场晒种，以免灼伤种子。在晒种过程中，要经常翻种，以使种子不同部位受热均匀。晒种可增强花生种皮的透性，提高种子细胞的渗透压，有利于播后种子吸水。晒种可提高种子内部水解酶的活性，提高呼吸强度，有利于物质转化，促进种子萌芽。晒种可杀死病菌和虫卵等，从而减少播种后病虫害发生的危险性。

（7）剥壳 在播种前1～2天剥壳，最好即剥即播。不要过早剥壳，剥壳过早会使种子吸水受潮，呼吸作用与酶的活性增强，过多地消耗养分，降低种子活力。过早剥壳还可为病菌和害虫侵害种子或机械伤害种子创造条件。所以，在生产上一般不提倡过早剥壳。

（8）精选种子 通常分为4级，用1级和2级饱满完好籽仁作种。下种前要做种子发芽试验，选用无病虫、优质良种，确保生产田使用的种子发芽势在80%以上，发芽率达95%以上。

（9）浸种催芽　在低温、干旱的地区种植花生，或当种子质量差时，可通过浸种催芽的方式选优淘劣，控制有害生物侵染，以保证播种质量。催芽温度维持在25～30℃，催芽至种子的胚根刚露白时即可播种。

（10）药肥拌种　药剂拌种的主要目的是为了减轻播种后鼠、雀、兽及地下害虫等对种子的危害。药剂拌种还可抑制花生种子上常附有的青霉菌、根霉菌、曲霉菌和镰刀菌等病菌的侵染，防止播种后烂种或死苗。常用相当于种子重量0.1%的百菌清或0.3%的多菌灵、甲基硫菌灵拌种，拌后即播。用50%辛硫磷乳油50mL＋4%多菌灵胶悬剂100mL，或50%多菌灵可湿性粉剂100g＋水3L，匀拌花生种仁50kg。

在新垦地或瘦瘠地初次种植花生时，将种子与根瘤菌或钼肥拌种可使根系早结瘤、多结瘤。用相当于种子重量0.2%的煤油或柴油拌种对地下害虫、鼠、雀有防避作用。但煤油和药剂拌种会影响根瘤菌的活力，故使用根瘤菌时应将根瘤菌拌到种肥中。

也可用种子包衣技术来代替药剂拌种，防治金龟子及金针虫等地下害虫。

116. 如何做好花生播种期间病虫草鼠害综合防治？

花生春播时间大约在4月下旬至6月上旬，麦套花生一般在小麦收获前10～20天点播，夏花生于麦收后及时点播，播种期防治以保苗为目的，主要防治对象是地下害虫、鼠、根结线虫病、花生茎腐病、花生冠腐病等。播种至出苗期不仅是花生齐苗、全苗的最关键时期，也是培育壮苗的关键时期。也就是说，通过播种期的防治可以控制或减轻花生整个生育期病虫草鼠害。倒秧病、根结线虫病、烂种病、缺肥病、金针虫、越冬的大黑鳃金龟蛴螬、大黑金龟子及所有的草害，都可通过播种期的防治达到控制的目的。其他病虫鼠害也能通过播期防治减轻发生程度。掌握好播种的适宜时期、合适墒情、播种密度以及播种深度等技术因素，对防治烂种、种子落干、死苗至关重要。密度决定群体大小，确定适宜播种密度，营造有利于花生生长发育而不利于有害生物发生的条件。

（1）科学施好基肥　多施腐熟有机肥，使用有机肥是改良土壤、培肥地力、提高产量和提高花生品质的有效措施，每亩施用量不得低于 1000～2000kg。但有机肥中混有大量的草种和病株残体，必须充分腐熟后才能施用。搭配氮磷钾复合肥。注意种肥比例，防止烧种。

（2）提高整地质量　精细整地要做到深、细、松、软、平。高垄双行、竖畦横起垄，便于排水降渍，防止烂果，还能促进通风，改善田间小气候，降低田间湿度，减轻病害的发生，增强花生的光合作用，提高花生的产量。花生最怕雨涝、渍害，必须开好畦沟、腰沟、围沟，并疏通外围沟系，保证沟沟相通、雨过田干。

（3）适时播种　适宜播期要根据当地地温变化、墒情、土质和栽培方法而定。通常 5～10cm 地温连续 5 天稳定在 15～18℃时，即可播种。

（4）适墒播种　在适宜的温度条件下，土壤含水量达田间最大持水量的 60%～70%，即耕作层土壤手握能成团，手搓较松散时，最有利于花生种子萌发和出苗。土壤含水量低于 40% 易落干，种子不能正常发芽出苗。高于最大持水量的 80%，由于土壤缺氧，易发生烂种或幼苗根系发育不良。在适宜播期内，要有墒抢墒播种，无墒造墒抢播。墒情很差、近期又无下雨迹象的，最好在播种前提前泼地造墒，适墒时再播。墒情略差的，可在播种时先顺播种沟浇少量水，待水下渗后再播。如雨后播种，一定要待土壤稍干时适墒播种，严防种子落干和烂种。

（5）合理密植　许多真菌、细菌病害的发生流行，都与田间郁闭、湿度大有关系。因此，提倡合理密植，有利于植株间通风透光，降低田间湿度，可减少病害发生。确定适宜的密度应考虑品种特性、土壤肥力、气候条件及栽培水平等。决定密度的因素有垄宽、株、行距大小。一般早熟品种宜密，晚熟品种宜稀；分枝少的宜密，分枝多的宜稀；株丛矮的宜密，株丛高的宜稀；肥力低的宜密，肥力高的宜稀；雨水少的地区宜密，雨水多的地区宜稀；栽培条件差的宜密，栽培条件好的宜稀。播种过稀，群体小，影响花生产量；密度过大，易造成田间小气候郁闭，有利于有害生物的发生危害。

（6）掌握适宜播种深度　播种分为机械播种和人工播种两种方式。目前仍以人工播种为主。机械播种的好处是省工、省力，播种规格比较一致，确保播种深度一致，出苗整齐。有条件情况下尽可能采用机械播种。露地播深 3～5cm，地膜覆盖播种以 3cm 左右为宜。播种过浅，容易造成种子落干，并易遭鸟、兽等危害。播种过深，易造成烂种。

（7）地膜覆盖　地膜覆盖栽培可促进花生的生长发育，增强花生植株体对各种病害的抗性，同时由于覆盖地膜有一定的避蚜效果，可减轻病毒病的危害。地膜春花生随播种随喷施除草剂随覆盖地膜。夏花生在齐苗后及时覆盖地膜，覆膜后随即将花生苗抠出膜面。

（8）及时防除病虫草害　在播种期间采取措施防治草害和土传病害非常关键。在精耕细作、选用抗病品种的基础上，露栽田于花生播种期间或播种后出苗前，趁墒情较好有利于除草剂充分发挥作用时，于地面喷洒 50% 乙草胺乳油 65mL＋12.5% 氟吡甲禾灵乳油 5mL，或者每亩用 5% 咪唑乙烟酸水剂 100～120mL，兑水 60～75kg。

春、夏播花生覆膜田地表面喷洒芽前除草剂（土壤处理剂）异丙甲草胺或甲草胺、乙草胺，除草效益高。覆膜田，在播种后覆膜前于地面喷洒化学除草剂时，同时与杀菌剂结合喷洒封锁地面，如氯溴异氰尿酸＋乙草胺、霜脲·锰锌＋乙草胺、菌核净＋乙草胺等组合，既除草又防花生立枯病、菌核病、白绢病、黑霉病、叶斑病等多种土传病害。

50% 多菌灵可湿性粉剂按种子重量的 0.3% 拌种，也可有效防治多种病害。青枯病发生区每亩用 50% 氯溴异氰尿酸可湿性粉剂 83.3g 拌种。花生根结线虫病发生区可每亩用无毒高脂膜 2kg 拌种防治。目前正在推广应用杀草地膜，不用单独喷洒除草剂，省工、省力，土壤残留和籽仁残留比直接喷除草剂的明显降低。如乙草胺除草地膜，或者扑草净除草地膜，除草效果较好。双膜菜用花生，可喷施除草剂后立即盖地膜和弓棚膜，7 天后打孔播种，明显减轻病虫危害。每亩用 10% 噻唑膦颗粒剂 2～4kg，或 5% 阿维菌素颗粒剂 2～3kg，播种时盖种或撒于播种沟内，可防治花生根结线虫病并兼治花生苗期蚜虫，对控制病毒病的发生也有一定作用。

播种期对地下害虫蛴螬、蝼蛄、新黑珠蚧、金针虫等的防治很重要。在花生田周围种植蓖麻，以诱杀大黑鳃金龟甲、黑皱鳃金龟甲或安装灯光诱杀趋光性强的拟毛黄金龟甲、铜绿丽金龟甲等。在成虫发生盛期，用农药喷洒大田周围树木灭杀成虫。露地春花生田大黑鳃金龟甲的出土高峰在花生出苗前，可在出土高峰期于晚上 9 时后持灯下田，捡拾田内出土的大黑鳃金龟甲，5～7 天捡拾 1 次，连续捡拾 2～3 次，即可控制大黑鳃金龟甲幼虫的危害。用 50％辛硫磷乳油按 1：1000 的比例拌种，方法是用 20mL 药剂，加水 1kg，配成药液，均匀拌干种子 20kg，拌后晾干播种。

预防茎腐病等土传、种传病害和苗期病害，可以进行种子处理和土壤处理。可以用 25％多菌灵可湿性粉剂 100 倍液，倒入 50kg 种子浸种或以种子重量的 0.2％～0.3％掺土拌种，或用 2.5％咯菌腈悬浮种衣剂按 1：300 包衣处理；也可用种子重量 0.2％～0.5％的 50％多菌灵可湿性粉剂拌种或药液浸种 6～12 小时，中间翻动 2～3 次，使种子把药液吸收；也可用种子重量 0.3％～0.5％的 50％福美·拌种灵（拌种双）可湿性粉剂浸种，0.2％的 50％福美双粉剂拌种；或用 45％三唑酮·福美双可湿性粉剂、40％三唑酮·多菌灵可湿性粉剂按种子重量的 0.2％～0.3％拌种，可有效地预防花生茎腐病、冠腐病等多种病害的发生。

117. 如何做好花生幼苗期病虫害综合防治？

花生幼苗期在 5 月至 6 月下旬，这一时期的主要病虫害有病毒病、冠腐病、叶斑病、倒秧病、根结线虫病、缺肥病、蚜虫、叶螨、棉铃虫、黏虫、白粉虱、地老虎及越冬大黑鳃金龟甲成虫和幼虫，此期也是培育壮苗、搭好丰产架子的重要时期。幼苗期是控制蚜虫、冠腐病、叶斑病、叶螨等病虫害的关键期。

（1）**农业防治**　露栽田，及时清棵蹲苗培育壮苗，还能控制花生根腐病、茎腐病、冠腐病、倒秧病、蚜虫、病毒病的发生。清棵时，先用大锄破垄，后用小锄清棵。清棵深度以露出子叶节为准。并要随出苗随清棵，直至完全出苗为止。随时拔除病毒病苗株，以防传播蔓延。

（2）**防治花生冠腐病、叶斑病等**　可以喷施 50％多菌灵可湿性粉剂 600～800 倍液，或 70％甲基硫菌灵可湿性粉剂 600～1000 倍液。发病严重时，间隔 7～10 天再喷 1 次。

（3）**防治蚜虫**　花生蚜虫的天敌种类很多，重要的有瓢虫、草蛉、食蚜蝇等，田间百墩花生蚜量 4 头左右，瓢：蚜为 1：（100～120）时，蚜虫危害可以得到有效控制。作物合理布局，实行麦田与花生田交错种植，可以增加瓢虫数量，有利于减轻蚜虫危害。当有蚜墩率达 20％～30％，墩蚜量 10～20 头时，及时喷高效、低毒、持效期较长的农药，如 50％抗蚜威可湿性粉剂 2000 倍液、10％吡虫啉可湿性粉剂 4000 倍液，也可选用 20％二嗪磷乳油 1000 倍液、3％啶虫脒乳油 1000～2000 倍液，兼治棉铃虫、斜纹夜蛾和甜菜夜蛾等食叶害虫。还可喷施联苯菊酯乳油、甲氰菊酯乳油、氰戊菊酯乳油等菊酯类农药。以上药剂要交替施用，以防产生抗性。

（4）防治叶螨 可选用 15％哒螨灵乳油 2500～3000 倍液，或73％炔螨特乳油 1000 倍液、1.8％阿维菌素乳油 5000～8000 倍液、10％虫螨腈乳油 2000 倍液等叶面喷雾，间隔 7～10 天再喷 1 次。

苗期可以喷洒一些植物激素，可促进生长，提高产量。在花生苗长到 30～40cm 高时，施用 15％多效唑可湿性粉剂 30～50g/亩，可以使幼苗生长健壮，增强荚果的生长。另外，也可以施用快丰收、活力素、叶面宝等一些叶面肥或植物激素。

118. 如何做好花生开花结果期病虫草鼠害综合防治？

花生于 7 月上旬开始进入花期，于 9 月成熟收获。花生开花下针期是花生网斑病、叶斑病、锈病等叶面病害及鼠患危害的高峰期，露地栽培春花生的开花下针期或地膜春花生的结荚初期是插放毒枝诱杀铜绿金龟子和暗黑金龟子，控制中、后期蛴螬为害的关键期。结荚期也是防治伏蚜、棉铃虫、蛴螬、纹枯病的关键期。

（1）病害防治 当花生网斑病、褐斑病、黑斑病和焦斑病等叶斑病发生时，主茎叶片发病率达 5％～7％时，每亩可选用 50％多菌灵可湿性粉剂或 75％百菌清可湿性粉剂 83～100g，或 1.5％多抗霉素或中生霉素 250～300g、6％戊唑醇微乳剂 100～200mL、70％甲基硫菌灵可湿性粉剂 50～80g、5％井冈霉素水剂 125～150g 等，兑水40～50kg 叶面喷雾，每隔 15 天施药 1 次，连续防治 2～3 次，能兼治花生菌核病、茎腐病、白绢病、根腐病、黑霉病等。

当花生青枯病病株率达 1％时，可选用 85％三氯异氰尿酸 500 倍液，或 25％络氨铜水剂 500 倍液、77％氢氧化铜可湿性粉剂 500 倍液等浇淋根部，间隔 7～10 天喷 1 次，连喷 3～4 次防治，能有效地控制花生青枯病的发展。分别用绿亨 2 号、绿亨 1 号、代森锰锌 3 种药剂防治青枯病，持效期较长。

南方花生产区要重点防治锈病，当发病率达 15％～30％或近地面 1～2 片叶有 2～3 个病斑时要开始喷药防治，可选用 75％百菌清可湿性粉剂 600 倍液，或 15％三唑酮可湿性粉剂 600 倍液、12％松脂酸铜乳油 600 倍液、95％敌锈钠可湿性粉剂 600 倍液、15％三唑醇可湿性粉剂 1000 倍液等喷雾，每隔 10 天左右喷 1 次，连喷 3～4 次，可有效控制病害的发展。

（2）虫鼠害防治 蛴螬、棉铃虫、甜菜夜蛾、斜纹夜蛾、棉小造桥虫、伏蚜等的防治要求成、幼虫兼治、调治。

防治金龟子幼虫，采用毒枝诱杀暗黑、铜绿金龟子；可用 50％辛硫磷乳油 1000 倍液，或 90％敌百虫原药 500 倍液等灌根，每穴灌 100～250mL。

防治棉铃虫，在成虫盛发期来临之前，用 0.1％草酸喷洒植株，每隔 5 天喷 1 次，连喷 3 次，可有效驱避成虫。当每平方米有棉铃虫幼虫 4 头（或卵孵化盛期）时，3 龄前用增效苏云金杆菌或 50％辛硫磷乳油、25％灭幼脲乳油、5％氟啶脲乳油、5％氟虫脲乳油 1500 倍液、10％吡虫啉可湿性粉剂 4000 倍液等，每隔 7～10 天，叶面喷洒 1 次，可兼治造桥虫及蚜虫等多种害虫。

清除地边杂草，破坏田鼠生存环境，提高其死亡率，降低繁殖力。

（3）浇水管理 花针期也是花生营养生长和生殖生长逐渐进入并旺的时期，如 0～30cm 土层含水量低于田间最大持水量的 40％，植株出现萎蔫，顶部复叶的小叶片在晴天中午自动闭合，且预计近日无雨应及时浇水。灌溉方式以小水浸润沟灌为宜，严防大水漫灌，易造成烂果。如在下针后期至结荚前期株高超过 40cm，即为花生植株徒长。为了防止徒长，可喷洒调控生长剂壮饱安控制。如秋雨多，雨量大，排水不畅，内涝地块，要及时排水，建立排水系统。根据地头的长短和地势，挖好腰沟和解决内涝的排水沟。以免田间积水、内涝，造成伏果烂果，影响花生质量和产量。

（4）化学控旺 在春、夏花生基本封行时，每亩用 15％多效唑可湿性粉剂 30～50g（长势旺的 50g、长势差的 30g）加磷酸二氢钾 100g，兑水 30～50L，叶面喷雾。春花生应掌握在 6 月下旬至 7 月上中旬的第一次透雨后 2 天内及时喷施，否则雨后花生迅速生长，造成疯秧，严重减产。喷施多效唑可以控制花生旺长，使花生叶片变厚，叶色变深，营养生长与生殖生长协调，长势非常整齐，还能改善田间的通风透光条件，花生抗病力增强，发病轻，花生结果多而整齐，产量高。

对于肥水比较充足、地上部营养生长较旺、有徒长趋势的地块，可以在结荚前期施用快丰收、活力素及一些叶面肥，以促进生长，提高产量。

（5）叶面施肥　为了防止叶片早衰，每亩叶面追施磷酸二氢钾或尿素 150g、天然海藻肥 125～150mL 兑水 60～75kg、天达 2116 细胞膜稳态剂 8mL 兑水 60kg，间隔 7～10 天，连喷 2～3 次，可以明显防止叶片早衰和减轻病虫危害。耘、锄、耥、垄沟结合人工拔除漏网大草，彻底清除草害。

119. 如何做好花生荚果成熟期至收获期病虫鼠害综合防治？

此期应重点防治花生网斑病、叶斑病、锈病等叶面病害，黄曲霉病，鼠害等。尽管花生叶面病害的种类以及害鼠的种类很多，但危害的高峰期都在花生的荚果成熟期，这为集中防治提供了有利的条件。因此，荚果成熟期是防治花生后期叶面病害和鼠害的关键期。

（1）药肥混喷防治花生叶面病害　花生进入荚果成熟期，营养生长逐步衰退，加上温、湿度适宜，褐斑病、黑斑病、网斑病、焦斑病、锈病等多种叶面病害齐发，造成花生大量落叶、未老先衰，使花生大幅度减产。因此，药肥混喷，是防止花生早衰、控制花生叶部病害、提高花生产量和品质的重要环节。防治适期在 7 月下旬至 8 月初。如 7 月下旬至 8 月上旬连阴雨，春花生田应于 7 月下旬防治 1 次，隔 10～15 天再防治 1 次；如 7 月下旬至 8 月上旬持续高温、无雨，地膜春花生不需防治，露地春花生可于降水后防治 1 次即可。夏花生一般只需 8 月上中旬防治 1 次。配方为：每亩用尿素 0.25kg＋磷酸二氢钾 150g＋20％三唑酮可湿性粉剂 20～30mL＋4％嘧啶核苷类抗菌素水剂 100g＋80％代森锰锌可湿性粉剂或 75％百菌清可湿性粉剂 50g 或 40％甲基硫菌灵胶悬剂 25mL，兑水 40～50L 喷雾。

（2）结合收获及时清除根结线虫病、茎腐病、青枯病的病株
根结线虫病、青枯病的新病区，应在发病后或收获时及时将病株连根挖出，根茎果全部带到田外集中烧毁。对后期发病的茎腐病病株也要单独收获，不得留种。

（3）及时清除田间病叶　花生纹枯病、褐斑病、黑斑病、网斑病主要靠田间的病叶进行下一年的侵染发病，加之花生收获后病叶大都在土表，便于清除。所以，结合花生起收，及时清除田间病叶，对控制来年病害的发生有重要意义。

（4）结合荚果的复收人工灭虫 花生起收时有不少荚果遗留地下，大部分农户要进行刨收复收。可结合复收将刨出的地下害虫杀死，除虫效果高达50%左右。如在秋播时结合耕地进行犁后捡虫，还可杀死30%左右的地下害虫。

（5）防治黄曲霉病 花生收获前感染的黄曲霉菌主要来源于土壤。在收获前20～30天遇干旱，容易感染黄曲霉菌，此期干旱务必浇水。严防地下害虫危害和生育后期受旱及高温胁迫等。在荚果成熟期有针对性地采取有效的技术措施，可在一定程度上控制花生收获前黄曲霉毒素污染。

（6）防治鼠害 以人工消灭为主，用鼠夹子打、水灌鼠洞、铁丝套鼠、挖洞捉鼠和性激素诱捕。结合药剂防治，较好杀鼠剂有氯鼠酮、敌鼠钠盐，配制成诱饵交替使用。经济条件好的或鼠产生抗性的地区，可以用氯鼠酮或敌鼠钠盐与溴鼠灵或氟鼠灵交替使用。根据害鼠在农田四周危害的特点，要将毒饵投放在大田四周的埂边、路边、沟边、渠边、坟头边。采用一次饱和投饵法，每2m放1堆，每堆放10g左右。这几种杀鼠剂都适合高浓度一次投毒，减少用工，降低成本。注意，在田鼠的防治上如采取联防群治，防治效益更高。

（7）适时收获 适时收获很重要。收获过早，大量荚果尚未充分成熟，种子不饱满，出仁率低，影响产量和质量；收获过迟，易造成落果，不仅收获困难，而且会增加虫果、芽果、伏果、烂果，影响产量和品质。一般当花生饱果指数达60%以上就可适时收获。收获时，应注意荚果机械破损，以防受黄曲霉毒素污染。收获时若发现田鼠洞穴，挖掘其洞穴或用水灌杀害鼠。避免阴雨天气收获，应趁晴朗的好天气晾晒，避免连续阴雨天气造成荚果霉捂，霉捂的荚果受黄曲霉毒素污染，降低品质和价值。

（8）安全储藏 收获后及时晾晒，晾晒过程尽量不要堆捂，直至荚果含水量降到10%以下，籽仁含水量8%以下，保证储藏期不受霉菌危害。产品收获后，置于低温、低湿（储藏相对湿度<70%），无鼠、雀、虫害的地方安全储藏，要避免有害物质污染，按食品安全的具体要求妥善保管。

第二节　花生主要病害的识别与防治

🌀 120. 如何防治花生立枯病？

花生立枯病又称叶腐病（彩图 17）、烂叶子病。高温、高湿、通风透光条件差，易引发花生立枯病的发生。病原菌属半知菌亚门无孢目丝核菌属立枯丝核菌。病害主要在花生结荚期发生。发病盛期北方产区为 7 月底～8 月初。

（1）农业防治　常发病地区或田块避免连作，提倡轮作特别是水旱轮作。整治植地排灌系统，推行高畦深沟栽培，排水降湿。精细整地，根据天气及土质情况掌握合适播种深度和覆土厚度，创造有利于幼苗萌发出土的土壤条件，可减轻发病。合理密植，科学施肥，增施磷、钾肥，促进植株健壮生长，增强抗病力。选用种皮不破损的无病种子。收获后及时将病残体清理干净，深埋或烧毁，切勿堆沤作肥。

（2）种子药剂处理　对种子进行药剂处理，可防治因病害引起的烂种、死苗。拌种前可将种子先浸湿或浸 24 小时后沥干，再用种子重量 0.3％的 50％多菌灵可湿性粉剂拌种，或用种子重量 0.5％的 50％多菌灵可湿性粉剂浸种 24 小时，或用 40％三唑酮·多菌灵或 45％三唑酮·福美双可湿性粉剂按种子重量的 0.3％拌种，密封 24 小时后播种。

（3）化学防治　发病初期，可选用 36％甲基硫菌灵悬浮剂 500 倍液，或 5％井冈霉素水剂 1500 倍液、15％噁霉灵水剂 450 倍液、58％甲霜·锰锌可湿性粉剂 600 倍液等喷淋，每亩用药液 30～45kg，视病情 7～10 天喷 1 次，连续防治 2～3 次。

花生结果期发病，可叶面喷施 25％多菌灵可湿性粉剂 500～600 倍液喷雾，或喷施 1∶2∶200 的波尔多液，每隔 10 天喷 1 次，连喷 2～3 次，可防止花生徒长、倒伏和郁闭，减轻花生立枯病的发生。

花生叶面喷施 70％代森锰锌胶悬剂 400 倍液，或 50％多菌灵可湿性粉剂 1000 倍液、12.5％烯唑醇可湿性粉剂 1000 倍液，可以收到良好的防病效果。

121. 如何防治花生灰霉病？

花生灰霉病发生在花生生长前期，造成烂顶死苗，缺株断垄。病原菌无性世代，为灰葡萄孢菌，属半知菌亚门葡萄孢属真菌。南方多发生于早春 2～4 月间的春花生幼苗期。

（1）**农业防治**　选用抗病高产良种。重病田与非寄主作物实行 2 年以上的轮作。选择沙壤土或壤土种植花生。适期播种，注意播种不要过早。整治排灌系统，提高植地防涝抗旱能力，遇低温阴雨天气应做好开沟排水，降低田间湿度。配方施肥，避免偏施过施氮肥，适时喷施叶面肥。天晴后及时追肥，促进病株恢复生长。精细整土，提高播种质量，创造有利于幼苗出土的土壤条件。根据当地早春天气特点适期早播。

（2）**生物防治**　每亩可选用 10 亿孢子/g 木霉菌可湿性粉剂 25～50g，或 1000 亿芽孢/g 枯草芽孢杆菌可湿性粉剂 35～55g、3 亿 CFU/g（CFU 为菌落形成单位）哈茨木霉菌水分散粒剂 100～160g、10 亿 CFU/g 海洋芽孢杆菌可湿性粉剂 100～200g、0.3％丁子香酚可溶液剂 85～120mL、10％多抗霉素可湿性粉剂 100～140g 等生物制剂，兑水 40～60kg 喷雾。

（3）**化学防治**　在常发病区，应于花生齐苗后最迟于病害刚露头时及时喷药预防该病。

每亩可选用 50％腐霉利可湿性粉剂 70～100g，或 75％百菌清可湿性粉剂 120～200g、5％己唑醇悬浮剂 75～150mL、50％克菌丹可湿性粉剂 150～200g、21％过氧乙酸水剂 150～250mL、50％硫黄·多菌灵可湿性粉剂 150～170g 等，兑水 40～60kg，均匀喷雾。

也可选用 50％异菌脲可湿性粉剂 1000～1500 倍液，或 50％啶酰菌胺水分散粒剂 1000～1500 倍液、80％嘧霉胺水分散粒剂 1000～2000 倍液、50％咪鲜胺锰盐可湿性粉剂 1000～2000 倍液、50％咯菌腈可湿性粉剂 4000～6000 倍液、65％甲硫·乙霉威可湿性粉剂 600～1000 倍液、40％三唑酮·多菌灵可湿性粉剂 1000～1500 倍液、胶体硫 100 倍液、50％多菌灵可湿性粉剂 1000 倍液、50％甲基硫菌灵可湿性粉剂 800～1000 倍液等喷雾防治，每 7～10 天喷药一次，前密后疏，交替喷药 2～3 次。喷药时宜加入 0.03％有机硅或 0.2％的洗衣粉作展着剂，可兼治其他叶斑病害。

122. 如何防治花生锈病？

花生锈病（彩图18、彩图19）发生后，植株提早落叶、早熟。发病愈早，损失愈重。在各个生育阶段都可发生，但以结荚后期发病重。病菌属担子菌亚门冬孢菌纲锈菌目柄锈菌科双胞锈菌属（柄锈菌属）真菌。5～6月份平均降雨量在200～300mm以上，降雨日数多，锈病就可能流行。秋花生在9月份多雨的情况下则发病早而严重。

（1）农业防治　选用抗病品种。重病田实行1～2年轮作。因地制宜调节播种期，合理密植，改良土壤，少施氮肥，增施磷、钾肥，高畦深沟，改大畦为小畦，做好排水沟。清洁田园，及时清除病蔓、自生苗。如秋花生收获后，清除落粒自生苗1～2次；秋花生病株堆沤肥，室内病株在春播前整理完。

（2）化学防治　在发病初期喷药保护。本病发生多自近地面底叶始，由中心病株发展为发病中心，由点到面蔓延扩展，故应加强检查，发现后及时控制封锁发病中心。在药源不足的地方，喷药保护重点放在少数发病田和迟播的春花生病田上。

在开花始期，可选用75%百菌清可湿性粉剂500～600倍液，或70%代森锰锌可湿性粉剂800倍液＋25%三唑酮可湿性粉剂800～1000倍液等药剂喷施预防。

适期检查早播、低湿地，当发病株率达15%～30%或近地面1～2片叶有2～3个病斑时即喷药。每亩可选用75%百菌清可湿性粉剂100～120g，或12.5%烯唑醇可湿性粉剂20～40g、40%氟硅唑乳油8～10mL、30%醚菌酯悬浮剂50～70mL、20%三唑酮乳油30～40mL、25%戊唑醇水乳剂25～35mL、45%咪鲜胺水乳剂30～50mL等，兑水40～50kg，均匀喷雾。

也可选用58%甲霜灵可湿性粉剂600倍液，或70%甲基硫菌灵可湿性粉剂1000～1500倍液、4%嘧啶核苷类农用抗生素水剂400～600倍液、24%腈苯唑悬浮剂1000～1500倍液、40%福美•拌种灵（拌种双）可湿性粉剂500倍液、40%三唑酮•硫黄悬浮剂1000倍液、40%三唑酮•多菌灵可湿性粉剂1000～1500倍液、25%丙环唑乳油1000～2000倍液、50%胶体硫悬浮剂150倍液、15%三唑醇可湿性粉剂1000～1500倍液、50%克菌丹可湿性粉剂500倍液、95%敌锈钠可湿性粉剂500倍液、10%苯醚甲环唑水分散粒剂2000～

2500 倍液、45％代森铵水剂 600 倍液、80％代森锌可湿性粉剂 600 倍液、15％联苯三唑醇可湿性粉剂 1000 倍液等喷雾防治，全生育期喷 1～2 次即可达到良好的防治效果。喷药时加入 0.2％的展着剂（如洗衣粉等）有增效作用。

提倡使用敌锈钠与胶体硫混合剂。做法是：在花生生长前期叶斑病发生时，先喷胶体硫 200 倍液，每隔 10 天喷 1 次，到叶斑病与锈病同时发生时，再喷敌锈钠、胶体硫混合剂，每隔 10～14 天喷 1 次。混合剂配方为：敌锈钠 1kg、胶体硫 2kg，加水 250～300L，如在配方中加入硫酸铜 150g，则效果更佳。因锈病常与叶斑病混合发生，最好选用高效兼治药剂，如百菌清等。注意花生对敌锈钠比较敏感，未发生锈病时不宜使用此药。

123. 如何防治花生纹枯病？

花生纹枯病（彩图 20）主要发生在南方和长江流域花生产区，可危害花生叶片、叶托、茎秆和果荚，但以危害叶片和茎秆为主。病原菌有性阶段为担子菌亚门亡革菌属佐佐木亡革菌，无性阶段为半知菌亚门无孢目丝核菌属立枯丝核菌。在南方，花生纹枯病始发期在 5 月下旬至 6 月上旬，6 月下旬快速发展，7 月份达到发病高峰期，8 月份停止蔓延。北方地区，多在 6 月下旬至 7 月上旬开始发病，7 月下旬为发病高峰期，8 月初病害逐渐停止蔓延。

（1）农业防治　选择质地疏松的沙壤黑土地、沙岗地种植花生，避免在纹枯病重的水稻田种花生；搞好花生地的排灌系统，及时排除积水，降低田间湿度；收获后，及时清除田间病残体，集中销毁，深翻土地，除去田间野生寄主，也可以掩埋剩余的病残植株，减少越冬菌源；以施用有机肥为主，适当增施磷、钾肥，不施用过量氮肥；推广高垄双行、地膜覆盖栽培技术，生长期喷施壮饱安等植物生长调节剂，适当控制花生旺长；合理密植，增加田间通风透光。

（2）化学防治　在病害常发地区，于植株进入封行期、病害未发生前，最迟于刚发病时就喷药预防控病，药剂可选用 3％井冈霉素水剂 800～1000 倍液，或 50％多菌灵可湿性粉剂 800 倍液、20％氟酰胺可湿性粉剂 600～800 倍液、20％井冈·三环唑悬浮剂 600～800 倍液等喷雾防治，根据病情发展，每隔 10～15 天喷施 1 次，连喷 2～3 次。

发病期，可选用 70％甲基硫菌灵可湿性粉剂 600～750 倍液，在叶斑病和锈病发生严重的花生田，还可用 75％百菌清可湿性粉剂与以上药剂等量混合后喷施。一般每隔 10～15 天喷施一次，共喷施 2～3 次。

124. 如何防治花生褐斑病？

花生褐斑病（彩图 21、彩图 22），又叫"早斑病"，是我国花生上分布最广、为害最重的病害之一。花生初花期开始发生，多发生在花生生育中后期。病原菌为花生尾孢菌，属半知菌亚门真菌。南方春花生于 4 月开始发生，6～7 月为害最重。

（1）农业防治　选用抗病品种，叶片较厚、叶色较深的品种病斑扩展得较慢，气孔直径大的易感病，反之则抗病。实施合理轮作，与甘薯、玉米、水稻等作物轮作 1～2 年可减少田间菌源，收到病害明显减轻的效果，轮作年限越长，防病效果越显著。适期播种、合理密植、施足基肥等加强田间管理的措施，可促进花生健壮生长，提高抗病力，减轻病害发生。花生收获后，及时清除田间残株病叶，深耕深埋或用作饲料，均可减少菌源，减轻病害。

（2）化学防治　花生发病初期，当田间病叶率达 10％～15％时，应及时施药防治，可选用 80％代森锰锌可湿性粉剂 600～800 倍液＋70％甲基硫菌灵可湿性粉剂 800～1000 倍液，或 50％福美双可湿性粉剂 500～600 倍液＋25％联苯三唑醇可湿性粉剂 600～800 倍液喷雾预防。

也可每亩选用 50％硫黄·代森锰锌可湿性粉剂 140～175g，或 50％硫黄·多菌灵可湿性粉剂 160～240g、40％硫黄·百菌清可湿性粉剂 150～200g、80％代森锌可湿性粉剂 60～80g、80％代森锰锌可湿性粉剂 60～75g、75％百菌清可湿性粉剂 100～120g 等，兑水 40～50kg，均匀喷雾，视病情间隔 7～15 天施药 1 次，连续 2～3 次。

田间发病较多，多数叶片发现病斑时，应加强防治，可每亩选用 12.5％烯唑醇可湿性粉剂 25～33g，或 25％戊唑醇可湿性粉剂 25～30g、30％己唑醇悬浮剂 20～30mL、25％代森锰锌·多菌灵可湿性粉剂 100～200g、25％联苯三唑醇可湿性粉剂 50～80g、36％甲基硫菌灵悬浮剂 30～40mL、70％多菌灵·硫黄·代森锰锌可湿性粉剂 150～170g、50％氯溴异氰尿酸可溶粉剂 40～80g、1.8％辛菌胺醋酸盐水剂 150～250mL、12.5％烯唑醇可湿性粉剂 32g、10％苯醚甲环唑水分散粒剂 20～40g、50％咪鲜胺锰盐可湿性粉剂 50～60g，兑水 40～50kg 均匀喷雾，间隔 5～7 天施药 1 次，连喷 2～3 次。

也可选用 45％三唑酮·福美双可湿性粉剂 800～1200 倍液，或 20％三唑酮·硫黄悬浮剂 600～800 倍液、75％百菌清＋70％硫菌灵（1∶1）1000～1500 倍液、30％氧氯化铜＋70％百菌清（1∶1）1000 倍液、75％百菌清＋50％咪鲜胺可湿性粉剂（1∶1）1000～1500 倍液、40％多·硫悬浮剂 600 倍液、20％络氨铜水剂 500 倍液等喷雾防治。每亩用 50％苯甲·丙环唑乳油 10～20mL，兑水 40～50kg 喷雾，对花生叶斑病具有较好的防治作用，连续施用 2 次能够理想地控制病害的发生发展，且在连续阴雨天气仍能发挥良好的作用。

要注意交替使用不同类型的杀菌剂，以防止耐药和抗药性的产生。在第一次叶面喷药时用 100mL 药液灌墩，防治效果最好。

125. 如何防治花生黑斑病？

花生黑斑病（彩图 23、彩图 24），又称"黑疸病""晚斑病""黑涩病"，是我国花生上分布最广、为害最重的病害之一。花生整个生长季节均可发生，发病盛期为花生的生长中后期。病原菌为球座尾孢菌，属半知菌亚门真菌。发生高峰在花生收获前 3～20 天。常与褐斑病混合发生。

（1）农业防治　因地制宜选种抗（耐）病品种或无病种子。适时播种，合理密植，重病田与甘薯、玉米、水稻、棉花等作物实行 2 年以上的轮作。避免偏施氮肥，施足基肥，增施磷钾肥，适时喷洒多效唑或壮饱安等植物生长调节剂，调控植株生长。雨后及时清沟排渍降湿。花生收获后，及时清除田间病残体，集中烧毁或沤肥，深耕土壤。

（2）化学防治　在发病初期，当田间病叶率达到 10％以上时，每亩可选用 70％甲基硫菌灵可湿性粉剂 70～90g，或 25％联苯三唑醇可湿性粉剂 50～80g、50％咪鲜胺锰盐可湿性粉剂 40～60g、50％氯溴异氰尿酸可溶粉剂 40～80g、1.8％辛菌胺醋酸盐水剂 150～250mL、25％丙环唑乳油 30～50mL 等，兑水 40～50kg，均匀喷雾。

也可选用 75％百菌清可湿性粉剂 600～800 倍液，或 50％多菌灵悬浮剂 600～800 倍液、50％腐霉利可湿性粉剂 800～1000 倍液、

24％腈苯唑悬浮剂 1000～1500 倍液、12.5％烯唑醇可湿性粉剂 1000～2000 倍液、10％苯醚甲环唑水分散粒剂 1500 倍液、30％苯甲·丙环唑悬浮剂 3000 倍液、60％吡唑·代森联 1000 倍液、40％氟硅唑乳油 5000～7000 倍液等，均匀喷雾，亩喷药液 40～50kg。喷药时宜加入 0.03％的有机硅或 0.2％的洗衣粉作为展着剂，间隔 10～15 天喷 1 次，连喷 2～3 次，药剂应交替施用，可兼治其他叶斑病。

126. 如何防治花生灰斑病？

花生灰斑病是常见的叶部次要病害之一，病原菌为花生灰斑病菌，属半知菌亚门球壳孢目叶点霉属。高温、高湿有利于病害发生。

（1）**农业防治**　选用抗（耐）病品种。与玉米、甘薯、大豆等实行轮作。合理密植，科学施肥、增施磷钾肥，大雨后及时清沟排水降湿。适时喷洒多效唑或壮饱安等植物生长调节剂。花生收获后，清除田间病残体，集中烧毁或沤肥，深耕深翻土壤。

（2）**化学防治**　在发病初期，及时喷洒药剂进行防治。

每亩可选用 80％代森锰锌可湿性粉剂 60～75g，或 50％多菌灵悬浮剂 50～80mL、50％咪鲜胺锰盐可湿性粉剂 40～60g、30％烯唑醇悬浮剂 10～20mL、1.8％辛菌胺醋酸盐水剂 150～250mL、300g/L 苯甲丙环唑乳油 20～30mL 等，兑水 40～60kg，均匀喷雾。

也可选用 75％百菌清可湿性粉剂 500～600 倍液，或 50％腐霉利可湿性粉剂 800～1000 倍液、70％甲基硫菌灵可湿性粉剂 1500～2000 倍液、50％氯溴异氰尿酸可溶粉剂 800～1000 倍液、25％戊唑醇可湿性粉剂 1500～2000 倍液、17％唑醚·氟环唑悬浮剂 800～1000 倍液等，均匀喷雾，每亩喷药液 40～60kg。喷药时宜加入 0.03％的有机硅或 0.2％的洗衣粉作为展着剂，间隔 10～15 天喷 1 次，连喷 2～3 次，可兼治其他叶斑病害。

127. 如何防治花生病毒病？

花生病毒病（彩图 25）是对花生危害很严重的病害，为害我国花生的共有 4 种病毒，分别是花生条纹病毒病（花生轻斑驳病毒病）、花生黄花叶病毒病（花生花叶病）、花生矮化病毒病（花生普通花叶病毒病）和花生斑驳病毒病。地膜春花生在 5 月中、下旬至 6 月上旬发病，露地春花生在 5 月下旬至 6 月上、中旬发病，夏花生在 6 月下旬至 7 月上旬发病。

（1）农业防治

① 搞好病害检疫　禁止从病区调种。

② 采用无毒或低毒种子　病毒花生种子是病害主要初侵染源，因此选用无毒种子，可以减少或杜绝毒源，有效防治病害。在病区应淘汰珍珠豆小粒型品种，选用大粒型品种。播种无毒种子防病效果在 90％以上。无毒种子可由无病区或轻病区调入，或隔离繁殖。要选无病田或无病株留种，无病留种田应与大田花生隔离 100m 以上。

③ 加强田间管理　适期早播可以使花生提早发育，当蚜虫从中间寄主向花生田迁飞为害时，花生已具有一定的抗性。推广地膜覆盖种植，地膜具有一定的驱蚜效果，可以减轻病毒病的为害。早期拔除种传病苗。及时清除田间和周围杂草，减少蚜虫来源，可减轻病害发生。

（2）化学防治　及时防治蚜虫、蓟马等传毒介体，是药剂防治花生病毒病的有效措施。防治病毒病的药剂与杀虫剂混用，可显著提高防治效果。

① 种子处理，防治传毒介体　在播种前，可选用 600g/L 吡虫啉微囊悬浮剂 2.5～4mL 拌花生种子 1kg，或选用 30％噻虫嗪种子处理悬浮剂按种子重量的 0.3％～0.5％，或 25％噻虫·咯·霜灵悬浮种衣剂按种子重量的 0.4％～0.8％，或用 30％萎锈·吡虫啉悬浮种衣剂按药种比 1∶（100～130）等进行包衣或拌种。

② 药剂喷雾，防治传毒介体　蚜虫、蓟马发生初期，每亩可选用 25g/L 溴氰菊酯乳油 20～25mL，或 5％啶虫脒可湿性粉剂 20～40g、50％抗蚜威可湿性粉剂 10～20g、25％噻虫嗪水分散粒剂 4～6g、1.8％阿维菌素乳油 20～30mL、20％氰戊·马拉松乳油 20～30mL，兑水 40～50kg，均匀喷雾。

也可选用 10％吡虫啉可湿性粉剂 2000～3000 倍液，或 2.5％高效氯氟氰菊酯乳油 2500～4000 倍液、240g/L 虫螨腈悬浮剂 1500～2500 倍液、25％辛·氰乳油 1000～1500 倍液、50％抗蚜威可湿性粉剂 2000 倍液、3％啶虫脒乳油 1000～2000 倍液、3.2％氯·苦参乳油 1000～1500 倍液等，均匀喷雾，亩喷药液 40～50kg，药液均匀喷施到花生植株上及田内外杂草等寄主上，间隔 7～10 天防治 1 次，连续防治 2～3 次。

③ 药剂喷雾，防治病毒病　在发病前或发病初期，每亩可选用 80％盐酸吗啉胍水分散粒剂 40～60g，或 50％氯溴异氰尿酸可溶粉剂 60～80g、8％宁南霉素水剂 80～100mL、0.1％大黄素甲醚水剂 60～100mL、1％香菇多糖水剂 100～150mL、2％氨基寡糖素水剂 150～250mL 等，兑水 40～50kg，均匀喷雾。

也可选用 1.2％辛菌胺醋酸盐水剂 200～300 倍液，或 0.5％几丁聚糖水剂 300～500 倍液、30％毒氟磷可湿性粉剂 500 倍液、5％菌毒清水剂 200～400 倍液、20％吗啉胍·乙铜可湿性粉剂 500～600 倍液、1.5％烷醇·硫酸铜（植病灵）乳剂 500～1000 倍液、2％宁南霉素水剂 200～250 倍液、0.5％菇类蛋白多糖水剂 300 倍液、2％嘧肽霉素水剂 500 倍液、24％混脂·硫酸铜水乳剂 400～500 倍液等，均匀喷雾，亩喷药液 40～50kg，每隔 7～10 天喷一次，连喷 3～4 次。

128. 如何防治花生青枯病？

花生青枯病（彩图 26、彩图 27）又叫青症、死苗、花生瘟等，是对花生危害严重、生产威胁大的病害。从苗期至收获期的整个生育期间均可发生，一般多在开花前后开始发病，盛花期为发病盛期。病原为茄青枯劳尔氏菌属细菌。高温、炎热的 6 月底至整个 7 月是发病高峰期。

（1）农业防治

① 实行轮作　有条件的地方将花生与水稻等进行水旱轮作，可明显减少发病，如南方一些地区春花生-晚稻-冬小麦和早稻-秋花生-冬小麦等耕作制度对防治青枯病具有明显效果。在北方没有水旱轮作条件的地方，轻病田实行 1～2 年的旱旱轮作，重病田实行 5 年以上的旱旱轮作，并注意避免流水传播。旱旱轮作主要是玉米、大麦、小麦、西瓜、甘蔗、甘薯、高粱等作物轮作，禁止与茄科、豆科、芝麻等易感染此病的植物轮作。

② 选用良种　因地制宜选用高产抗病良种。

③ 灌水泡田　花生或前作播种前进行短期灌水浸泡，造成土壤缺氧环境，可促使病菌大量死亡。

④ 加强栽培管理　对花生种植新区和零星发病地块，可尽早拔除病株并集中深埋或烧毁，不要将混用病残体的堆肥直接施入花生田

或轮作田，要经高温发酵后再施用。要适量增施腐熟且不带病菌的有机肥和磷、钾肥。每年种植花生前5～10天，翻耕地时每亩撒生石灰粉70～100kg，使土壤呈微碱性，以抑制病菌生长，减少发病。对病株苑部的土壤，最好也挖去并撒上生石灰粉。种花生时，在行沟中每亩撒施EM菌肥20kg，有以菌控病的好效果。种植花生时必须开好畦（行）沟、腰沟和田边沟，地块与地块之间还应开好隔离沟，雨后及时排水，防止湿气滞留，以防病害随流水传播。

（2）防治地下害虫 防治好蛴螬、蝼蛄等地下害虫，减少根部伤口，降低染病率。

（3）种子处理 花生播种前，按种子重量，可选用0.4％的50％琥胶肥酸铜可湿性粉剂，或0.5％～1％的20％噻菌铜悬浮剂，或0.2％～0.3％的3％中生菌素可湿性粉剂，或0.3％～0.5％的25％络氨铜水剂，或0.5％～1％的75％敌磺钠可溶粉剂等拌种。充分拌匀后即可播种，不要闷种，防止产生药害。

也可先浸湿种子，然后每千克种子用噁霉灵3～4g拌匀。或播种前采用32％克菌丹可湿性粉剂1000倍液浸种8～12小时，进行消毒灭菌。

（4）生物防治 每亩可选用10亿CFU/g多粘类芽孢杆菌可湿性粉剂450～700g，或3000亿个/g荧光假单胞杆菌粉剂450～700g、2％春雷霉素水剂150～175g、2％氨基寡糖素水剂200～250g等，兑水50～60kg。在花生始花期或发病初期，喷淋花生茎基部或灌根，每穴浇灌药液0.2～0.3kg，7～10天喷灌1次，共2～3次。

用青枯散菌剂750g浸种15～17kg，浸30分钟，防治青枯病效果达53.17％，是目前防治花生青枯病最理想的生物制剂。

（5）药剂灌根 在花生始花期或发病初期，每亩可选用20％叶枯唑可湿性粉剂100～200g，或20％噻森铜悬浮剂150～200mL、50％氯溴异氰尿酸可溶粉剂40～80g、41％乙蒜素乳油60～75mL、30％琥胶肥酸铜可湿性粉剂200～250g、77％氢氧化铜可湿性粉剂100～180g等，兑水50～60kg，喷淋花生茎基部，或浇灌花生根部，每穴浇灌药液0.2～0.3kg，7～10天喷灌1次，连防2～3次。

也可选用20％噻菌铜悬浮剂300～500倍液，或85％三氯异氰脲酸可溶粉剂500～600倍液、30％氧氯化铜悬浮剂600～800倍液、14％络氨铜水剂300倍液、47％春雷·王铜可湿性粉剂300～600倍液、12.5％松脂酸铜乳油 500～600 倍液、77％硫酸铜钙可湿性粉剂 400～600 倍液等均匀喷雾，亩喷药液 50～60kg，也可进行灌根处理，每株灌药液 250mL，隔 10 天 1 次，连灌 2～3 次。

对发病中心，可用高锰酸钾 600 倍液或 20％喹菌酮可湿性粉剂 1000 倍液，连续喷淋病穴或相邻的健株 2～3 次，控制该病蔓延。

喷洒硫酸铜：生石灰：硫酸铵为 1：2：7 的复配剂 1000～1500 倍液，也可用此药液灌蔸，每穴浇药液 200～250mL。

用 1kg 硫酸铜加含氮 15％的氨水 20kg，密封备用，或用硫酸铜 1kg 加碳酸氢铵 11kg，分别磨碎，充分混合后密封 24 小时备用。以硫酸铜计，加水 1200～1500 倍，发病时淋施病株及附近土壤。每株约淋药液 0.25L，做土壤处理，对预防青枯病有一定效果。但施药液时，不能作叶面处理，否则容易引起药害。

129. 如何防治花生疮痂病？

花生疮痂病（彩图 28、彩图 29）主要分布于南方各地花生种植区，可在整个生长期危害花生（春花生与秋花生）。病菌为半知菌亚门，黑盘孢目痂圆孢属落花生痂圆孢菌。初发期一般在 6 月中、下旬，7～8 月为盛发期。

（1）农业防治 应用抗病品种，淘汰那些种植多年的品种。实行与水稻轮作，不能与水稻轮作的，可与玉米、甘薯等作物轮作。田间病残物、收后的秸秆等都应集中烧毁，病秸秆、花生果壳等应在 3 月前处理完毕。播种前用液体石灰氮进行土壤消毒。有机肥未经腐熟，不得作旱田肥料。积极推广地膜覆盖种植花生的模式。配方施肥，施足基肥，增施磷钾肥，减少追肥的数量，可促进植株前期健壮生长，防止后期徒长，增强植株抗病能力。氨基酸微肥拌种也有明显增产效果。

（2）生物防治 出苗后喷施植物疫苗 S-诱抗素，间隔 10 天连喷 2 次，可有效提高植株的抗逆性和抗病性，增加花芽分化，为丰产打下基础。

（3）化学防治 用 25％多·硫可湿性粉剂 500 倍液，或 50％多菌灵可湿性粉剂、70％甲基硫菌灵可湿性粉剂 1000 倍液、75％百菌清可湿性粉剂 600 倍液、50％复合多菌灵可湿性粉剂 600～800 倍液、10％苯醚甲环唑可湿性粉剂 1000 倍液、30％苯甲·丙环唑乳油

2000～2500 倍液、12.5％烯唑醇可湿性粉剂 2000～3000 倍液、80％福·福锌（炭疽福美）可湿性粉剂 500～600 倍液、25％吡唑醚菌酯乳油 4000～6000 倍液、40％三唑酮·多菌灵可湿性粉剂 1000～1500 倍液、45％三唑酮·硫黄悬浮剂 1000 倍液、30％氧氯化铜＋75％百菌清（1：1）800～1000 倍液等喷雾防治，从发病初期开始，视病情隔 7～10 天施药一次，共施药 2～3 次，有明显的防治效果。

130. 如何防治花生炭疽病？

花生炭疽病（彩图 30）主要危害花生叶片，也可危害叶柄、茎秆。花生染病后，造成叶片干枯，影响植株结荚，降低荚果产量。病原为平头刺盘孢，属半知菌亚门黑盘孢目炭疽菌属真菌。

（1）农业防治

① 花生收获后及时清除病株残体。也可结合秋天深翻土地掩埋病株残体，但一定要将病株埋于 20cm 土壤下。

② 选用抗病品种，提倡轮作，加强栽培管理，合理密植，增施磷、钾肥，减少氮肥施用量；雨后及时清沟排水，不留积水，降低田间湿度。

（2）种子处理　播种前，可按药种比，选用 3％苯醚甲环唑悬浮种衣剂 1：（250～500），或 50％多菌灵可湿性粉剂 1：（100～200），或 1.5％咪鲜胺悬浮种衣剂 1：（100～120），或 41％唑醚·甲菌灵悬浮种衣剂 1：（273～820）等进行包衣或拌种。

也可按种子重量，选用 0.6％～0.8％的 25g/L 咯菌腈悬浮种衣剂，或 0.2％～0.4％的 50％异菌脲可湿性粉剂，或 0.04％～0.08％的 350g/L 精甲霜灵种子处理乳剂，或 0.5％～0.6％的 35％噻虫·福·萎锈悬浮种衣剂等进行包衣或拌种。或用种子重量 0.3％的 70％甲基硫菌灵＋70％百菌清可湿性粉剂（1：1），或 45％三唑酮·福美双可湿性粉剂、40％三唑酮·多菌灵可湿性粉剂等药剂拌种，拌后密封 24 小时后取出播种。

（3）药剂喷雾　结合防治其他叶斑病适时喷药预防。除结合黑斑病、褐斑病与斑枯病进行喷药兼治外，对花生炭疽病受害严重的田块，每亩可选用 30％己唑醇悬浮剂 20～30mL，或 75％百菌清可湿性粉剂 100～120g、12.5％烯唑醇可湿性粉剂 20～40g、40％氟硅唑乳油 8～10mL、30％醚菌酯悬浮剂 50～70g、50％咪鲜胺锰盐可湿性粉剂 40～60g 等，兑水 40～50kg，均匀喷雾。

还可选用 80％福·福锌（炭疽福美）可湿性粉剂 600 倍液，或 25％溴菌腈可湿性粉剂 600～800 倍液、50％福美双可湿性粉剂 600～800 倍液、24％腈苯唑悬浮剂 1000～1500 倍液、10％苯醚甲环唑水分散粒剂 1000～1200 倍液、43％戊唑醇悬浮剂 5000～7000 倍液、50％多菌灵可湿性粉剂 500 倍液＋80％福·福锌可湿性粉剂 500～600 倍液、70％甲基硫菌灵可湿性粉剂 800 倍液＋70％代森锰锌可湿性粉剂 600～800 倍液等喷雾防治，亩喷药液 40～50kg，连续 2～3 次，隔 7～15 天施药一次，交替喷施。喷药时可加入 0.03％的有机硅或 0.2％的洗衣粉作为展着剂。

131. 如何防治花生菌核病？

花生菌核病（彩图 31、彩图 32）是花生小菌核病和花生大菌核病的总称，花生大菌核病又称花生菌核茎腐病，属真菌病害，发病中后期，由菌丝体于病体上纠结形成菌核，故而得名。无性阶段属半知菌亚门无孢目丝核菌属立枯丝核菌，有性阶段属担子菌亚门。我国北方产区一般在 7 月上旬发病，高峰期在 7 月下旬至 8 月中旬，南方始发期和盛发期相应提早半月左右，始发期为 6 月中下旬发病，盛发期为 7 月上中旬至 8 月初。

（1）农业防治 选用抗病品种。轮作换茬。翻耕土地，在花生生长期间发现病株及时拔除就地烧毁，控制病原菌传播。

封锁初侵染源。花生菌核病初侵染源来自土壤，可通过控制病原基数减轻病害发生。在花生播种时，将除草剂与杀菌剂混合同时喷洒到地面，如果用除草膜，则不喷除草剂；如用普通地膜，可用乙草胺药液直接喷洒地面，然后覆膜即可，以达到防病除草的双重目的。采用氯溴异氰脲酸＋乙草胺、菌核净＋乙草胺、百菌清＋乙草胺、多·福·锌（绿亨 2 号）＋霜脲·锰锌＋乙草胺＋除草剂的方法，不但可防治花生菌核病，同时还可兼治叶斑病和花生其他病害。

（2）生物防治 可叶面喷洒井冈霉素、嘧啶核苷类抗菌素和中生菌素，或用绿色木霉菌剂等进行拌种。拌种和叶面喷洒结合进行比单独使用效果更好。叶面喷洒要注意避开强光，尤其是活体微生物制剂，喷在叶片中、下部或选择傍晚喷洒，效果最佳。

（3）种子处理 播种前，按药种比，可选用 25g/L 咯菌腈悬浮种衣剂 1∶（125～167），或 1.5％咪鲜胺悬浮种衣剂 1∶（100～120）、400g/L 萎锈·福美双悬浮种衣剂 1∶（160～200）、41％唑醚·甲菌灵悬浮种衣剂 1∶（273～820）等进行包衣或拌种，或者按种子重量，可选用 0.2％～0.4％的 3％苯醚甲环唑悬浮种衣剂，或 0.04％～0.08％的 35％精甲霜灵种子处理乳剂、0.1％～0.3％的 12.5％烯唑醇可湿性粉剂等进行拌种或包衣。

（4）土壤处理　结合春季耕翻整地，每亩可选用 50％福美双可湿性粉剂 2～3kg，或 80％多菌灵可湿性粉剂 2～3kg、70％敌磺钠可溶粉剂 3～5kg、70％甲基硫菌灵可湿性粉剂 2～3kg 等，加细土或水均匀混施于土壤中。

（5）药剂喷淋　花生花针期或发病初期，每亩可选用 50％异菌脲可湿性粉剂 80～100g，或 40％菌核净可湿性粉剂 100～150g、25％丙环唑乳油 30～50mL、50％咪鲜胺锰盐可湿性粉剂 40～60g、30％醚菌酯悬浮剂 50～70mL、40％多菌灵悬浮剂 175～250mL 等，兑水 40～60kg，均匀喷淋花生茎基部及地表。

也可选用 40％菌核净可湿性粉剂 800～1200 倍液，或 50％复方菌核净 1000 倍液、50％福美双可湿性粉剂 600～800 倍液、36％甲基硫菌灵悬浮剂 1000～1500 倍液、50％腐霉利可湿性粉剂 1000～1500 倍液、80％乙蒜素乳油 800～1000 倍液、50％异菌脲可湿性粉剂 1000～1500 倍液、10％苯醚甲环唑水分散粒剂 1000～1500 倍液、50％啶酰菌胺水分散粒剂 1000～1500 倍液、25％咪鲜胺乳油 1000 倍液、50％乙烯菌核利可湿性粉剂 1000 倍液等均匀喷施，每亩喷药液量 40～60kg。喷淋花生茎基部及地表，或灌根，每穴浇灌，每亩喷洒药液，或每穴喷淋浇灌药液 0.2～0.3kg。发病严重时，间隔 7～10 天防治一次，连续防治 2～3 次，药剂交替使用，药液喷足淋透，可兼治白绢病、茎腐病等土传病害。

132. 如何防治花生白绢病？

花生白绢病（彩图 33、彩图 34），又叫花生茎基腐病、白脚病、菌核枯萎病、菌核茎腐病、菌核根腐病，湿度大时病部产生白色绢丝状菌丝，并产生油菜籽状菌核。病原菌属半知菌亚门无孢菌目齐整小核菌，属真菌。一般田间 6 月下旬始见病斑，至 8 月下旬达到发病高峰。

（1）**农业防治**　花生白绢病是由土壤传染的病害，病菌在土壤中存活的时间较长，合理轮作是防治白绢病的基本措施。深耕改土，排涝防渍。科学使用氮、磷、钾肥，增施锌肥、钙肥和生物菌肥，不施未腐熟的有机肥。花生收获后，及时清除遗留田间的病株残体，集中烧掉或沤粪。及时深耕，将菌核和病株残体翻入土中。对偏酸性的土壤，结合翻耕，每亩施 30～50kg 石灰或石灰氮。

（2）**种子处理**　播种前，按药种比，可选用 25g/L 咯菌腈悬浮种衣剂 1：（125～167），或 50％多菌灵可湿性粉剂 1：（100～200），或 400g/L 萎锈·福美双悬浮种衣剂 1：（160～200）或 41％唑醚·甲菌灵悬浮种衣剂 1：（273～820）等进行包衣或拌种。

或者按种子重量，可选用 0.04％～0.08％的 35％精甲霜灵种子处理乳剂，或 0.2％～0.4％的 50％异菌脲可湿性粉剂、0.2％～0.4％的 3％苯醚甲环唑悬浮种衣剂、0.25％～0.5％的 25％多菌灵可湿性粉剂等进行拌种或包衣。先将药粉与 5～10 倍的细干土掺匀配成药土，用水湿润种皮，然后再用药土拌种，要使每一粒花生种子都拌药土。

也可用 40％多·硫悬浮液 300mL，或哈茨木霉液 500mL 拌种 100kg，或 3％苯醚甲环唑悬浮种衣剂 50g 拌种 15kg，晾干后播种。

（3）**土壤处理**　结合春季耕翻整地，每亩可选用 70％甲基硫菌灵可湿性粉剂 2～3kg，或 80％多菌灵可湿性粉剂 2～3kg、50％福美双可湿性粉剂 2～3kg、70％敌磺钠可溶粉剂 3～5kg 等，加细土或水均匀混施于土壤中。

（4）**药剂喷淋**　发病初期，每亩可选用 20％氟酰胺可湿性粉剂 75～125kg，或 25％丙环唑乳油 30～50mL、50％氯溴异氰尿酸可溶粉剂 40～80g、45％咪鲜胺水乳剂 30～50mL、30％醚菌酯悬浮剂 50～70g、6％井冈·嘧苷素水剂 400～500mL 等，兑水 40～60kg，喷施。

可选用 40％菌核净可湿性粉剂 1500 倍液，或 25％多菌灵可湿性粉剂 500 倍液、50％克菌丹可湿性粉剂 500 倍液、43％戊唑醇可湿性粉剂 150 倍液、50％异菌脲可湿性粉剂 1000 倍液、50％腐霉利可湿性粉剂 1000～1500 倍液、80％乙蒜素乳油 800～1000 倍液、25％吡唑醚菌酯乳油 4000～6000 倍液、25％丙环唑可湿性粉剂 1000～2000

倍液、5％井冈霉素水剂 1000 倍液、28％多菌灵·井冈霉素悬浮液 1000～1500 倍液、20％萎莠灵乳油 1500～2000 倍液、50％甲基硫菌灵可湿性粉剂 800 倍液、20％甲基立枯磷可湿性粉剂 500 倍液等淋灌病株，每穴喷淋或浇灌药液 0.2～0.3kg，发病严重的，每隔 7～10 天用药一次，连续 3～4 次。在病害发生时期，喷施木醋液 400 倍液防治，可取得良好的效果。

（5）**茎部喷施**　用 40％菌核净可湿性粉剂每亩 80g，或 40％克菌灵可湿性粉剂每亩 80g，兑水 75kg，于 7 月下旬至 8 月上旬喷洒植株茎基部。

133. 如何防治花生冠腐病？

花生冠腐病（彩图 35）又称黑霉病、曲霉病、黑曲霉病。主要在花生苗期发生，成株期花生较少。病原菌为半知菌亚门丝孢目曲霉属黑曲霉菌真菌。田间花生感病一般发生于发芽后 10 天以内。

（1）**农业防治**

① 实行轮作　合理轮作，轻病地与玉米、高粱等非寄主作物轮作 1 年，重病地轮作 2～3 年可减轻病害。

② 加强田间管理　精细整地，根据天气及土质情况注意适当浅播、晚播，深浅均匀，创造有利于幼苗萌发出土的土壤条件，可减轻发病；播种后若遇雨，雨后及时松土，增加土壤通气性，以利于幼苗出土。及时排除田间积水，促使花生健壮生长，能减轻病菌危害。田间除草、松土时不要伤及根部。

（2）**化学防治**　播种前种子处理是防治花生冠腐病的有效措施，花生齐苗后至开花前是防治的关键时期，可兼治茎腐病、根腐病、白绢病、立枯病等土传病害。

① 种子处理　播种前，按药种比，可选用 25g/L 咯菌腈悬浮种衣剂 1：（125～167），或 1.5％咪鲜胺悬浮种衣剂 1：（100～120），或 41％唑醚·甲菌灵悬浮种衣剂 1：（273～820）等进行包衣或拌种。或按种子重量，可选用 0.2％～0.4％的 3％苯醚甲环唑悬浮种衣剂，或 0.5％～1％的 50％甲基硫菌灵可湿性粉剂，或 0.2％～0.4％的 50％异菌脲可湿性粉剂，或 0.5％～0.6％的 35％噻虫·福·萎锈悬浮种衣剂等进行包衣或拌种。

或在拌种前将种子先浸 24 小时后沥干，再用种子重量 0.3％的

50％多菌灵可湿性粉剂或 40％三唑酮·多菌灵或 45％三唑酮·福美双可湿性粉剂等拌种，或用种子重量 0.5％的 50％多菌灵可湿性粉剂浸种 24 小时（药液浸没种子为度）。也可用种子重量 0.2％的福美双可湿性粉剂浸种 24 小时。

② 药剂喷雾　花生齐苗后和开花前，或发病初期，当病穴（株）率达到 5％时，应及时喷药防治。每亩可选用 50％多菌灵可湿粉剂 100～120g，或 75％百菌清可湿性粉剂 100～120g、50％氯溴异氰尿酸可溶粉剂 40～80g、30％醚菌酯悬浮剂 50～70mL、30％己唑醇悬浮剂 20～30mL、25％联苯三唑醇可湿性粉剂 50～80g 等，兑水 50～60kg，喷淋花生茎基部或灌根，使药液顺茎秆流到根部。

也可选用 50％多菌灵可湿性粉剂 600～800 倍液，或 50％福美双可湿性粉剂 600～800 倍液、36％甲基硫菌灵悬浮液 500 倍液、25％咪鲜胺乳油 600～800 倍液、15％噁霉灵水剂 450 倍液、80％乙蒜素乳油 800～1000 倍液、24％腈苯唑悬浮剂 1000 倍液、25％戊唑醇水乳剂 1500～2000 倍液、58％甲霜·锰锌可湿性粉剂 600 倍液、40％丙环唑乳油 2000～2500 倍液、5％井冈霉素水剂 1500 倍液等，均匀喷淋花生茎基部，每亩喷药液 50～60kg，或每穴浇灌药液 0.2～0.3kg。发病严重时，间隔 7～10 天防治 1 次，连续防治 2～3 次，药剂交替使用，药液喷足淋透。

对发病集中的病株，用 50％多菌灵可湿性粉剂或 70％甲基硫菌灵可湿性粉剂 800 倍液灌根，从每穴花生主茎顶部灌 200～250mL 药液，顺茎蔓流到根部，防治效果很好。

134. 如何防治花生茎腐病？

花生茎腐病（彩图 36、彩图 37），又称颈腐病、倒秧病、烂腰病，俗称烂脖子病，是花生上常见的一个毁灭性病害，主要造成烂根、烂秧、死苗，一般发生在中后期。病原菌为棉壳色单壳孢，属子囊菌亚门囊孢壳属。其发病呈现两个高峰，一是 5 月下旬～6 月下旬；二是 8 月份夏直播花生逐渐进入开花下针期时。

（1）农业防治

① 种子管理　适时收获，避免种子受潮，防止发霉；及时晒干种子，保证含水量不超过 10％；安全贮藏，注意通风防潮；不使用霉变种子、变质种子播种；麦套花生早播的花生发病轻；选用抗病

品种。

② 播前晒种　晒种可很好地杀死果壳上的病菌，同时提高种子发芽率，可在播前选晴好天气将花生摊晒 1～2 天再播种。

③ 加强管理　合理轮作，最好和小麦、高粱、玉米等禾本科作物轮作。施用腐熟肥料，密度适宜，及时中耕，雨后及时排涝，促进秧苗健壮，增强植株抗病能力，降低感病机会。清除田间病株残体，深翻改土，以减少土壤中的病菌基数。

（2）种子处理

① 药剂包衣或拌种　播种前，按药种比，可选用 25g/L 咯菌腈悬浮种衣剂 1∶（125～167），或 50％多菌灵可湿性粉剂 1∶（100～200），或 15％福・克悬浮种衣剂 1∶（40～50），或 22％苯醚・咯・噻虫悬浮种衣剂 1∶（150～200）等进行包衣或拌种。或者按种子重量，可选用 0.2％～0.4％的 3％苯醚甲环唑悬浮种衣剂，或 0.3％～0.8％的 50％福美双可湿性粉剂，或 0.04％～0.08％的 350g/L 精甲霜灵种子处理乳剂，或 0.5％～0.6％的 35％噻虫・福・萎锈悬浮种衣剂等进行包衣或拌种。

或用种子重量 0.3％～0.5％的 70％甲基硫菌灵可湿性粉剂拌种，或 50％的多菌灵可湿性粉剂按种子重量的 0.3％拌种，先将种子用清水湿润后再与多菌灵搅拌均匀即可播种，也可用 40％多菌灵胶悬剂 50g 兑水 1.5～2kg，拌花生种子 15～20kg，要注意随拌随播种。杀虫、杀菌剂可混合使用，一般先拌杀虫剂再拌杀菌剂。

② 药剂浸种　播种前药剂浸种是预防花生茎腐病的有效措施，花生齐苗后和开花前是防治的关键时期。用 50％或 25％的多菌灵可湿性粉剂，按种子重量的 0.5％或 1％浸种。方法是用 25～30kg 水先将药粉在水中搅匀后再倒入 50kg 种子，浸 24 小时，中间翻动 2～3次，使种子将药水基本吸干，即可播种。或用 0.3％～0.5％种子重量的 50％福美・拌种灵（拌种双）可湿性粉剂浸种，或以种子重量的 0.2％～0.3％掺土拌种。

③ 化学防治　在播种前没有用多菌灵拌种或浸种的，应在苗期喷药补救。方法是用 40％多菌灵胶悬剂 1000 倍液，或 25％多菌灵可湿性粉剂 500 倍液，于齐苗后和开花前喷洒 2 次，每次每亩用药液 75～100kg。

在花生齐苗至初花期最迟于刚见病时及时防治，防止扩散蔓延，每亩可选用80％多菌灵可湿性粉剂60～80g，或50％氯溴异氰尿酸可溶粉剂40～80g、30％醚菌酯悬浮剂50～70mL、25％联苯三唑醇可湿性粉剂50～80g、12.5％烯唑醇可湿性粉剂30～40g、10％苯醚甲环唑水分散粒剂50～80g等，兑水50～60kg，喷淋花生茎基部或灌根，使药液顺茎秆流到根部。

也可选用50％多菌灵可湿性粉剂或70％甲基硫菌灵可湿性粉剂600～800倍液、50％福美双可湿性粉剂600～800倍液、25％咪鲜胺乳油600～800倍液、80％乙蒜素乳油800～1000倍液、10％多抗霉素可湿性粉剂1000～1500倍液、20％三唑酮乳油1500～2000倍液等灌根，亩用药液50～60kg，去掉喷头，从每穴花生主茎顶部灌200～250mL药液，顺茎蔓流到根部，防治效果很好。

用70％甲基硫菌灵可湿性粉剂＋75％联苯三唑醇可湿性粉剂（1∶1）1000倍液，或30％氢氧化铜＋70％代森锰锌可湿性粉剂（1∶1）1000倍液、70％硫菌灵＋75％百菌清可湿性粉剂（1∶1）1000～1500倍液、40％三唑酮·多菌灵1000倍液等，在花生齐苗后、开花前各喷一次，或在发病初期喷药2～3次，着重喷淋花生茎基部，效果较好。

对发病集中的植株，用50％多菌灵可湿性粉剂500～600倍液或70％甲基硫菌灵可湿性粉剂800倍液灌根，从每穴花生主茎顶部灌200～250mL药液，顺茎蔓流到根部，防治效果很好。

135. 如何防治花生根腐病？

花生根腐病（彩图38、彩图39），俗称老鼠尾、烂根。在花生各生育期均有发生，开花结荚盛期发病重。由半知菌亚门的镰刀菌侵染引起。应采取以耕作栽培防病为主、药剂防治为辅的综合防治措施。

（1）农业防治 因地制宜确定轮作方式、作物搭配和轮作年限。轻病田块采取隔年轮作，重病田轮作3～5年。

播种前土壤需保持一定湿度，过于干旱要适当淋水，严禁在盛花期、雨前或久旱后猛灌水，午后不能小水浅灌，以免烫伤花生根部，大雨过后要及时做好田间排水工作；施足底肥，增施磷、钾肥，施用的厩肥要充分腐熟；精细整地，提高播种质量；视天气条件适期播种；注意施用净肥，抓好田间卫生。田间发现病株应立即拔除，集中烧毁；拔除病株后，在发病株穴中撒施石灰，避免向附近健株蔓延，造成传染。对病株穴进行灌根消毒灭菌，防止病菌扩散蔓延。花生收获后及时清除田间植株和病残体，集中烧毁和搬离田间堆沤处理。

（2）种子处理　做好种子的收、选、晒、藏等工作；播前翻晒种子，剔除变色、霉烂、破损的种子。播种前，按药种比，可选用3%苯醚甲环唑悬浮种衣剂1∶（250～500），或400g/L氟硅唑乳油1∶（125～167）、1.5%咪鲜胺悬浮种衣剂1∶（100～120）、30%萎锈·吡虫啉悬浮种衣剂1∶（100～130）等进行包衣或拌种；或按种子重量，可选用0.6%～0.8%的2.5%咯菌腈悬浮种衣剂、0.04%～0.08%的35%精甲霜灵种子处理乳剂、0.1%～0.3%的12.5%烯唑醇可湿性粉剂、0.5%～0.7%的22%苯醚·咯·噻虫悬浮种衣剂等进行包衣或拌种。

用种子重量0.3%的40%三唑酮·多菌灵可湿性粉剂拌种，密封24小时后播种。最好的办法是采用花生专用种衣剂拌种。20%绿野花生种子包衣剂能提高花生的成苗率，能有效防治花生根腐病，提高花生产量，以药∶种＝1∶40处理花生种子最佳。

（3）药剂灌根　齐苗后加强检查，发现病株随即采用喷雾或淋灌办法施药封锁中心病株。用80%乙蒜素乳油1000倍液配合叶面喷洒肥料控制病情蔓延。或每亩选用70%甲基硫菌灵可湿性粉剂70～90g，或70%敌磺钠可溶粉剂300～500g、50%氯溴异氰尿酸可溶粉剂40～80g、30%醚菌酯悬浮剂50～70mL、25%戊唑醇可湿性粉剂25～35g、20%辣根素水剂5L、10%苯醚甲环唑水分散粒剂50～80g等，兑水50～60kg，喷淋花生茎基部或灌根，使药液顺茎秆流到根部。

也可选用35%福·甲可湿性粉剂800倍液，或20%二氯异氰尿酸可溶粉剂300倍液、85%三氯异氰尿酸可溶粉剂1500倍液、54.5%噁霉·福可湿性粉剂700倍液、50%腐霉利可湿性粉剂600～800倍液、70%噁霉灵可湿性粉剂1500倍液、25%咪鲜胺乳油1500倍液、3%噁霉·甲霜水剂800倍液、10%多抗霉素可湿性粉剂1000～1500倍液、20%三唑酮乳油1500～2000倍液、50%多菌灵可湿性粉剂500～1000倍液等灌根，每亩喷药液50～60kg，或每穴浇灌药液0.2～0.3kg，发生严重时，隔7～10天左右1次，连续喷灌2～3次。

（4）药剂喷雾　发病初期，可选用50%多菌灵可湿性粉剂600～

800 倍液，或 70％福美双可湿性粉剂 700～800 倍液、72.2％霜霉威水剂 400～600 倍液、70％敌磺钠可湿性粉剂 800～1000 倍液、70％甲基硫菌灵可湿性粉剂 500～800 倍液、10％混合氨基酸铜（双效灵）水剂 200～300 倍液、50％络氨铜可湿性粉剂 1000 倍液、77％氢氧化铜可湿性粉剂 500～800 倍液、50％咪鲜胺锰盐可湿性粉剂 800～1000 倍液、80％乙蒜素乳油 800～1000 倍液、高锰酸钾 600～1000 倍液、40％三唑酮·多菌灵可湿性粉剂 1000 倍液等进行喷雾。每亩用药液量 30～45kg，喷叶时最好加生根剂或花生叶面肥及植物生长调节剂。每隔 7 天喷 1 次，连喷 2～3 次，可控制病情的蔓延。

还可选用混配剂 50％福美双可湿性粉剂 500 倍液＋50％多菌灵可湿性粉剂 600～800 倍液、45％代森铵水剂 400～600 倍液＋70％甲基硫菌灵可湿性粉剂 800～1000 倍液等喷雾。

136. 如何防治花生果腐病？

花生果腐病（彩图 40、彩图 41），又称花生烂果病，是世界性的花生土传病害。花生结荚期到收获期均可发病。病原为复合病原，包括多种病原真菌（镰孢菌属、丝核菌属、腐霉菌属等真菌）、植物寄生线虫和土壤中的螨类，称之为"花生果腐病复合体"。发病盛期为 7 月下旬至 9 月中旬的结荚盛期，常和其他病虫害混合发生。控制花生果腐病应采取以农业防治为基础，多种方式相结合的综合防治措施。

（1）农业防治　选用抗（耐）病品种或无病种子，病田荚果不留种，播种前精选种子。合理轮作，可与小麦、玉米、谷子、甘薯、蔬菜等作物轮作，重病田实行 3～5 年轮作。

配方施肥，施用充分腐熟有机肥，减少氮肥，增施钙、锌、硼、硫、锰、钼等大微量元素肥，增施生物菌肥，增加土壤有益菌的含量，减低有害菌的含量，对于预防果腐病发生也有明显效果。

选择地势高、土壤疏松、排水良好的地块起垄种植花生，忌大水漫灌、串灌，雨后及时清沟排渍。及时清除果壳等病残体，集中烧毁。

（2）化学防治　播种前杀虫剂和杀菌剂混合包衣或拌种，整地时进行药剂土壤处理，发病初期用药液喷洒发病株或灌根。蛴螬、金针虫、地老虎等地下害虫啃咬荚果，会给荚果留下伤口，伤口处易遭受病菌侵染，尤其是土壤中大量存在镰刀菌，就会轻易传播病菌，造成果腐病发生。因此应及时防治地下害虫、线虫、根腐病等病虫害。

① 种子处理　播种前，按药种比，可选用25％噻虫·咯·霜灵悬浮种衣剂1：（125～250），或15％福·克悬浮种衣剂1：（40～50）等进行包衣或拌种；或者按种子重量，可选用0.5％～0.6％的35％噻虫·福·萎锈悬浮种衣剂，或0.5％～0.7％的22％苯醚·咯·噻虫悬浮种衣剂等进行包衣或拌种。

在花生播种前，选用杀菌剂和杀虫剂二合一拌种剂进行拌种处理，可以有效降低病虫害的发生概率，对于预防果腐病的发生效果显著。如可选用30％噻虫嗪种子处理悬浮剂2.5～5mL，或600g/L吡虫啉微囊悬浮种衣剂2.5～4mL，或30％毒·辛微囊悬浮剂15～25mL，加25g/L咯菌腈悬浮剂6～8mL，或1.5％咪鲜胺悬浮种衣剂8～10mL，或12.5％烯唑醇可湿性粉剂1～3g等，杀虫剂加杀菌剂混合拌花生种子1kg。拌种时加入含有解淀粉芽孢杆菌等的菌肥，防治效果更佳。

② 土壤处理　春季结合耕翻整地，每亩可选用50％福美双可湿性粉剂2～3kg，或70％甲基硫菌灵可湿性粉剂2～3kg、80％多菌灵可湿性粉剂2～3kg、70％敌磺钠可溶粉剂3～5kg等，加适量细土或水，均匀撒施或喷雾于土壤中。

③ 药剂灌根　在花生结荚初期或发病初期，每亩可选用50％氯溴异氰尿酸可溶粉剂40～80g，或30％醚菌酯悬浮剂50～70mL、50％咪鲜胺锰盐可湿性粉剂40～60g、20％氟酰胺可湿性粉剂75～125g、25％丙环唑乳油30～50mL、10％苯醚甲环唑水分散粒剂50～80g等，兑水50～60kg喷施，重点喷淋花生茎基部，使药液顺茎秆流到根部。

也可选用25％络氨铜水剂300～500倍液，或50％腐霉利可湿性粉剂1000～1500倍液、80％乙蒜素乳油800～1000倍液、70％噁霉灵可溶粉剂1000～1500倍液、43％戊唑醇悬浮剂5000～7000倍液等，灌根或喷淋花生茎基部，每穴浇灌0.2～0.3kg。间隔7～10天防治1次，连续防治2～3次，药剂交替施用，药液喷足淋透，可兼治根茎部病害。药液中添加杀虫剂，同时防治地下害虫，效果更好。

137. 如何防治花生焦斑病？

花生焦斑病（彩图42），也称花生早斑病、枯斑病、斑枯病、叶焦病、叶烧病、胡麻斑病。是花生常见性病害，是一种发生在叶部的真菌性病害，病原菌为落花生小光壳菌，属子囊菌亚门真菌。

（1）农业防治 采用轮作、深翻、掩埋病株残体，适当早播，降低密度，覆盖地膜等措施。合理施肥，施足基肥，不要过晚、过量施用氮肥，增施有机肥和磷、钾肥，适时喷施叶面营养剂，使植株健壮生长，提高抗病力。整治排灌系统，提高植地防涝抗旱能力，雨后及时清沟排渍降湿。在病害严重发生地区应用抗病品种。

（2）化学防治 本病在花生花针期前就会少量发生，喷药预防宜早，常发地区应在齐苗后植株开始发棵时就喷药，一般也应于植株封行或花针期前进行施药。可选用80％代森锰锌可湿性粉剂600～800倍液＋70％甲基硫菌灵可湿性粉剂1000倍液，或75％百菌清可湿性粉剂600～800倍液＋50％多菌灵可湿性粉剂1000倍液，均匀喷雾。

在花生焦斑病发病初期，每亩可选用80％代森锰锌可湿性粉剂60～100g，或50％多菌灵悬浮剂50～80mL、50％咪鲜胺锰盐可湿性粉剂40～60g、70％甲基硫菌灵可湿性粉剂70～90g、50％氯溴异氰尿酸可溶粉剂40～80g、12.5％烯唑醇可湿性粉剂25～35g等，兑水40～50kg均匀喷雾。

也可选用75％联苯三唑醇可湿性粉剂500～800倍液，或1∶2∶200倍波尔多液、75％百菌清可湿性粉剂500～800倍液、6％戊唑醇微乳剂800～1000倍液、40％三乙膦酸铝可湿性粉剂300～400倍液、12.5％烯唑醇可湿性粉剂800～1500倍液、50％福美双可湿性粉剂600～800倍液、50％腐霉利可湿性粉剂800～1000倍液、10％苯醚甲环唑水分散粒剂1500倍液、30％苯甲·丙环唑悬浮剂3000倍液、20％三唑醇乳油1000～2000倍液、43％戊唑醇悬浮剂5000～7000倍液、40％氟硅唑或腈菌唑乳油6000倍液、2％嘧啶核苷类抗菌素水剂200～300倍液、1.5％多抗霉素或中生菌素300倍液等喷雾防治，每亩喷药液40～50kg。病害防治在病叶率10％～15％，病情指数3～5时开始第一次喷药，以后视病情发展，隔10～15天喷1次，病害重的喷2～3次，前密后疏，喷匀喷足。喷药时宜加入0.03％的有机硅或0.2％的洗衣粉作为展着剂。

138. 如何防治花生网斑病?

花生网斑病（彩图43、彩图44），又称褐纹病、云纹斑病、污斑病、泥褐斑病，是花生叶斑类病害中蔓延快、危害最重的病害之一。病原菌为花生网斑病菌，属半知菌亚门的茎点霉属。8月份降雨大，病害易流行，8～9月是发病盛期。

（1）农业防治　收获时彻底清除病株、病叶，以减少翌年病害初侵染源。越冬分生孢子生活力一般不超过1年，因此与其他作物合理轮作1～2年，可以减轻病害发生。花生品种间抗病性存在差异，推广种植抗病品种能显著减轻网斑病造成的损失。冬前或早春深耕深翻，将部分生土翻到地表，全面覆盖地面，将越冬病菌埋于地表20cm以下，可以明显减少越冬病菌初侵染的机会。适期播种，合理密植。增施基肥和磷肥、钾肥，不偏施氮肥，并适当增补钙肥。合理灌溉，雨后及时排出田间积水，降低田间湿度。及时中耕除草，提高植株抗病力。使用的有机肥要充分腐熟，并不得混有植株病残体。用花生专用肥最好。优化种植，垄种或大垄双行种植较平种好。

（2）化学防治　杀菌剂与除草剂混用封锁初侵染源，于花生播种后1～2天喷施25%联苯三唑醇乳油500倍液＋50%乙草胺乳油150mL/亩或硫黄悬浮剂250倍液＋50%乙草胺乳油150mL/亩，可延迟发病15～20天。

花生发病初期，当田间病叶率10%～15%时，应及时施药防治，可选用50%福美双可湿性粉剂500倍液＋12.5%烯唑醇可湿性粉剂600～1000倍液，或75%百菌清可湿性粉剂600～800倍液＋50%多菌灵可湿性粉剂600～800倍液、80%代森锰锌可湿性粉剂600～800倍液＋70%甲基硫菌灵可湿性粉剂800～1000倍液等，均匀喷雾，视病情间隔7～15天施药1次，连续防治2～3次。也可每亩选用80%代森锰锌可湿性粉剂60～75g，或50%多菌灵悬浮剂50～80mL、50%咪鲜胺锰盐可湿性粉剂40～60g、25%戊唑醇可湿性粉剂30～40g、50%氯溴异氰尿酸可溶粉剂40～80g、25%丙环唑乳油30～50mL等，兑水40～50kg，均匀喷雾。

于花生饱果期的7月中下旬开始，叶面喷施杀菌剂，可选用50%多·硫可湿性粉剂1000倍液，或80%硫黄水分散粒剂500～1000倍液、10%多抗霉素可湿性粉剂1000～1500倍液、40%氟硅唑乳油 5000～7000 倍液、12.5％腈菌唑乳油 2000～3000 倍液、75％甲基硫菌灵可湿性粉剂 1500 倍液、64％噁霜灵可湿性粉剂 500 倍液、10％氟嘧菌酯乳油 2000～3000 倍液、70％乙铝·锰锌可湿性粉剂 500 倍液、40％三乙膦酸铝可湿性粉剂 300～400 倍液、10％苯醚甲环唑水分散粒剂 2000～3000 倍液、75％百菌清＋70％甲基硫菌灵（1：1）可湿性粉剂 1000～1500 倍液、30％氧氯化铜悬浮剂＋75％百菌清可湿性粉剂（或代森锰锌 1：1）1000 倍液等喷雾防治，每隔10～15 天喷 1 次，连喷 2～3 次。药剂交替轮换施用，可兼治其他叶斑病害。

139. 如何防治花生根结线虫病？

花生根结线虫病（彩图 45、彩图 46）俗称地黄病、地落病、黄秧病、秸黄病等，是花生上发生危害严重的一种毁灭性病害。危害我国花生的根结线虫有两个种，即北方根结线虫与花生根结线虫。

（1）农业防治

① 加强检疫　严格检疫老花生区，花生根结线虫是一种检疫对象。异地调种时，一定要做好种子检疫工作，不从病区调种子，必调时，应将荚果含水量降至 10％以下，也可先剥壳后调种。同时，根结线虫寄主范围广，调运其他寄主作物时也要严格实行检疫制度。

② 实行轮作　病地可与小麦、玉米、大麦、高粱、谷子、甘薯等作物实行 2～3 年轮作，能显著减少土壤内的虫口密度。轮作年限愈长，虫口密度愈小。有条件的地区实行水旱轮作，效果最好。

③ 清洁田园　病地花生收获后不带出田外，病残体就地晒干，集中烧毁。收花生时要深挖细收，做到病根、病果不遗留于土壤中。同时将杂草寄主连根拔出，集中烧毁。另外，不用病残体沤肥、喂牲畜，以防根结线虫混入粪肥，传播危害。

④ 加强田间管理　深翻改土，合理施肥，增施有机肥，减轻病害。通过创造花生良好的生长条件，增强抗病力，减轻病害，特别是增施鸡粪，鸡粪有明显防治线虫病的效果。修建排水沟，合理灌水，忌串灌，防止流水传播。病田挖隔离沟（四围挖深沟约 65cm）。干燥致死或减轻病害，利用其不抗干旱特性，花生收获时进行深刨，可把

根上的线虫带到地表，通过干燥消灭一部分线虫。利用秋季高温，翻地晒土，促使病根上的虫瘿死亡，压低虫源。精细耕作，均能减轻根结线虫病的危害。

（2）生物防治　国外应用淡紫拟青霉菌和厚垣孢子轮枝菌能明显地降低花生根结线虫群体和消解其卵。播种期，每亩可选用5亿活孢子/g淡紫拟青霉颗粒剂3～5kg，或2.5亿个孢子/g厚孢轮枝菌微粒剂3～6kg，或1.5%阿维菌素颗粒剂2～3kg等，拌细土20～25kg，撒施于播种沟或穴内。花生团棵期，每亩可选用10亿CFU/mL蜡质芽孢杆菌悬浮剂5～8L，或0.5%氨基寡糖素水剂1.5～2.5L，或3%阿维菌素微囊悬浮剂1～2L等，兑水200～400kg灌根，灌根后浇水效果更佳。

用海洋生物制剂"农乐一号"每亩1kg加物理保护剂无毒高脂膜1.83kg拌种，防治花生线虫病，使种子表面形成一层超薄保护膜。

（3）化学防治　播种时药剂沟施或穴施，春花生出苗后1个月（侵染盛期）应用药剂灌根。播种前20cm深土层内线虫密度达到每千克土壤中有幼虫（卵）30条（粒）时，要及时进行药剂防治。

① 土壤处理　播种时，每亩可选用10%灭线磷颗粒剂3～5kg，或5%噻唑膦颗粒剂4～6kg、3%阿维·吡虫啉颗粒剂1.5～3kg等，加细土20～25kg拌匀制成毒土，撒施于播种沟或穴内，覆土后播种，或进行15～25cm宽的混土带施药。

熏杀线虫，每0.5kg药兑水15～20kg，于播前10～15天开沟施入，沟距30cm、沟深15～20cm，施后随即耙耢覆土，防止药液挥发，并压平表土，密闭闷熏。熏蒸剂剧毒、易挥发，使用时要注意人畜安全。

② 药剂灌根　花生出苗后1个月时，每亩可选用20%噻唑膦水乳剂1～2L，或40%三唑磷乳油1～2L、25%阿维·丁硫水乳剂1000～2000倍液等灌根，每穴浇灌药液0.2～0.3kg。灌根后需浇水或抢在雨前喷淋茎基部，可兼治蛴螬、金针虫等地下害虫。

140. 如何防治花生黄曲霉菌侵染和毒素污染？

黄曲霉菌和寄生曲霉菌是弱寄生菌，在花生生长后期能侵染花生荚果、种子。

（1）**选用抗多种病害的花生品种** 从理论上看，选用抗黄曲霉病的花生品种是控制黄曲霉毒素污染最经济有效的方法。一般果壳坚硬、种皮光滑、果仁偏小的品种抗性较强。南方选用早熟品种，使收获期提前，避开收获时的雨季，是避免黄曲霉菌感染的一个行之有效的方法。瘠薄红壤旱地，一般选用小籽、中籽品种，比大籽品种不易感染黄曲霉病菌。

（2）**种植地块的选择** 土壤中真菌的种类，因生态类型和土壤类型而异，能产生黄曲霉毒素的真菌有黄曲霉菌和寄生曲霉菌。轻质壤土中，青霉菌属种类占优势；中度壤土，镰孢属种类占优势；黏重土，曲霉菌属种类占优势。花生生长后期土壤含水量低时，黄曲霉菌和寄生曲霉菌迅速繁殖，成为优势菌群体。因此，种植花生的田块，以选择轻壤或沙壤土为最好。地势要平坦、肥沃、排灌方便，没有工业和城市污染，避免连作。

（3）**施肥管理** 施肥以基肥为主，追肥为辅。基肥以有机肥为主，追肥宜早不宜迟。一般中等田块每亩用有机肥 $1000\sim3000kg$ ＋过磷酸钙 $50kg$ 混沤 25 天后全层施肥，起畦后开穴前再施用花生专用肥 $20kg/$ 亩于畦面。开花期每亩施花生专用肥 $10kg$ ＋尿素 $5kg$。氮肥不宜过多，氮肥过多易造成植株徒长，倒伏。病虫害多，造成黄曲霉毒素污染加重。

（4）**种子处理** 选用无霉菌、无破伤的大粒饱满种子作种。播种前晒 $2\sim3$ 天，增强种子活力，然后剥壳。种子采取拌种或包衣处理。浸种催芽能缩短土中出苗时间，预防种子和幼苗感病。

（5）**适时播种，合理密植** 适时播种有利于花生稳健生长和适时收获，合理密植能保证花生群体通风透光，调整土壤温度和湿度，减少病虫害的发生，从而对黄曲霉菌侵染起到控制作用。

（6）**加强病虫害防治，减少黄曲霉菌侵染途径** 土壤中的蛴螬、螨类、蟓虫、线虫等害虫侵袭花生荚果将所携带的黄曲霉菌传染给花生，土壤中的黄曲霉菌从虫损部位感染荚果，受地下害虫侵袭的花生荚果黄曲霉毒素通常很高。地下害虫发生严重的地区，在播种时沟施可用广谱性杀虫剂如辛硫磷等。

因外因感染锈病、叶斑病而枯死的花生，其荚果黄曲霉菌感染率也很高。喷施杀菌剂防治叶斑病，防止花生早衰，特别是花生生育后期，花生白绢病容易引起花生茎腐、果腐，喷施甲基硫菌灵、木酢液等可取得良好的效果。

（7）结荚期和荚果充实期免中耕培土 在结荚期和荚果充实期中耕、除草、培土等，容易造成荚果破损而感染黄曲霉菌，因此，采用播种后喷乙草胺、异丙甲草胺除草剂或用除草地膜覆盖栽培，防除杂草，对控制黄曲霉毒素污染有较好的作用。

（8）合理排灌 种子在成熟过程中因土壤温度和湿度的波动可引起种皮和荚果自然爆裂，特别是花生生长后期（收获前1个月）遇到干旱和高温可显著提高黄曲霉菌侵染率及产毒率。田间荚果的含水量在14%～30%时最易受黄曲霉菌感染。在干旱情况下，黄曲霉菌侵染的起始温度为25～27℃，最适温度为28～30℃。正常灌溉时，不管土壤温度多少，完好的荚果均无黄曲霉菌感染，干旱期随着温度的增加常使花生黄曲霉菌感染率增加。

另外，生育后期田间渍水易造成烂果。因此，起畦后应做好田间的三级排灌沟，保证花生生育期的供水排水需求。在花生收获前1个月内，应密切注意土壤水分情况和天气情况，如出现干旱少雨天气，土壤含水量低于35%时，应立即沟灌润畦，保证花生生育后期对水的需求，预防收获前黄曲霉毒素污染。没有灌溉条件的旱地，采用农膜覆盖栽培，可达到节水抗旱的目的。

（9）适期收获 在花生成熟期遇严重干旱又缺少灌溉的条件下，提前或适时收获，收获后及时晒干荚果，把花生种子含水量控制在8%以下，花生黄曲霉菌感染率很低。花生收获过早，荚果不饱满，秕果多，出仁率低；收获过晚，烂果、霉果和发芽果增多，造成减产，黄曲霉菌污染加重，特别是含水量低于30%时种子容易感染黄曲霉菌。花生收获期可依据各品种常规收获期适当提前5～10天，饱果指数达到65%以上时要抓紧收获，适当提前收获可减少烂果、霉果，基本上不影响产量和品质，又可提前上市。不适当的收获方式如机械脱果、脱粒等会造成荚果受损，也会增加黄曲霉菌的感染率。收获后及时把留在土壤中的残膜捡出，同时还要注意摘除花生秧上的残膜，避免牲畜误食造成伤害。

（10）及时干燥贮藏 花生果收获后要及时晒干，防止发霉，种子含水量达8%～10%，即可入库保存。

第三节　花生主要虫害、鼠害的识别与防治

🦠 141. 如何防治花生地里的蛴螬？

蛴螬（彩图 47）是鞘翅目金龟科幼虫的总称，别名大头虫、大牙、地狗子、地漏子、地蚕、核桃虫、蛭虫等。蛴螬成虫通称金龟子、金龟甲，别名瞎撞、金翅亮、金巴牛、绒马褂等。蛴螬在我国各花生产区均有发生，花生的各个生育阶段皆可受到蛴螬为害。

（1）农业防治

① 冬季深翻　把春耕改为冬耕，深翻土壤，不仅能起到冻垡改良土壤的作用，而且可以利用冬季小鸟在田间觅食的特点，杀死耕翻后裸露于土壤表皮的越冬成虫和幼虫。耕作在小雪前后，即蛴螬越冬后、土壤封冻前进行。

② 轮作换茬　轮作换茬是减少土壤中蛴螬最直接有效的方法，轮作年限越长效果越好。重茬地种植蛴螬非寄主作物后，可降低土壤中的蛴螬密度，如将花生与小杂粮、甘薯和玉米等进行轮作。稻茬花生可以根治大黑鳃金龟，对暗黑鳃金龟和铜绿丽金龟也有较好的防效。

③ 合理施肥　金龟子对未腐熟的粪肥有强烈的趋性，常常将卵产入其中，为了防止粪肥携带虫卵，在施用前，可用 2% 阿维菌素乳油 1000 倍液均匀喷施粪肥。按照每平方米粪肥加入 25kg 碳酸氢铵的比例，将粪肥与化肥充分混合后密闭腐熟，播种前再将处理过的腐熟粪肥施入田间，可有效减轻蛴螬的迁入危害。

④ 适时灌溉　蛴螬发育最适宜的土壤含水量为 15%～20%，土壤过干或过湿时，其卵无法正常孵化，幼虫死亡，成虫的繁殖和生活能力也严重受阻。因此，有灌溉条件的地方，应在秋末进行冬灌，水越大蛴螬死亡率越高。到翌年春季，蛴螬数量减少，作物受害减轻。蛴螬在湿地发生严重，干旱时下降到土壤底层，因此应在花生结果期做好田间排水工作，不为蛴螬发生提供适宜的土壤湿度。

（2）物理防治　利用太阳能频振式杀虫灯诱杀成虫，花生主产区以 80m 为半径悬挂 1 盏，悬挂高度 1.8m。根据蛴螬的出土、潜土特性，亮灯时间从 19 时 30 分开始，到 22 时 30 分结束。在花生田边

种植蓖麻，成虫取食后中毒死亡，有一定的防效。

（3）生物防治 蛴螬的捕食性天敌有土蜂、步行甲、蟾蜍、食虫虻等，病原微生物有白僵菌、绿僵菌、苏云金杆菌等，注意保护利用自然天敌。

利用生物制剂防治，每亩可用 150 亿个孢子/g 球孢白僵菌可湿性粉剂 250～300g，或 10 亿孢子/g 金龟子绿僵菌 CGMa128 微粒剂 3000～5000g 等，于花生下针期拌毒土撒施，然后中耕或浇水，使药剂掺入土中。

（4）化学防治 6 月底至 7 月下旬为金龟子卵孵化盛期和低龄幼虫期，是防治蛴螬的有利时期。花生蛴螬达到 1000 头/亩，或幼虫 1～2 头/m^2，或卵 3～5 粒/m^2，必须及时防治，可兼治金针虫和蝼蛄等地下害虫。

① 种子处理

a.拌种 用花生专用种衣剂拌种，带药播种。也可用 40％乐果乳油 0.5kg 加水 10kg，拌花生种子 350～400kg。

b.辛硫磷闷种 用 50％辛硫磷乳油 5kg，加水 20kg，拌种子 225kg 闷种，闷种时，选一背阴的平地，铺上一块塑料布，放上事先量好的种子，厚度以 16cm 左右为宜。用喷雾器把配好的药液喷在种子上，边喷边翻动，混拌均匀，然后将种子堆闷 3～4 小时，在堆闷过程中，每半小时翻动 1 次，严防药液下沉浸泡种子，影响发芽。闷后阴干即可播种。

② 种穴处理 播种时，每亩用 5％辛硫磷颗粒剂 2.5～3kg，撒盖在种子上，然后覆土，可兼治蚜虫、蓟马和金针虫。

③ 防治幼虫 开花下针期或卵孵化至低龄幼虫盛期，每亩可选用 2％高效氯氰菊酯颗粒剂 2500～3500g，或 5％辛硫磷颗粒剂 4000～5000g、3％阿维·吡虫啉颗粒剂 1500～2000g 等，撒施于花生根际并浅锄入土。也可每亩选用 30％辛硫磷微囊悬浮剂 1000～1500mL，或 48％噻虫啉悬浮剂 60～80mL、22％吡虫·辛硫磷乳油 450mL 等，拌毒土撒施或灌根，施药后浇水或抢在雨前施药。也可选用上述液体药剂在灌溉时顺水冲施，但用药量比灌根要增加 1～2 倍。发生严重的田块，可在 7～10 天后，再防治 1 次。

④ 防治成虫 在成虫发生盛期尚未产卵前，进行药剂喷杀及人工扑杀效果显著。可用 40％乐果乳剂 1000 倍液，或 20％甲氰菊酯乳

油 1000～2000 倍液、50％辛硫磷乳油 1000 倍液、90％敌百虫原药
1000 倍液喷雾防治。

142. 如何防治花生地里的地老虎？

地老虎（彩图 48）是鳞翅目夜蛾科切根夜蛾亚科昆虫的总称，
别名土蚕、地蚕、切根虫等。为害花生的主要是小地老虎、黄地老虎
和大地老虎三种。

（1）农业防治　杂草是地老虎产卵的场所，也是幼虫早期的食
料来源和向作物转移为害的桥梁。因此，春耕前进行精耕细作，或在
初龄幼虫期铲除杂草，可消灭部分虫、卵。实行水旱轮作可消灭多种
地下害虫。适当调节播种期，可避过地老虎的为害。有条件地区，在
地老虎发生后，根据作物种类，及时灌水，可收到一定效果。人工捕
杀幼虫，清晨在受害苗周围或沿着残留在洞口的被害茎叶周围，将土
拨开 3～5cm 深，即可发现幼虫，并在幼虫盛发期晚 8～10 时捕杀。

（2）物理防治

① 诱杀成虫　用糖、醋、酒诱杀液或甘薯、胡萝卜等发酵液诱
杀成虫。糖 6 份、醋 3 份、白酒 1 份、水 10 份、90％敌百虫 1 份，
调匀，或用泡菜水加适量农药，在成虫发生期设置，均有诱杀效果。
某些发酵变酸的食物，如甘薯、胡萝卜、烂水果等加入适量药剂，也
可诱杀成虫。

② 种植诱杀作物　在地中套种芝麻和红花草等，可诱集地老虎
产卵，减少药治面积。用泡桐叶或莴苣叶诱捕幼虫，于每日清晨到田
间捕捉；对高龄幼虫也可在清晨到田间检查，如果发现有断苗，拨开
附近的土块，进行捕杀。还可选择地老虎喜食的灰菜、刺儿菜、苦荬
菜、小旋花、苜蓿、艾蒿、青蒿、白茅等柔嫩多汁的鲜草，每 25～
40kg 鲜草拌 90％敌百虫原药 250g，加水 0.5kg，每亩用 15kg，黄昏
前堆放在苗圃地上诱杀成虫。

（3）生物防治　地老虎的天敌主要有寄生蜂、寄生蝇、步甲、
虎甲等寄生或捕食性昆虫，以及蜘蛛、细菌、真菌、线虫、病毒、微
孢子虫等，对地老虎的发生有一定的抑制作用，注意保护利用天敌。

（4）化学防治　地老虎 1～3 龄幼虫抗药性差，且暴露在寄主植
株或地面上，是药液喷雾防治的最佳时期。4～6 龄幼虫，因其隐蔽
为害，可使用撒毒土和灌根等方法进行防治。防治指标：百株花生幼

苗上有幼虫（或卵）3～6头（粒），或 0.5～1 头（粒）/m²，或被害株（穴）率达 3%～5%。

① 种子处理　播种前，按种子重量，可选用 0.4%～0.5% 的 50% 氯虫苯甲酰胺悬浮种衣剂等拌种或包衣。按药种比，可选用 3% 辛硫磷水乳种衣剂 1∶（30～40）等进行拌种或包衣。

② 毒土或毒沙　可选用 50% 辛硫磷乳油 500mL 加水适量，喷拌细土 50kg 配成毒土，每亩用毒土 20～25kg 顺垄撒施于幼苗根际附近。也可用烟叶末 0.5kg 拌细土 25kg 或细沙 50kg，于傍晚顺垄撒施在花生根部周围。

③ 毒饵或毒草　一般虫龄较大时可采用毒饵诱杀。可选用 90% 敌百虫原药 0.5kg 或 50% 辛硫磷乳油 500mL，加水 2.5～5.0kg，喷在 50kg 碾碎炒香的棉籽饼、豆饼或麦麸上，于傍晚在受害作物田间每隔一定距离撒一小堆，或在作物根际附近围施，每亩用 5kg。毒草可用 90% 敌百虫原药 0.5kg，拌砸碎的鲜草 75～100kg，每亩用 15～20kg。

④ 药液灌根　可选用 50% 马拉硫磷乳油 1000 倍液，或 40% 乐果乳油 1000 倍液、90% 敌百虫原药 800 倍液等灌根，或在灌溉时顺水冲施，但用药量比灌根要增加 1～2 倍。

⑤ 药液喷雾　每亩可选用 50% 辛硫磷乳油 50mL，或 2.5% 溴氰菊酯乳油 30～40mL、24% 灭多威可溶液剂 75～100mL、85% 甲萘威可湿性粉剂 120～160g、200g/L 氯虫苯甲酰胺悬浮剂 8～10mL、10.5% 甲维·氟铃脲水分散粒剂 20～40g 等，兑水 50～75kg，均匀喷雾。

也可选用 90% 敌百虫原药 800 倍液，或 50% 敌敌畏乳油 1000 倍液、2.5% 溴氰菊酯乳油 3000～5000 倍液、21% 增效氰·马乳油 800 倍液、25% 氰戊菊酯乳油 3000 倍液、1.8% 阿维菌素乳油 1500～2000 倍液、15% 茚虫威悬浮剂 2000～3000 倍液等喷雾防治。喷药适期应在幼虫 3 龄盛发前，在傍晚对花生幼苗及地表均匀喷雾，以喷湿地表为度，亩喷药液量 50～75kg。

⑥ 喷粉　春播可用 2.5% 敌百虫粉，用量为每亩 2～2.5kg。

143. 如何防治花生地里的金针虫？

金针虫（彩图 49），属鞘翅目叩头虫科，别名姜虫、铁丝虫、金齿耙等。在我国为害花生的金针虫主要有沟金针虫和细胸金针虫两种。

（1）农业防治 水旱轮作是根治金针虫的最好措施。结合农田基本建设，种植前要深耕多耙，收获后及时深翻；夏季翻耕暴晒；灌水灭虫，在金针虫为害期间，及时浇灌可有效防治；除草灭虫，消除田间杂草可消减成虫的产卵场所，减少幼虫的早期食物来源；合理施肥，增施腐熟肥，能改良土壤并促进作物根系发育、壮苗，从而增强作物抗虫能力。

（2）物理防治 采用灯光诱杀。利用沟金针虫的趋光性，在开始盛发和盛发期间在田间地头设置黑灯光，诱杀成虫，减少田间卵量。

（3）生物防治 金针虫天敌有蜘蛛、鸟雀、真菌等，注意保护利用自然天敌。利用细胸金针虫成虫对杂草的趋性，于成虫发生期，在田间畦埂周边，堆集 10～15cm 厚的新鲜略萎蔫的酸模、夏至草等杂草堆，每亩 40～50 小堆，在草堆内撒入少许 5％敌百虫粉或 5％乐果粉触杀性药剂，诱杀细胸金针虫效果良好。

（4）化学防治 花生田金针虫达到 1000 头/亩或 1.5 头/m^2 时，采取化学防治措施，可兼治蛴螬和蝼蛄等地下害虫。

① 种子处理 播种前，按种子重量，可选用 0.3％～0.4％的600g/L 吡虫啉悬浮种衣剂，或 2％～4％的 5％氟虫腈悬浮种衣剂等进行包衣或拌种。或按药种比，可选用 20％吡虫·氟虫腈悬浮种衣剂 1∶（60～100）等进行种子包衣或拌种。

或用辛硫磷闷种，用 50％辛硫磷乳油 5kg，加水 20kg，拌种子225kg。闷种时，选一背阴的平地，铺上一块塑料布，放上事先量好的种子，厚度以 16cm 左右为宜。用喷雾器把配好的药液喷在种子上，边喷边翻动，混拌均匀，然后将种子堆闷 3～4 小时，在堆闷过程中，每半小时翻动 1 次，严防药液下沉浸泡种子，影响发芽。闷种阴干后即可播种。

② 种穴处理 播种时，每亩可选用 5％辛硫磷颗粒剂 4000～5000g 等，拌毒土等沟施或穴施。或在花生开沟播种时，每亩用辛硫磷颗粒剂 2.5～3kg，撒盖在种子上，然后覆土，可兼治蚜虫、蓟马和金针虫。

③ 土壤处理 成虫活动和幼虫为害期，每亩可选用 3％辛硫磷颗

粒剂 6000～8000g，或 2％高效氯氰菊酯颗粒剂 2500～3500g，或 3％阿维·吡虫啉颗粒剂 1500～2000g 等，撒施于花生根际，或者选用 30％辛硫磷微囊悬浮剂 1000～1500mL，拌毒土撒施于花生根际，施药后浅锄入土。也可选用 50％马拉硫磷乳油 1000 倍液、90％敌百虫原药 800 倍液等灌根，施药后浇水或抢在雨前施药，效果更佳。也可选用上述液体药剂在灌溉时顺水冲施，但用药量比灌根要增加 1～2 倍。发生严重的田块，可在 7～10 天后再防治 1 次。

④ 喷杀成虫　在成虫出土高峰期，对已经出苗的花生田每亩用 5％高效吡虫啉可湿性粉剂 10～20g 或 25％氰戊·辛硫磷乳剂 30～40mL，兑水 30～40L，叶面喷雾防治成虫。

144. 如何防治花生叶螨？

叶螨属蜘蛛纲蜱螨目叶螨科，俗称红蜘蛛（彩图 50、彩图 51）、火龙，为害花生的叶螨主要有朱砂叶螨和二斑叶螨。一般于 6～8 月发生，7～8 月为害较重。

（1）农业防治　合理轮作，避免叶螨在寄主间相互转移危害；花生收获后及时深翻，既可杀死大量越冬的叶螨，又可减少杂草等寄主植物；清除田边杂草，消灭越冬虫源。选用优质、抗虫、抗病、包衣的种子。如种子未包衣，则用拌种剂或浸种剂防虫灭菌。

（2）天敌控制

① 以虫治螨　应注意保护、利用有效天敌，发挥天敌自然控制作用。叶螨天敌有 30 多种，如深点食螨瓢虫，幼虫期每头可捕食二斑叶螨 200～800 头，其他还有食螨瓢虫、暗小花蝽、草蛉、塔六点蓟马、小黑隐翅虫、盲蝽等。有条件的地方可保护或引进释放。当田间的益害比为 1∶（10～15）时，一般在 6～7 天后，害螨将下降 90％以上。

② 以螨治螨　保护和利用与花生叶螨几乎同时出蛰的小枕绒螨、拟长毛钝绥螨、东方钝绥螨、芬兰钝绥螨、异绒螨等捕食螨，以控制花生叶螨危害。

③ 以菌治螨　藻菌能使花生叶螨致死率达 80％～85％，白僵菌能使花生叶螨致死率达 85.9％～100％。

（3）生物防治　可选用 5％甲氨基阿维菌素苯甲酸盐水分散粒剂 3000～4000 倍液，或 1.8％阿维菌素乳油 2000～4000 倍液、0.65％

苘蒿素水剂 450～700 倍液、10％浏阳霉素乳油 1000～1500 倍液、0.5％藜芦碱可溶液剂 600～800 倍液等喷雾。

（4）化学防治　加强田间害螨监测，在点片发生阶段注意挑治。当花生田间发现发病中心或被害虫率达到 20％以上时，用杀螨剂进行喷药防治，喷药要均匀，一定要喷到叶背面；另外，对田边的杂草等寄生植物也要喷药，防止其扩散。

发生初期，每亩可选用 15％哒螨灵可湿性粉剂 40～60g，或 240g/L 虫螨腈悬浮剂 20～30mL、8％唑螨酯微乳剂 30～40mL、97％矿物油乳油 100～150mL、100g/L 联苯菊酯乳油 30～40mL、5％噻螨酮可湿性粉剂 50～80g 等，兑水 40～50kg，均匀喷雾。

也可选用 73％炔螨特乳油 1000 倍液，或 10％甲氰菊酯水乳剂 500～1000 倍液、200g/L 双甲脒乳油 1000～1500 倍液、25％三唑锡可湿性粉剂 1000～2000 倍液、24％螺螨酯悬浮剂 4000～6000 倍液、50％四螨嗪悬浮剂 2000～2500 倍液等叶面喷雾防治，亩喷药液 40～50kg，药液中宜加入 0.03％的有机硅或 0.2％的洗衣粉，药剂轮换使用，间隔 7～10 天喷 1 次，连续防治 2～3 次。药液喷在叶片背面，田间及周边其他寄主也要喷到，田间点片发生时进行挑治，普遍发生时全田防治。化学防治极易产生抗药性，提倡不同药剂交替施用。

145. 如何防治花生蚜虫？

蚜虫（彩图 52、彩图 53），俗称腻虫或蜜虫等，花生蚜虫即豆蚜，也称槐蚜、花生蚜、苜蓿蚜，属同翅目蚜虫科，是危害花生的重要害虫之一。花生从播种出苗到收获期，各生长阶段均可受到蚜虫为害，但以初花期前后受害最为严重。

（1）农业防治　避免连作，合理轮作。前茬作物收获后，及时清除田间杂草和杂物，减少虫源。要消灭越冬寄主，铲除杂草等，摘除被害叶片深埋，减少越冬虫量，减少虫源。蚜虫喜食碳水化合物，在栽培过程中，要多用腐熟的农家肥。不能一次性施肥太多，尤其是氮肥。

（2）生物防治　保护利用天敌进行花生蚜虫的防治是一种有效和无公害的方法。花生蚜虫的天敌种类多，控制效果比较明显，合理保护和利用当地蚜虫的天敌，当花生蚜虫天敌占一定比例时，不必施药，完全可以通过天敌来控制蚜虫的为害。如在蚜虫发生时，以

1：20 或 1：30 释放食蚜瘿蚊，12 天后防效可达 88％～91％；每平方米释放烟蚜茧蜂 415 头，防效可达 90％～95％；每隔一定距离投放 1 条草蛉卵箔条，有长久的防治效果；每平方米释放 3～115 头七星瓢虫（彩图 54）类捕食瓢虫，防效长久且稳定。在使用药剂防治蚜虫时应避免在天敌高峰期使用，同时要选用对天敌杀伤力小的农药品种，以保护天敌。

喷施生物制剂：每亩可选用 1.5％苦参碱可溶液剂 30～40mL，或 2.5％鱼藤酮悬浮剂 100～150mL、0.6％烟碱苦参碱油 60～120mL 等，兑水 40～50kg 喷雾；也可选用 10％多杀霉素悬浮剂 2000～3000 倍液，或 1.8％阿维菌素乳油 2000～4000 倍液、0.5％藜芦碱可溶液剂 600～800 倍液等，均匀喷雾，亩喷药液 40～50kg。间隔 7～10 天防治 1 次，连续防治 2～3 次。

（3）物理防治　利用蚜虫趋向黄色的特性，田间设置用深黄色调和漆涂抹的黄板，形状不拘，板面抹一层机油（黏合剂），一般直径 40cm 左右，悬挂高度 1m 左右，每隔 30～50m 悬挂 1 个，诱蚜效果较好。也可以放置黄皿诱杀。苗期具有明显的反光驱蚜作用，特别是使用银灰膜覆盖可以有效地减轻花生苗期蚜虫的发生与为害。

（4）化学防治　花生苗期蚜虫的防治，既要考虑到蚜虫对花生的直接为害，更要考虑到防治蚜虫对花生病毒病的影响，所以防治宜早不宜晚。

① 种子处理　播种前，可选用 30％噻虫嗪种子处理悬浮剂 2.5～5mL，或 600g/L 吡虫啉微囊悬浮种衣剂 2.5～4mL 等，拌花生种子 1kg。或者按药种比，选用 30％萎锈·吡虫啉悬浮种衣剂 1：（100～130），或 22％苯醚·咯·噻虫悬浮种衣剂 1：（150～200）等进行包衣或拌种。也可按种子重量，选用 0.5％～0.6％的 35％噻虫·福·萎锈悬浮种衣剂等进行包衣或拌种。

② 药剂喷雾　花生生长前期防治蚜虫，应选用高效、低毒、持效期较长的农药品种，可选用 25％噻嗪酮可湿性粉剂 2000 倍液，或 10％高效吡虫啉可湿性粉剂 2000～2500 倍液、20％阿维·辛乳油 2500 倍液、3％啶虫脒乳油 2500～3000 倍液、50％抗蚜威 2000 倍液、50％溴氰菊酯乳油 3000 倍液、40％乐果乳油 1000 倍液等叶面喷雾，防效期达 10～20 天。

花生中后期伏蚜的防治，应看天气而定，如果预报有 10 天以上的连阴雨，使平均气温降到 24～27℃，最高气温不超过 31℃，即可在伏蚜始盛期用药防治。如 24～27℃的天气不超过 5～7 天，通过高温就可控制花生蚜为害，则不需用药防治。中后期的伏蚜，可选用低毒、高效、速效性农药防治，如 25％氰戊·辛硫磷乳剂、20％氰戊菊酯乳油 2000～3000 倍液、2.5％高效氯氟氰菊酯乳油 2000～3000 倍液、50％辛硫磷乳油 2000 倍液，对花生基部喷雾防治。

也可在开花下针期用农药熏蒸。即在花生进入开花下针期，发生蚜虫为害时，每亩用 80％敌敌畏乳油 75～100g，加细土 25kg，顺花生垄沟撒施。在高温条件下，敌敌畏挥发熏蒸花生植株，杀死蚜虫防效可达 90％。亩用药液量为 30～40kg。

雨后初晴温湿适宜，十分有利于蚜虫的发生。因此，抓住雨后初晴进行防治，效果显著。

146. 如何防治花生斜纹夜蛾？

斜纹夜蛾（彩图 55），属鳞翅目夜蛾科，是一种食性较杂的暴食性害虫，我国各地均有分布，但以长江流域和黄河流域各花生产区为害较重。

（1）**农业防治**　除尽田间及周围的杂草，减少成虫产卵的场所；在化蛹期及时浅翻菜地或者灌水，消灭土中的幼虫和蛹，减少下一代虫源；搭配种植诱集作物，诱集斜纹夜蛾集中产卵，以利于集中歼灭；结合田间其他农事活动摘除卵块和初孵幼虫的叶片，对大龄幼虫也可人工捕捉并销毁；以有机肥为主，与氮、磷、钾复合肥配合施用，避免偏施铵态氮肥等；科学排灌水，促进根系生长，增强作物抗病虫能力。

（2）**物理防治**　利用斜纹夜蛾的趋光性，可采用黑光灯、频振式杀虫灯诱杀防治害虫。利用斜纹夜蛾的趋化性，可利用糖醋液诱杀防治成虫。利用性诱剂诱杀雄蛾，减少雌雄蛾交尾的机会。夏秋保护地可覆盖防虫网和遮阳网，防止斜纹夜蛾成虫侵入棚室产卵为害。

（3）**生物防治**　利用天敌就是尽可能地充分发挥天敌优势，来消灭或抑制害虫的发生，这种方法成本低、效果好，对人畜安全，还可防止环境污染，病虫不易产生抗药性。推广生物药剂防治，可减少污染，降低农药残留。目前已成功应用的生物农药主要有苏云金杆菌、病毒、昆虫病原线虫、微孢子虫、抗生素、昆虫生长调节剂、植物源杀虫剂等。如用含孢子量 100 亿/g 以上的苏云金杆菌 500～800 倍液、1.8％阿维菌素乳油 2000～3000 倍液，在幼虫 3 龄前点片发生时喷雾。

利用植物诱杀。在苗圃四周少量栽植一些芋头，斜纹夜蛾喜欢在芋头上产卵，块状卵产于叶背，初孵幼虫群集危害。利用这一习性，还可监测它的发生情况。另外，柳树蘸 500 倍敌百虫液，诱杀成虫效果良好。

（4）化学防治 根据斜纹夜蛾发生的世代数多、发生量大和易暴发成灾等特点，现今防治斜纹夜蛾的措施仍以化学防治为主。防治适期为卵孵盛期至 3 龄幼虫期，一般在卵高峰后 5 天左右开始喷药。幼虫防治指标：百株（穴）有卵 1 块或初孵幼虫"一窝"。

每亩可选用 25g/L 溴氰菊酯乳油 20～40mL，或 5％氯虫苯甲酰胺悬浮剂 40～60mL、40％丙溴磷乳油 80～100mL、21％氰戊·马拉松乳油 25～30mL 等，兑水 40～50kg，均匀喷雾。

也可选用 5％氟啶脲乳油或 5％氟虫脲乳油 1500 倍液（在卵孵化高峰期用药）、2.5％联苯菊酯乳油、5.7％氟氯氰菊酯 4000 倍液、50％辛硫磷乳油 1000～1500 倍液、240g/L 虫螨腈悬浮剂 1000～2000 倍液、15％茚虫威悬浮剂 3000～4000 倍液、50％氰戊·辛硫磷乳油 800～1000 倍液等喷雾防治，亩喷药液 40～60kg，均匀喷雾，隔 7～10 天一次，根据虫情酌情喷药 1～3 次，药液要喷匀、喷足，并让部分药液洒落到地面上。但长期以来，由于化学农药的大量使用，加上操作上的不规范，使斜纹夜蛾普遍产生了抗药性。应注意药剂的交替使用。

147. 如何防治花生甜菜夜蛾？

甜菜夜蛾（彩图 56），又名玉米叶夜蛾、贪夜蛾、白菜褐夜蛾等，是一种暴食性、多食性、间歇性大发生的害虫。

（1）农业防治 秋末冬初耕翻土壤，灌冻水，蛹期结合中耕培土或灌溉灭蛹。春季铲除杂草，消灭杂草上的初龄幼虫。结合田间管理，人工捕捉大龄幼虫，抹杀孵卵块和幼虫群。

（2）物理防治 成虫发生期，使用频振式杀虫灯、黑光灯、高压汞灯诱杀成虫，可同时诱杀棉铃虫、地老虎、金龟子等多种害虫。配制糖醋液（糖：醋：酒：水＝3：4：1：10）诱杀成虫。利用杨柳枝把诱捕成虫。使用甜菜夜蛾性诱剂诱捕成虫,每亩1~2个诱捕器,30~40天更换1次诱芯。

(3)生物防治 注意保护利用天敌,充分发挥天敌的自然控制作用。在卵盛期人工释放赤眼蜂。在卵孵化盛期至低龄幼虫期,喷洒生物制剂:每亩可选用30亿/mL甜菜夜蛾核型多角体病毒悬浮剂20~30mL,或10亿/mL苜蓿银纹夜蛾核型多角体病毒悬浮剂100~150mL、32000IU/mg苏云金杆菌可湿性粉剂40~60g等,兑水40~60kg,均匀喷雾;或选用5%氟啶脲乳油1000~1500倍液,或20%虫酰肼悬浮剂400~600倍液、3%甲氨基阿维菌素苯甲酸盐微乳剂4000~5000倍液等,均匀喷雾,亩喷药液40~60kg。

(4)化学防治 应掌握早治、巧治的原则,防治适期为卵孵盛期至3龄幼虫期。

每亩可选用2.5%高效氯氟氰菊酯微乳剂40~65mL,或50%敌敌畏乳油60~80mL、10%虱螨脲悬浮剂15~20mL、20%氟苯虫酰胺水分散粒剂15~20g、20%高氯·马乳油40~50mL等,兑水40~60kg,均匀喷雾。也可选用20%甲氰菊酯水乳剂1000~2000倍液,或10%虫螨腈悬浮剂1000~1500倍液、150g/L茚虫威悬浮剂2000~3000倍液、10%溴氰虫酰胺可分散油悬浮剂3000~4000倍液、30%甲维·丁醚脲悬浮剂6000~8000倍液等喷雾防治,亩用药液40~60kg,每隔7~10天喷1次,根据虫情酌情喷药1~3次,选在早晨或傍晚施药为宜,重点对植株叶背、心叶、根部和地面进行喷雾,注意轮换用药,可兼治蚜虫、小绿叶蝉、棉铃虫、银纹夜蛾等害虫。

🌼 148. 如何防治花生棉铃虫?

棉铃虫(彩图57)又叫番茄蛀虫,俗称钻心虫、青虫、棉桃虫等,属鳞翅目夜蛾科。近年来,成为花生主要害虫之一。

(1)农业防治 秋耕冬灌,压低越冬虫口基数。利用棉铃虫成虫喜欢在玉米喇叭口栖息和产卵的习性,可在春、夏花生田于花生播种时在畦沟边零星点播玉米,每亩150株左右,使第二、三代棉铃虫卵集中产在玉米上,然后集中防治玉米上的棉铃虫,每天清晨抽打心叶,消灭成虫,减少虫源。可减少化学农药的使用,保护天敌。

（2）物理防治

① 灯光诱杀　每 50 亩设置 1 只 20 瓦黑光灯，一般灯距 150～200m，高于植株 30cm，灯下放水盆或盛药锅，水面离灯管下端 2～3cm，水内滴入煤油或机油和少量药剂。白天捞虫后，加水、加油或加药，能设置高压电网黑光灯更好。高压汞灯及频振式杀虫灯诱蛾具有诱杀棉铃虫数量大、对天敌杀伤小的特点，宜在棉铃虫重发区和羽化高峰期使用。

② 杨树枝诱杀　利用棉铃虫成虫对杨树叶挥发物具有趋性和白天在杨树枝把内隐藏的特点，在成虫羽化、产卵时，在花生田里用长50cm 的带叶杨树枝条诱杀成虫，方法是 4～5 根捆成一束，每晚放10 多束，分插于行间，每天早晨捕捉。草把或杨树枝把应摆放在田内诱杀第一、二代成虫。

（3）生物防治

① 保护天敌　棉铃虫天敌很多，有寄生性天敌-寄生蜂、寄生蝇等，捕食性天敌鸟雀类，以及一些细菌、真菌、病毒等可对棉铃虫的卵和幼虫起到抑制作用。

② 喷施生物药剂　在卵孵化盛期至低龄幼虫期，每亩可选用8000IU/mg 苏云金杆菌可湿性粉剂 200～300g，或 10 亿/g 棉铃虫核型多角体病毒可湿性粉剂 80～100g、1.8％阿维菌素乳油 60～120mL等，兑水 40～60kg，均匀喷雾；或选用 5％氟铃脲乳油 300～600 倍液，或 25％灭幼脲悬浮剂 1500～2000 倍液、10％多杀霉素悬浮剂1500～2000 倍液等喷雾，每亩用药液量 40～60kg。

（4）化学防治

① 撒毒土　每亩用 2.5％敌百虫粉 3kg 加干细土 50kg，拌匀。毒土撒施在顶叶、嫩叶上。

② 喷雾　花生田棉铃虫应以 2～3 代为防治重点，防治指标为 4头/m²。防治适期为卵孵盛期至 2 龄幼虫期，以卵孵盛期喷药效果最佳。

每亩可选用 4.5％高效氯氰菊酯乳油 30～50mL，或 25g/L 溴氰菊酯乳油 20～40mL、40％辛硫磷乳油 75～100mL、40％灭多威可溶粉剂 45～60g、50g/L 虱螨脲乳油 50～60mL、20％氰戊·马拉松乳油 50～80mL 等，兑水 40～60kg，均匀喷雾。

或者每亩选用 20％甲氰菊酯乳油 1000～2000 倍液，或 10％溴氰虫酰胺可分散油悬浮剂 3000～4000 倍液、15％茚虫威悬浮剂 3000～4000 倍液、50％辛硫磷乳油 1000～1500 倍液、5％丁烯氟虫腈悬浮剂 2000～3000 倍液、2.5％高效氯氟氰菊酯乳油 2000～3000 倍液、5％高效吡虫啉乳油 2000～2500 倍液、20％氰戊菊酯乳油 1500 倍液、25％溴氰菊酯乳油 1500 倍液等喷雾防治，亩喷药液 40～60kg，每隔 7～10 天喷 1 次，根据虫情酌情喷药 2～3 次，轮换用药，可兼治蚜虫、蓟马、甜菜夜蛾、银纹夜蛾等叶部害虫。喷雾时喷头向下、向上翻转。

149. 如何防治花生新黑地珠蚧？

花生新黑地珠蚧（彩图 58），又称乌黑新珠蚧，俗称钢子虫、黑弹虫等，属同翅目蚧蚧科，是近年来在花生上新发现的一种突发性地下害虫。6 月下旬至 7 月上旬是 1 龄幼虫孵化盛期，7 月上旬是 2 龄幼虫为害盛期。

（1）农业防治　与小麦、玉米、芝麻、瓜类等非寄主作物轮作，可减少土壤中越冬虫源基数，减轻为害。6 月在幼虫孵化期结合深中耕除草，可破坏其卵室，消灭部分地面爬行的幼虫。6 月中旬是 1 龄幼虫孵化期，此时结合天气情况，及时浇水，抑制地面爬行幼虫活动，可杀死部分幼虫。若浇水时结合施药，效果更好。施药防治要抓好防治适期。

（2）化学防治　新黑地珠蚧在播种期和生长期进行防治，可兼治地下害虫等。其中 1 龄幼虫期，是药剂防治的关键时期和最佳时期。

①播种期土壤处理　播种时，每亩可选用 10％二嗪磷颗粒剂 1～1.5kg，混配细土 20～40kg，制成毒土，撒施于播种沟或穴内，然后覆土播种，也可选用 30％辛硫磷微囊悬浮剂 1000～1500mL，或 40％三唑磷乳油 1000～1500mL 等，加细土或水 30～40kg，制成毒土或毒液，撒施或喷雾于种沟、种穴内，或进行 15～25cm 宽的混土带施药、覆膜。

生长期防治最佳施药时间在 6 月下旬至 7 月上旬，若施药过晚，其珠形体外壳已经加厚，极难用药防治。可用以下药剂：50％辛硫磷乳油 200～300mL/亩，加细土 30～50kg 制成毒土，顺垄撒于花生根部，然后覆土浇水。

② 种子处理 播种前，按药种比，可选用 600g/L 吡虫啉微囊悬浮种衣剂 1：（200～300），或 8％氟虫腈悬浮种衣剂 1：（40～80）等进行包衣或拌种。或者按种子重量，选用 0.3％～0.6％的 30％噻虫嗪种子处理悬浮剂等进行包衣或拌种。

③ 药剂防治 生长期防治成虫（5 月中旬至 6 月上旬）及 1 龄幼虫（6 月中旬至 7 月上旬）：每亩可选用 2％高效氯氰菊酯颗粒剂 2.5～3.5kg，或 3％辛硫磷颗粒剂 5～8kg 等，混配细土 20～40kg，制成毒土，顺垄撒施。

或每亩选用 40％乐果乳油 400～600mL，拌细土 30～40kg，撒施田间，或者加水稀释 800～1500 倍，喷洒花生茎基部及地表，使药液淋溶到根际，或者灌根，每穴喷淋浇灌药液 200～300mL。施药后浇水，或者抢在雨前施药，可提高防治效果。平畦栽培的地块，也可选用上述液体药剂，加适量水稀释后，在灌溉时顺水冲施，施药量比灌根要增加 1～2 倍。发生严重的田块，可在 7～10 天后，再防治 1 次。

也可用 50％辛硫磷乳油 1000～1200 倍液，或 26％辛硫磷·吡虫啉乳油 500～1000 倍液直接喷洒到花生根部，效果很好。

150. 如何防治花生种蝇？

为害花生的种蝇属双翅目花蝇科，别名花生灰地种蝇，幼虫称根蛆，别名地蛆、种蛆等。

（1）农业防治 种蝇对有机肥料发酵气味有强烈趋性，所以使用的饼肥应充分腐熟，有机肥应深施或盖土，以避免种蝇产卵。

（2）土壤处理 每亩用 50％辛硫磷乳油 200～250g，兑水 10 倍，喷于 25～30kg 细土上拌匀成毒土，顺垄条施，随后浅锄或以同样用量的毒土撒于种沟或地面，随即耕翻，或混入厩肥中施用，或结合灌水施入。还可每亩用 5％辛硫磷颗粒剂 2.5～3kg 处理土壤，并兼治金针虫和蝼蛄。

（3）种子处理 用于拌种用的药剂主要有 50％辛硫磷乳油，其用量一般为药剂：水：种子＝1：（30～40）：（400～500）；也可用 25％辛硫磷胶囊剂等有机磷药剂或用杀虫种衣剂拌种，亦能兼治金针虫和蝼蛄等地下害虫。

（4）毒谷诱杀 每亩用 25％～50％辛硫磷胶囊剂 150～200g 拌

谷子等饵料 5kg 左右或 50％辛硫磷乳油 50～100g 拌饵料 3～4kg，撒于种沟中，兼治蝼蛄、金针虫等地下害虫。

（5）**加强预测**　预测成虫通常采用诱测成虫法。诱剂配方：糖 1 份、醋 1 份、水 25 份，加少量辛硫磷拌匀。诱蝇器用大碗，先放少量锯末，然后倒入诱剂加盖，每天在成蝇活动时开盖，及时检查诱杀数量，并注意添补诱杀剂，当诱器内数量突增或雌雄比近 1∶1 时，即为成虫盛期，应立即防治。

（6）**化学防治**　在成虫发生期，成虫产卵高峰及地蛆孵化盛期及时防治，地面喷粉用 5％杀虫畏粉剂，或趁清晨露水未干时，用 2.5％溴氰菊酯乳油 3000 倍液喷洒，隔 7 天 1 次，连续防治 2～3 次。当地蛆已钻入幼苗根部时，可用 50％辛硫磷乳油 1200 倍液，或 80％敌百虫可湿性粉剂 1000 倍液、25％喹硫磷乳油 1200 倍液灌根。

151. 如何防治花生蓟马？

蓟马（彩图 59）属于缨翅目蓟马科，为害花生的主要是花生田端大蓟马，又叫端带蓟马、花生蓟马、花生端带蓟马、豆蓟马、紫云英蓟马。

（1）**农业防治**　抓好田块及其周围田块中的杂草、枯枝落叶的清除工作，有助于减少或消灭越冬虫源；用灌溉调节田间小气候，可压低虫源基数；选合适时间栽植；培育和选用抗虫或对虫害有一定耐受性的花生新品种。

（2）**物理防治**　利用茶黄蓟马对绿色、黄色有强烈趋性的特点，采用黄色或绿色粘板诱杀蓟马。每亩放置 25cm×40cm 粘板 30 块，悬挂高度与花生株一致。

（3）**生物防治**

① 利用天敌　蓟马的天敌有蜘蛛和捕食性蓟马等。保护利用天敌控制蓟马危害，既经济，又利于保护环境、维持生态平衡。

② 生物药剂防治　每亩可选用 5％多杀霉素悬浮剂 40～50mL，或 0.3％苦参碱水剂 100～200mL 等，兑水 40～60kg，均匀喷施；也可选用 6％鱼藤酮微乳剂 1000～1500 倍液，或 1.8％阿维菌素乳油 2000～4000 倍液、20％复方浏阳霉素乳油 1000 倍液等，均匀喷雾，亩喷药液 40～60kg。

（4）**化学防治**　距越冬虫源近且虫源量大的地块，播种前宜进行种子处理。花生苗期，百株虫达 330 头以上或穴卷叶率达到 2.6%、株卷叶率达到 0.74% 时，花生开花期，每朵花内有虫 2~3 头时，即应进行防治。

① 种子处理　播种前，可按药种比，选用 1% 吡虫啉悬浮种衣剂 1：(30~40)，或 40% 溴酰·噻虫嗪种子处理悬浮剂 1：(200~250) 等进行包衣；也可按种子重量，选用 0.3%~0.6% 的 70% 噻虫嗪种子处理可分散粉剂，或 1%~2% 的 20% 吡虫·氟虫腈悬浮种衣剂等进行包衣或拌种，可兼治蚜虫、地下害虫等。

② 药剂喷雾　每亩可选用 600g/L 吡虫啉悬浮剂 4~6mL，或 2.5% 溴氰菊酯乳油 20~40mL、240g/L 虫螨腈悬浮剂 20~30mL、10% 溴氰虫酰胺悬浮剂 40~50mL 等，兑水 40~50kg，均匀喷雾。

也可选用 50% 辛硫磷乳油 1500 倍液，或 40% 乐果乳油 500 倍液、10% 高效氯氰菊酯乳油 5000 倍液、5% 啶虫脒乳油 1000~1500 倍液、240g/L 虫螨腈微乳剂 2000 倍液等喷雾防治，亩喷药液 40~50kg，间隔 7~10 天防治 1 次，连续防治 2~3 次，轮换使用，可兼治蚜虫、小绿叶蝉、蓟马、棉铃虫等。

152. 如何防治花生蚀叶野螟（卷叶虫）？

花生蚀叶野螟，即花生卷叶虫，别名花生黄卷叶螟、卷叶虫，属鳞翅目螟蛾科。卷叶虫为害花生时，幼虫吐丝卷缀叶片成苞（彩图 60、彩图 61），在卷叶内啃食叶肉，留下红褐色肉状薄膜，叶片皱缩或枯落，严重时全田一片红色。广州 6~7 月及 8~9 月间出现幼虫大量为害，福建 9 月中旬幼虫发生较多，9 月末至 10 月化蛹、羽化为成虫。

（1）农业防治　加强预测预报，做好虫情测报，在幼虫孵化盛期至幼虫卷叶前施药，可用触杀药剂进行防治。幼虫卷叶后，可摘除卷叶，集中消灭幼虫。

（2）化学防治　因该虫具有卷叶特性，一旦卷成虫苞，药液难以接触虫体，容易导致防治不力。应密切观察，在湖南，应提早到 5 月中下旬开始进行预防，最好在低龄幼虫（1~3 龄）期施药。可选用 2.5% 氯氟氰菊酯乳油 2000 倍液，或 50% 丙溴磷乳油 1000 倍液、10% 溴虫腈悬浮油 1000 倍液、5% 氟啶脲乳油 800 倍液、25% 噻虫嗪水分散粒剂 5000 倍液、90% 敌百虫原药 600 倍液、10% 吡虫啉乳油

3000 倍液、25％喹硫磷乳油 1500 倍液、50％辛硫磷乳油 1200 倍液、40％乐果乳油 1000 倍液等喷雾防治，隔 7～10 天一次，防治 2～3 次。

153. 如何防治花生大造桥虫？

大造桥虫，又名尺蠖、步曲、棉大造桥虫、棉叶尺蛾等。幼虫主要为害花生叶片及嫩芽。

（1）农业防治 花生播种前或收获后，清除田间及四周杂草，集中烧毁或沤肥，深翻地灭茬、晒土。合理密植，科学施肥，增施磷钾肥，重施基肥、有机肥；大雨过后及时排水降湿。

（2）物理防治 在成虫发生盛期，利用频振式杀虫灯、黑光灯等诱杀成虫。

（3）生物防治 注意保护和利用天敌。大发生年份，在卵盛期，释放赤眼蜂等天敌；在幼虫发生盛期，可选用 8000IU/mg 苏云金杆菌可湿性粉剂 150～200 倍液，或 25％除虫脲可湿性粉剂 1000 倍液、25％灭幼脲悬浮剂 1000 倍液、1％苦皮藤素水乳剂 1000～1500 倍液等喷雾。

（4）化学防治 一般不需要专门进行化学防治，在防治其他食叶害虫时可兼治。但当花生百株虫达到 40～50 头时，需要及时防治。

在卵孵化盛期至 3 龄幼虫盛期，每亩可选用 80％敌敌畏乳油 50～100mL，或 10％高效氯氟氰菊酯水乳剂 10～20mL、25g/L 溴氰菊酯乳油 20～40mL、25％甲萘威可湿性粉剂 200～250g、40％丙溴·辛硫磷乳油 40～60mL 等，加水 40～50kg，均匀喷雾。

也可选用 4.5％高效氯氰菊酯乳油 1000～2000 倍液，或 25g/L 联苯菊酯乳油 1000～2000 倍液、22％噻虫·高氯氟微囊悬浮剂 6000～8000 倍液、80％敌百虫可溶粉剂 1000 倍液、60％敌畏·马乳油 1000～1500 倍液、20％氰戊菊酯乳油 2000～3000 倍液、50％氰戊·辛硫磷乳油 1000 倍液等，均匀喷雾，亩喷药液 40～60kg。可兼治叶蝉、蓟马、蚜虫、棉铃虫、甜菜夜蛾等害虫。

154. 如何防治花生梨剑纹夜蛾？

梨剑纹夜蛾，又名梨叶夜蛾，属鳞翅目夜蛾科。主要为害叶片，有时也可造成较大的危害（彩图 62）。

当发生多时，可选用 25％喹硫磷乳油或 50％杀螟松乳油 1500 倍液；10％溴·马乳油、20％甲氰菊酯乳油 2000 倍液；2.5％高效氯氟氰菊酯乳油或 2.5％溴氰菊酯乳油、20％氰戊菊酯乳油 3000～3500 倍液，10％联苯菊酯乳油 4000～5000 倍液，50％辛硫磷乳油 1000～1500 倍液，20％氰戊菊酯乳油 2000 倍液，80％敌敌畏乳油 1000 倍液等喷雾防治。

155. 如何防治花生小绿叶蝉？

小绿叶蝉又名桃小浮尘子、桃小叶蝉、桃小绿叶蝉、茶小叶蝉，以成虫、若虫刺吸花生幼嫩的叶片、新芽和枝梢汁液。

（1）农业防治　加强田间管理，秋冬季节，彻底清除落叶，铲除杂草，集中烧毁，消灭越冬成虫。

（2）物理防治

① 利用灯光诱杀成虫　在成虫发生期，每 15 亩安装 1 只频振式杀虫灯，挂灯高度以 100cm 左右为宜。

② 利用黄色粘板诱杀　每亩用黄色粘板 30～40 片（25cm×20cm），悬挂高度以高于花生植株顶梢 20cm 为宜。

（3）化学防治　花生每百叶有虫 20～25 头时进行防治。花生丛枝病发生区，更应及早防治。

在成虫迁飞期及若虫孵化盛期，每亩可选用 25％噻虫嗪水分散粒剂 4～6g，或 5％啶虫脒乳油 20～40mL、5％高效氯氟氰菊酯水乳剂 30～50mL 等，兑水 40～60kg，均匀喷雾。

也可选用 600g/L 吡虫啉悬浮剂 8000～10000 倍液，或 50％辛硫磷乳油 1000～2000 倍液、25g/L 溴氰菊酯乳油 2000～3000 倍液、150g/L 茚虫威乳油 2000～3000 倍液等，均匀喷雾，亩喷药液 40～60kg。药液均匀喷施到叶片正背两面及田内杂草等寄主上，间隔 7～10 天喷 1 次，连续防治 2～3 次。可兼治蚜虫、棉铃虫、银纹夜蛾等害虫。

156. 如何防治花生蝗虫？

为害花生的蝗虫以中华蝗为主。中华蝗在我国南北各地均有发生，以长江流域和黄淮地区发生为重（彩图 63）。

（1）**农业防治**　利用冬闲，对入冬前发生量多的沟、渠边进行深耕晒垡，破坏越冬虫卵的生态环境，减少越冬虫卵。

（2）**保护天敌**　一般发生年份，利用青蛙、蟾蜍等捕食性天敌可基本抑制该虫发生。

（3）**化学防治**　发生较重的年份，可在 7 月初至中、下旬进行喷药防治，以后则视虫情每隔 10 天防治一次。可选用 2.5％高效氯氟氰菊酯乳油 2000～3000 倍液，或 5.7％氟氯氰菊酯乳油 1000～1500 倍液、20％阿维·杀虫单微乳剂 600～800 倍液（桑蚕地区慎用）等喷雾防治。

157. 如何防治花生鼠害？

危害花生的田鼠种类很多，主要有黑线仓鼠、黑线姬鼠、大仓鼠和褐家鼠等。

（1）**保护利用天敌**　在花生产区，鼠类的天敌有蛇、黄鼠狼、猫头鹰等，对控制鼠害有重要作用，应加以保护利用。

（2）**水旱轮作**　长期旱作的农田生态环境相对稳定，鼠害发生量大，为害重。实行水旱轮作，推广稻茬种花生，可以改变土壤生态环境，大大减少鼠害的发生。

（3）**深翻土壤**　在旱作地区，土地长期免耕少耕，甚至田埂、畦面多年不动，特别有利于害鼠的栖居、生活和繁殖。通过深翻土地、更新田埂和畦面，可以破坏害鼠的洞穴，使其死亡率增加、繁殖率降低，从而减轻鼠害。

（4）**清除杂草**　田间害鼠多栖居于田埂、沟渠、路边、墓地等杂草丛生的隐蔽处，因此消除杂草，使害鼠隐藏条件恶化、洞穴暴露于地面，从而破坏害鼠的生存环境，可使鼠量减少，为害程度则可减轻。

（5）**人工、器械捕杀**　在田间找到鼠洞，采用水灌、烟熏或人工挖洞等方法捕杀害鼠，也可用鼠夹、鼠笼、粘鼠板、铁丝套等捕鼠器械捕杀。

① **鼠夹**　在鼠洞边放置并固定鼠夹，上面放新鲜饵料，在乏食季节效果很好。田间的鼠夹一般放置于田埂、渠道、地角、路旁、荒地，夹距为 10m×20m，鼠夹应与道路方向垂直；农户的鼠夹放置于猪圈旁、后屋檐、厨房等，放在洞口、鼠道上。使用时应小心并避免

误捕家禽，用过的鼠夹必须用开水烫洗干净，除去异味。

②鼠笼　常用于农舍、农田灭鼠和科研捕鼠，鼠笼应放在害鼠经常活动的地方，顺鼠道布放，笼门朝鼠洞方向，位置要与洞口有一定距离，鼠笼内放上鼠类喜爱吃的新鲜诱饵。

③粘鼠板　粘鼠板尺寸一般为10cm×15cm，布放在鼠道和害鼠经常活动的地方，在粘鼠板中央放上诱饵。

（6）药剂拌种　可用辛硫磷和50%多菌灵可湿性粉剂拌种，也可用50%福美双可湿性粉剂和50%辛硫磷乳剂拌种，用药量各占种子重量的0.1%，即福美双50g加辛硫磷50mL兑水3L，匀拌花生种子50kg。还可用40%福美·拌种灵（拌种双）粉剂，按花生种子重量的0.2%拌种。即拌种双100g兑水3L，匀拌花生种子50kg。拌后晾干种皮即可播种。药剂拌种不但能预防鼠害，而且能预防花生病害。

（7）药剂防治　在采用上述防治方法的基础上，可突击进行化学药剂防治，能达到高效、迅速灭鼠的效果。

①毒饵诱杀　用马铃薯、甘薯或麦粒等作饵料，制成毒饵，根据害鼠的活动规律进行投放，诱使其食毒而亡。以下几种药剂都可用于制作毒饵：杀鼠灵、杀鼠迷、敌鼠钠盐、氯鼠酮、溴鼠灵、溴敌隆、氟鼠灵、灭鼠优等，其配制毒饵的浓度（指有效成分）杀鼠灵为0.025%、杀鼠迷为0.03%～0.05%、敌鼠钠盐0.05%～0.1%、氯鼠酮0.005%～0.01%、溴鼠灵0.05%、溴敌隆0.005%～0.01%、氟鼠灵0.005%、灭鼠优0.5%～2%。投放毒饵时，一定要注意对人、畜和天敌生物的安全性。

②药剂熏杀　根据多数害鼠昼伏夜出的习性，在早晨8点查洞，掏出洞口干土，将一片磷化铝投入洞口里，然后用土将洞口封严踏实，磷化铝吸收洞中潮气，放出磷化氢气体，熏死害鼠。

采用药剂防治，必须重点保障人、畜、家禽安全，特别注意如下事项：一是严格按灭鼠毒饵配制操作规程，集中配制毒饵，专人统一投入，严禁小孩和老人接触毒饵。二是田间投饵前，及时收听气象预报，避免雨天放药。三是投饵期间，关养好家禽家畜，以防中毒事故发生。一旦发现中毒，可注射维生素 K_1 并及时送医院诊治。四是清理残余毒饵，收集鼠尸深埋，防止污染环境。五是大面积防治以后，应做好防治效果复查，当害鼠密度仍超过防治指标时，还需做好补治工作。

158. 防除花生田杂草的农业措施有哪些?

（1）**适当深耕**　适当深耕可减少表层土壤杂草种子萌发率，较好地破坏多年生杂草地下繁殖部分。马唐、狗尾草、蟋蟀草、千金子、藜、苋菜、马齿苋等一年生杂草，在 0～3cm 的土层内，只要土壤温度、湿度适宜，就可出土生长致害。但如果深翻土地，将草及草籽埋入深土层中，杂草就不能出苗或出苗很少。刺儿菜、莎草类等多年生杂草，通过深翻土地，可损伤这些杂草的地下根、茎或将地下根、茎推到土表，经过冬、春季的风吹、冻、晒，干枯死亡。据研究，深耕 20cm、30cm 和 50cm，每平方米有草株数依次为 156 株、128 株和 64 株。随耕深的增加杂草株数减少，因此，有条件的可适当深耕，配合增施肥料，既除草，又增产。

（2）**施用腐熟有机肥**　堆肥和圈肥中往往带有不少杂草种子，动物粪便中也含有草种，如不腐熟运到田间，粪中的杂草种子就会传播、蔓延危害。土杂粪经过高温腐熟后，其中的杂草种子经过高温氨化，大部分丧失了生活力，可减轻危害。

（3）**轮作换茬**　轮作换茬，可从根本上改变杂草的生态环境，有利于改变杂草群体，降低伴随性杂草种群密度，在南方花生产区，实行水旱轮作，推广稻茬种花生，是消灭花生田杂草的最经济有效的措施。此外，及时清除田边、地埂杂草，随时拔除漏网大草，使杂草种子成熟前即被消灭。结合田间管理，进行中耕培土或浅耕，都可清除花生田幼小杂草。

（4）**覆盖碎草**　用碎草麦糠等覆盖花生田地面，既有良好的除草效果，又能起到保水、增肥作用。据试验，在花生播种后，杂草出苗前，露栽花生田地面用麦糠、烂树叶或其他碎烂草覆盖，每亩均匀撒施 167～200kg，除草效果达 91.51%，0～20cm 土壤含水量比不盖草的高 4.6%，并可提高有机质含量和氮、磷、钾等养分。以草除草，无污染，无残留，而且可就地取材，废物利用，减少生产投入。

（5）**中耕除草**　花生生长前期结合中耕除草，是常用的基本除草方法，是及时清除花生田间杂草，保证花生正常生长发育的重要手段。花生生长后期杂草以手工拔除为主。

（6）合理密植，以密压草　春花生每亩 8000～8500 穴，夏花生每亩 9000～10000 穴，并确保一播全苗，充分发挥花生中后期的控草作用。

159. 如何进行花生的化学除草？

（1）露地春播花生田杂草化学防除措施

① 播种后出苗前土壤处理化学防除措施　以禾本科杂草为优势种群的地块，每亩可分别选用 48％甲草胺乳油 250～300mL，或72％异丙甲草胺乳油 120～150mL、96％精异丙甲草胺乳油 60～80mL、33％二甲戊灵乳油 150～200mL、48％仲丁灵乳油 200～250mL、50％萘丙胺乳油 120～150mL，兑水 30～45kg 均匀喷雾处理。

以阔叶杂草为优势种群的地块，每亩可分别选用 25％噁草酮乳油 100～150mL，或 24％乙氧氟草醚乳油 40～50mL、50％丙炔氟草胺可湿性粉剂 6～8g、50％扑草净可湿性粉剂 100～150g，兑水 30～45kg 均匀喷雾处理。

禾本科杂草及阔叶杂草均较多的地块，每亩可分别选用 45％扑·乙乳油 150～250mL，或 36％噁酮·乙草胺乳油 200～250mL、500g/L 异松·乙草胺乳油 60～80mL、40％氧氟·乙草胺乳油 100～120mL、50％噻吩·乙乳油 80～100mL、51％异丙·异噁松乳油 100～150mL 等兑水 30～45kg 均匀喷雾。也可以将防除禾本科和阔叶杂草的上述两类药剂混用，混用药量略低于单用药量，进行小区试验确定最佳混配剂量。

② 出苗后茎叶处理化学防除措施　花生 3～5 叶期，杂草 2～5 叶期，茎叶均匀喷雾。

防除一年生禾本科杂草，每亩分别选用 5％精喹禾灵乳油 50～90mL，或 15％精吡氟禾草灵乳油 40～80mL、10.8％高效氟吡甲禾灵乳油 30～40mL、20％烯禾啶机油乳剂 70～120mL、12％烯草酮乳油 30～40mL、6.9％精噁唑禾草灵浓乳剂 45～70mL 等兑水 30～45kg 喷雾。杂草叶龄小时用低量，杂草叶龄大时用高量。

防除多年生禾本科杂草如芦苇、狗牙根、白茅等，亦可选用上述药剂，用药量适当增加。

防除一年生阔叶杂草，每亩可选用：21.4％三氟羧草醚水剂60～80mL，或48％灭草松水剂150～200mL、24％乳氟禾草灵乳油15～20mL、20％乙羧氟草醚乳油20～30mL、25％氟磺胺草醚水剂50～60mL等，兑水30～45kg喷雾。杂草叶龄小时用低量，杂草叶龄大时用高量。

防除香附子及莎草，每亩可选用：48％灭草松水剂150mL～200mL，或240g/L甲咪唑烟酸水剂20～30mL，兑水30～45kg均匀喷雾。

禾本科杂草及阔叶杂草均较多的地块，每亩可分别选用10.8％乳氟·喹禾灵乳油50～60mL，或7.5％氟草·喹禾灵乳油100～120mL、6％乳氟·氟吡甲乳油60～80mL等，兑水30～45kg均匀喷雾，也可以将防除禾本科和阔叶杂草的上述两类药剂进行混用，混用药量略低于单用药量，宜进行小区试验确定最佳混配剂量。

（2）覆膜春播花生杂草化学防除措施　由于花生播种后要进行覆膜，仅适宜选用土壤处理除草剂。主要采用花生播种后覆膜前进行土壤处理的方式，对同一种除草剂的使用量较露地春花生使用量低1/4～1/3。其使用方法与露地春花生相同。

以禾本科杂草为优势种群的地块，用甲草胺、异丙甲草胺、精异丙甲草胺、异丙草胺、二甲戊灵、仲丁灵等除草剂，兑水30～45kg，土壤均匀喷雾处理。

以阔叶杂草为优势种群的地块，用噁草酮、乙氧氟草醚、扑草净等除草剂，兑水30～45kg，土壤均匀喷雾处理。

花生田禾本科杂草及阔叶杂草均较多的地块，可以将上述两类药剂混用，混用药量略低于单用药量。

（3）夏播花生田杂草化学防除措施　夏花生化学除草最适宜的时间为播种后出苗前。如果苗前来不及用药防除，亦可在花生出苗后茎叶处理防除已出土杂草。选用夏花生田除草剂，应注意药剂对后茬作物（如小麦等）的影响。

① 播种后出苗前土壤处理　夏花生田使用的播种后出苗前土壤处理除草剂的种类、用量及土壤处理方法，同覆膜春花生田。

② 出苗后茎叶处理　夏花生田使用的茎叶处理除草剂的种类、用量及土壤处理方法，同露地春播花生田。

（4）麦田套种花生田杂草化学防除措施 麦田套种花生化学除草可分为播种带施药和麦茬带施药两种方法进行。

① 播种带施药是在预留好的播种花生行间播种花生，播种后喷施土壤处理除草剂。麦茬带施药是在麦收后灭茬，然后在麦茬带喷施除草剂。除草剂用药量应按花生播种带和麦茬带实际面积计算，土壤表层均匀喷雾。

② 麦田套种花生化学除草，土壤处理选用除草剂品种及用药量与夏播花生田播种后出苗前土壤处理相同。

（5）注意事项

① 天气条件 喷药时气温10℃以上，无风或微风天气，植株上无露水，喷药后 24 小时内无降雨；注意风向，避免飘移发生药害；气温高时用低剂量，反之用高剂量；突遇降温时，慎用除草剂，施药前后 3 天气温最低温度低于10℃，禁止使用除草剂。

② 土壤条件 花生田土质为沙土、沙壤土及土壤有机质含量低时，用药量应适当减少，避免药害。沙质土壤禁止使用扑草净。干旱时，应造墒，墒情好用药量低，墒情差用药量高。土地应平整，如地面不平，遇到较大雨水或灌溉时，药剂往往随水汇集于低洼处，造成药害。

③ 器械选择 选择无农药污染的常用喷雾器，带恒压阀的扇形喷头。喷药前应仔细检查药械的开关、接头、喷头等处螺丝是否拧紧，药桶有无渗漏，以免漏药污染。

④ 科学施药 喷头离靶标距离不超过 0.5m，要求喷雾均匀、不漏喷、不重喷。

⑤ 安全防护 在施药期间不得饮酒、抽烟，施药时应戴口罩、穿工作服，或穿长袖上衣、长裤和雨鞋；施药后要用肥皂洗手、洗脸，用净水漱口，药械应清洗干净，以防喷雾器内残余的除草剂对其他作物产生药害。

160. 地膜覆盖栽培花生田怎样防除杂草？

用地膜覆盖的花生田，因不便耕作而基本实行免耕，在免耕情况下，首先是借助化学方法除草，其次是采用对杂草具有一定防除或抑制作用的特种药膜、有色膜覆盖。

（1）**应用除草剂** 采用普通地膜覆盖，必须选用高效、广谱、长效、安全、对当地主要杂草针对性强的选择性芽前土壤处理剂，在覆膜前进行一次性处理。地膜覆盖栽培花生田采用除草剂的种类基本与露地栽培花生田播前土壤处理和播后苗前土壤处理所用的相同。地膜覆盖栽培花生田可每亩选用33％二甲戊灵乳油100～150mL，或33％氟乐灵乳油100～150mL（混土）、50％乙草胺乳油75～120mL、72％异丙甲草胺乳油100～150mL等，在花生播种后、覆膜前（花生芽前）兑水45kg喷施。

禾本科杂草和阔叶杂草发生量较多的地块，在花生播后芽前，每亩可选用50％乙草胺乳油75～100mL，或33％二甲戊灵乳油75～100mL、72％异丙草胺乳油75～100mL＋50％扑草净可湿性粉剂50g，兑水45kg，均匀喷施。

禾本科杂草、阔叶杂草和香附子发生量较多的地块，每亩可选用33％二甲戊灵乳油75～100mL，或72％异丙草胺乳油75～100mL＋24％甲咪唑烟酸水剂20mL，于花生播后芽前，兑水45kg，均匀喷施。

（2）**应用特殊薄膜覆盖** 除草药膜是含除草剂的塑料透光药膜，将除草剂按一定的有效成分溶解后均匀涂压或者喷涂至塑料薄膜的一面。有色膜是不含除草剂、基本不透光、具有颜色（黑、灰、绿等）的地膜。两者都是在花生播种后，覆盖土壤表面封闭播种行，然后打孔点播或者破孔出苗。药膜上的药剂在一定湿度条件下与水滴一起转移到土壤表面或者下渗至一定深度，形成药层发挥除草作用。无药有色膜是利用其基本不透光的特点，使部分杂草种子不能发芽出土，部分能发芽出土的，不见阳光也不能生长。两种膜在覆盖时，花生垄必须耙平耙细，膜要与土贴紧。注意不要用力拉膜，以防影响除草效果。

① 除草药膜 使用除草药膜，不需要除草剂，不需备药械，工序简单，不仅节省工日，除草效果好，药效期长，而且除草剂的残留明显低于直接喷除草剂覆盖普通地膜。用于花生田的除草药膜种类不断增加，目前主要有如下几种。

a.甲草胺除草膜 每100m^{2}含药7.2g，除草剂单面析出率80％以上。经各地使用，对马唐、稗草、狗尾草、画眉草、莎草、藜、苋等的防除效果在90％左右。

b. 扑草净除草膜　每 100m² 中含药 8.0g，除草剂单面析出率 70%～80%。适于防除花生田和马铃薯、胡萝卜、番茄、大蒜等蔬菜田主要杂草。防除一年生杂草效果很好。

c. 异丙甲草胺除草膜　有单面有药和双面有药两种。单面有药注意用时药面朝下。对防除花生田的禾本科杂草和部分阔叶杂草效果很好，在 90% 以上。

d. 乙草胺除草膜　杀草谱广，对花生田的马唐、蟋蟀草、铁苋菜、苋菜、马齿苋、莎草、刺儿菜、藜等，防效高达 100%，是花生田除草较理想的除草药膜。

② 有色膜　用于抑制杂草的特种色膜，是指带有黑色、银灰色、绿色、银黑双面色等一些能起阻碍杂草正常生长发育作用的地膜。有色膜除草效果也较好，尤其对防除夏花生田杂草效果突出。据试验，除草效果达 100%。在除草的同时，银灰膜还可驱避花生蚜虫等害虫。黑色膜既可以除草，还可提高地温，增加产量。由于有色膜无化学除草剂，所以无毒、无残留，适宜于生产无公害花生、绿色食品花生和有机食品花生，是可持续发展农业的理想产品。

无药无色增温膜和无药黑白相间地膜用于有机食品花生田除草效果较好，而且无污染，是比较理想的除草工具。有药黑白相间地膜和精异丙甲草胺除草地膜在除草效果较好的同时，比普通地膜喷除草剂药剂残留明显低，适合用于无公害花生和 A 级绿色食品花生田除草。

🌱 161. 麦后花生田如何防除杂草?

麦收后整地播种花生，花生播后芽前进行杂草防治效果较好。常见杂草有马唐、狗尾巴草、牛筋草、稗子、藜、苋，每亩可选用 50% 乙草胺乳油 150～200mL，或 33% 二甲戊灵乳油 200～250mL、48% 氟乐灵乳油 200～250mL（混土）、72% 异丙草胺乳油 200～250mL 等，兑水 45kg，于花生播后、覆膜前（花生芽前）进行防除。

禾本科杂草和阔叶杂草发生量较多的田块，每亩可选用 50% 乙草胺乳油 100～200mL，或 33% 二甲戊灵乳油 150～250mL、72% 异丙草胺乳油 150～250mL+20% 噁草酮乳油 100mL 或 50% 扑草净可湿性粉剂 50g 等，兑水 45kg，于花生播后、覆膜前（花生芽前）进行防除。

禾本科杂草、阔叶杂草和香附子发生量较多的田块，每亩可选用

50％乙草胺乳油 100～200mL，或 33％二甲戊灵乳油 150～200mL、72％异丙草胺乳油 150～200mL＋24％甲咪唑烟酸水剂 20mL 等，兑水 45kg，于花生播后、覆膜前（花生芽前）进行防除。

162. 如何防治花生田除草剂药害？

花生受除草剂药害后主要表现为心叶黄化，根部变黑腐烂，缓慢死亡。造成这种现象的主要原因是连年大量使用除草剂或除草剂施用过量，土壤和植物体内除草剂残留过多。受害轻的花生植株 7～15 天不生长，对产量造成影响，减产 10％～30％，严重的甚至绝收。

（1）预防措施

① 正确购药　选购除草剂时必须看包装上贴的标签或说明书是否注明除草剂名称、企业名称、产品批号、农药登记号或农药临时登记证号、生产许可证或农药生产批准文件号、农药的有效成分含量、药品重量、产品性能、毒性、用途、使用方法、生产日期、有效期和注意事项。

② 认清适用作物　认准标签上的适用作物是否与播种的作物一致，以免误用发生药害。

③ 正确使用　一定要按标签说明使用，避免发生药害。规范用药，严格按照说明书或标签纸上说明的适宜作物范围用药，如在本地或在本品种作物未使用过该种除草剂，必须经过严格的试验示范，证明其安全有效后才能大范围推广使用。

④ 控制剂量　使用时要根据有效含量准确量取，然后准确计算兑水稀释至所需使用浓度和单位用药量。量取不准确或随意加大药量就可能产生药害。

⑤ 彻底清洗喷药用具　施药前和施药后要彻底清洗喷药用具，防止残留的药液或药剂的有效成分对下次用药产生影响，还要正确处理剩余药液和清洗后的药液，防止污染其他作物和环境。

⑥ 了解前茬用药情况　目前花生田除草剂药害多为生长抑制性药害，主要是前茬作物施用了残效期比较长的磺酰脲类除草剂所致。

前茬用过氯嘧磺隆（豆磺隆、豆草隆）须间隔 15 个月种花生。烟嘧磺隆（玉农乐），每亩用量有效成分超过 4g，即 4％烟嘧磺隆可分散油悬浮剂每亩超过 100mL，须间隔 12 个月种花生。氟磺胺草醚每亩用量有效成分超过 25g，即 25％氟磺胺草醚水剂每亩施用超过

100mL，须间隔 12 个月种花生。西玛津每亩有效成分超过 150g，即 50％西玛津可湿性粉剂亩用量超过 300g，须间隔 24 个月种花生。莠去津每亩有效成分 136g，即 38％莠去津悬浮剂每亩用量超过 350mL，须间隔 24 个月种花生。异噁唑草酮每亩有效成分超过 4.7g，须间隔 18 个月种花生。

（2）补救措施 一旦产生药害，要分辨药害的类型，分析产生药害的原因，估测药害的严重程度，采取相应措施。如果作物药害较轻，为 1 级，仅仅叶片产生暂时性、接触性药害斑，一般不必采取措施，作物会很快恢复正常生长发育。如果作物药害比较重，为 2 级，叶片出现褪绿、皱缩、畸形、生长明显受到抑制，为 3 级，那么就需要采取一些补救措施。如果药害严重，达到了 4 级，生长点死亡，甚至部分植株死亡，一般都会导致大幅度减产，要补种或毁种。

① 使用解毒药剂 针对导致作物药害的药物性质，用与其相反的药物中和缓解。

② 喷施调节剂 选用绿风 95、高美施等，在作物发生除草剂药害后立即喷施。如用绿风 95 的 500 倍液喷施 1 次即可使受害作物迅速恢复正常生长。

③ 使用吸附剂 活性炭的吸附性强，能减少除草剂污染土壤对下茬作物的药害。活性炭可以在播种沟中条施或穴施，也可在幼苗移植前用来浸苗，或者先将作物种子浸蘸 40％的胶液，再在活性炭中滚动，成形后播种。

④ 喷清水冲洗 如果除草剂喷洒过量或者邻近敏感作物叶片遭受药害，可在受害叶片上连续喷洒几次清水，以清除或减少作物叶片上的农药残留。对遇到碱性物质易分解失效的除草剂造成的药害，还可在水中加 0.2％生石灰水或碱面溶液进行淋洗。

⑤ 摘除受药害作物的受害器官 对局部药害严重的，可摘除受药害重的枝、叶或果实，避免传导。还应结合施用中和缓解剂或清水多次冲洗，降低残留药的相对浓度。

⑥ 足量浇水 足量浇水可以增加作物细胞水分、降低植株体内药物的相对含量和浓度，达到缓解和阻止药害的作用。针对因土壤施药过量造成的药害，可采取灌水和排水洗田的方法排除药物、减轻药害。

⑦ 及时追肥，中耕松土 药害发生后，及时给作物补充速效氮、

磷、钾和其他作物必需营养元素，恢复受害作物生理功能。在生产实践上，叶面喷施磷酸二氢钾、尿素或植物生长调节剂，连续喷施 2～3 次，每隔 5～7 天喷 1 次，也可收到显著降低药害的效果。结合追肥浇水进行中耕松土，增加土壤的透气性和地温，可促进根系发育，增强植株恢复能力。

第五章
花生气象灾害及减灾技术

163. 如何防止花生干旱？

花生虽是耐旱性较强的作物，但其耗水量很大，在整个生育过程中，根系的吸收，叶面的蒸腾，有机物质的制造、转化和运输，都必须在水分参与下才能进行。干旱（彩图 64）可导致花生出现生长发育障碍及生理特性的变化。

干旱包括土壤干旱和大气干旱两个方面，二者均对花生生长发育不利。土壤干旱是指耕层水分含量少，花生根系难以吸收足够水分补偿蒸腾消耗，使植株体内水分失去平衡而不能正常生长发育。大气干旱是指空气干燥，植株蒸腾强度大，植株失水过快，根系从土壤吸收的水分难以补偿，水分收支失衡对花生造成危害。

花生干旱表现的症状主要是萎蔫。萎蔫是花生干旱的一个生理指标。花生一旦发生萎蔫会产生一系列不良影响。在花生发育过程中，干旱使植株生长受到抑制，节间缩短，节数减少，叶片变小，细胞结构更加致密，干物质积累量少；花芽分化和开花期延迟，花量减少，生育期延长，产量降低。除减产外，干旱还是花生收获前黄曲霉毒素污染的最主要条件。防止花生干旱出现萎蔫的措施有以下几点。

（1）**选用抗旱花生品种** 因地制宜地选用对干旱环境有较强适应能力的耐旱品种，是提高花生抗旱性的关键措施之一。抗旱花生品种的主要形态特征是：根系发达，主根长且密度大，根系多；叶片小，蒸腾速率低；耐干旱，即使在干旱胁迫条件下也能获得一定产量。早中熟花生品种在饱果期对干旱反应不一致。早熟品种饱果期干旱对产量影响较小，而中熟品种饱果期干旱减产幅度相对较大。

（2）**推广地膜覆盖栽培** 地膜覆盖栽培具有保水、增温、防止土壤板结和改善田间小气候等作用。同时，要降低垄高至 8～10cm，提高覆膜质量，避免或减少放苗、拔草时对地膜的损坏，及时用土压实膜孔，减少跑墒，充分发挥覆膜保墒抗旱的作用。

（3）精细整地，多施有机肥　旱地整地要求做到早、深、松、细、平、湿，以便及早熟化土壤，加厚土层，改善理化特性，增强保水性能。耕深以30～40cm为宜，冬耕比春耕可更多地积蓄水分，增幅为2.01%～5.46%，因此提倡推广冬前深耕技术。

（4）花生齐苗后及时清棵　通过清棵控制幼苗地上部生长，促进根系生长，增强幼苗抗旱和吸收水分的能力。

（5）加强田间管理，适时灌溉　根据花生各生育时期的水分临界期，遇旱及时浇灌。花生播种前，如土壤墒情不足，有条件的地区要抓紧进行人工造墒。花生苗期温度低，植株生长缓慢，蒸发量低，只要播种时墒情适宜，一般不需要浇水，适当蹲苗有好处。如果土壤湿度低于田间持水量的40%时，可进行适度灌溉。花针期浇水保湿，促进开花受精和果针顺利入土。饱果期遇旱小水润浇，切忌大水漫灌，以防黄曲霉感染。要经济合理用水，有浇水条件的地区，可于开花后27～40天、54～99天进行浇灌；水源条件较差的地区，在花后27～40天、66～78天遇旱尽量进行浇灌。

（6）推广抗旱剂　喷施抗旱剂可抑制蒸腾，增加叶绿素含量，减缓土壤水分消耗，增强抗旱能力。在花生结荚期喷施，效果尤其明显。花生上施用的抗旱剂有抗旱剂1号，施用方法是每亩60g兑水20kg，均匀喷叶面1～2遍；SA型抗旱保水剂2号，每亩150g拌种或拌土施用。另外，还可以喷S-诱抗素、黄腐酸抗旱剂等。

164. 预防花生渍涝灾害的技术措施有哪些？

花生是比较耐旱的作物，但也比较怕涝。涝害是花生的主要气象灾害。我国南方花生产区气候比较湿润，多阴雨，易造成涝害；北方花生区7～8月份又常出现大雨、暴雨，雨量相对集中，也常常形成涝害。花生耐渍的防控是一个系统工程，管理策略与技术措施包括灾前预防和灾后处置。

（1）播种前　中心工作是选地选种、暄活土壤。

① 种植布局，选用高产、抗病耐逆耐渍、优质适销的良种　花生适宜种植在雨量适中、地势稍高的地区。一般在平原、盆地及河流流域等肥水条件好或低洼易涝地区可选用耐湿、耐肥、增产潜力大的

大籽、中籽品种；在干旱、瘠薄的丘陵山区旱地，适宜种植早熟避旱的小籽、中籽品种。

② 土壤耕作　最好选用土壤疏松通透的沙土、粉质土、壤土或轻黏土种植花生，忌用黏性地。若在多雨年份，或在易于渍涝、黏重之地及稻田种植花生，须在冬前翻耕、晒垡，促使土壤疏松通透，并适度起垄栽培，开好"三沟"，及时排渍。

（2）播种出苗期　中心工作是保证一播全苗。

① 种子处理　精选种子，并进行种衣剂包衣或药剂拌种，预防渍涝、病虫害导致的烂种缺苗。

② 适期播种　最好错开前涝、后旱。一般在春季地温稳定在12～15℃以上时播种，保证安全发芽和出苗。

③ 播种方式　改挖穴深播为开沟条播，既省工又避免积水烂种。盖籽厚度根据土壤干湿而定。

④ 合理密植　严格保证密度，行距统一为 33cm，株距小籽16.5cm，中、大籽 20cm，每穴播 2 粒精选种子。

⑤ 换茬轮作，科学施肥　花生不耐连作，宜与玉米、红薯、水稻等作物轮作，不宜与茄科、葫芦科作物轮作。根据品种产量潜力、养分需求与地力水平，实行高效、平衡施肥，充分发挥生物固氮作用。遵循适氮、钾，增磷、钙、硫，补微肥的原则，一次性施好基肥。在中等地每亩施用 25％复合肥 50kg，或 45％～48％复合肥 30～35kg。

⑥ 盖膜栽培　与适度起垄相结合，进行盖膜栽培，既可前期保温、避雨，保证适度早播，延长营养生长期，提高产量，又可后期保湿抗旱，促早发芽、早成熟、早上市。

⑦ 除草　花生播种盖籽后至出苗前，趁土壤湿润时喷施乙草胺、异丙甲草胺，预防、封杀芽苗期杂草，此后的杂草使用高效氟吡甲禾灵杀灭。

（3）幼苗期　中心工作是排涝除渍，培育壮苗。

① 追肥。在一次性施好基肥的基础上，苗期不宜追肥，以防徒长。

② 加强排涝除渍，预防病害和瘦苗。

165. 花生涝灾后怎样进行田间管理？

花生受涝后表现的症状为：土壤透气不良，地温下降，对花生幼果形成、荚果膨大、籽仁物质积累极为不利，表现为种子发芽受阻，出现"闷种""烂种"，有时出苗虽快，但苗细弱、瘦长。苗期根系生长受抑，植株黄弱，中期植株发育矮小，后期幼果、烂果多，荚果不饱满，饱果率降低。防治花生涝灾的措施有如下几点。

（1）**清理田间沟渠**　涝灾发生后立即清理田间沟渠，加深畦沟和相应排水沟，尽快排水降渍，以保证花生正常生长，特别对丘陵坡地要挖好堰下沟，根治半边涝和阴涝，沟宽 0.5～0.83m，沟深0.33～0.83m。地面不平的地块结合花生播种时挖拦腰沟，排出地面积水，防止土壤冲刷。河床、沟谷、平泊地，要有计划地挖好排水系统和大搞台条田，以防积水成灾。同时要抓紧洗苗，把叶片、茎秆上的泥洗净，以恢复叶片正常的光合作用。

（2）**及时中耕**　受淹后，花生田土壤容易板结，及时中耕可以散去多余的水分，提高土壤通透性，帮助根系恢复生长。应掌握在地面泛白时进行中耕，要求深锄，破除土壤板结层。夏播花生苗期要结合中耕进行"清棵"，一般可用小锄把花生幼苗基部周围的土刨开，形成一个"小窝"，让两片子叶和叶腋间的侧芽露出，提前接受阳光照射。花生田杂草与花生争夺养分，不利于花生生长，所以，要结合中耕进行除草。

（3）**挑膜散墒**　在花生的生育后期遇到涝害时，用 1.5m 左右长的尖刀状铁棍，从畦面中间将地膜挑开，向植株根部卷集，扩大田间的蒸发面积，促进径流水向地下渗漏，增加土壤的透气性。

（4）**合理追肥**　由于涝灾使土壤中的养分大量流失，造成花生严重脱肥。地膜花生可采取打孔的方式进行追肥，露地花生可结合中耕进行追肥，一般每亩可追施尿素 5～10kg，有条件的要注意增施一定量的钙肥，促进荚果膨大。夏花生追肥以根外追肥为主，可喷施1%的尿素和 2%的磷酸二氢钾混合液，每亩 50kg，连续喷施两次，可以防止早衰，提高产量。

（5）**防治病虫害**　高温、田间湿度大，容易引发花生病害，特别是夏花生容易发生叶斑病、网斑病等病害，始花后 10 天左右，可用 50%多菌灵可湿性粉剂 1000～1500 倍液或 75%百菌清可湿性粉剂进行防治，隔 7 天防治 1 次，连防 2 次。防治炭疽病，可选用 80%福·福锌（炭疽福美）可湿性粉剂 500 倍液或 70%甲基硫菌灵可湿性粉剂 600～800 倍液喷雾。防治锈病，可选用 50%胶体硫悬浮剂

150 倍液，或 25％三唑酮可湿性粉剂 300～500 倍液、95％敌锈钠可湿性粉剂 500 倍液。防治斜纹夜蛾，可选用 5％高效氯氟氰菊酯乳油 10mL＋50％辛硫磷乳油 50mL，兑水 60kg 喷雾。

（6）化学调控　由于阴天光照不足，花生容易徒长，造成营养生长与生殖生长失调。开展化学调控，可以防止徒长，并能促进苗情转化。如地膜花生，由于生长环境的改善，生长发育快，特别是高肥水田块，在花生结荚初期极容易出现徒长现象，加上连阴雨天气影响，徒长更加厉害。对花荚初期植株有徒长趋势、群体过早封行的地块，花生开花后 30～40 天，每亩喷施 150mg/kg 多效唑溶液 50kg，可以控制营养生长，促进生殖生长，防止田间郁闭倒伏，提高光合效率，夺取高产。

（7）抢收或清理改种　对于达到一定成熟度，有一定采收价值的，可提早采收。对已经失收的田块要迅速清理、消毒，改种蔬菜等生长期短、见效快的经济作物。

166. 防止花生低温冷害的技术措施有哪些？

北方花生生产区前期解冻缓慢或播种后急剧降温，后期多出现早霜影响成熟；南方花生春播后常年易发生"倒春寒"造成烂种缺苗，秋花生后期时有冷害。低温冷害是花生减产的重要原因之一，不仅造成生育前期烂种缺苗，还能造成生育后期种子冻伤。花生种子的耐低温能力较弱、发芽历期长（一般 7～20 天），加之种子大、种皮松薄、组织细松、营养丰富，易于受到病菌侵染以及虫、鼠、蚁等危害。因此，加强以防控低温冷害为主的花生播种至出苗期管理，显得尤为重要。

（1）选育抗性强、耐低温的花生品种　在引种时应考虑花生全生育期对积温的要求、种子发芽最低温度限度，一般大花生是 15℃，小花生是 12℃。当日平均气温稳定通过 15℃以上时播种，种子在地下是不会冻坏的。所以用 15℃以上的活动积温标准较为可靠。

（2）适时早播　密切注意短、中、长期天气预报，适当推迟播种期。待气温稳定回升，5cm 土温稳定上升至 15℃以上时，选择"冷尾暖头"的日子播种。若播种过早，则发芽、出苗历期太长（超过 15 天），种子长期处于低温、潮湿、缺氧状态，易于感染病菌而发霉。

（3）**用杀菌剂、杀虫剂拌种**　花生种子、幼苗受低温冷害后，极易烂种缺苗，引起病害暴发。高效、平价的杀菌剂有甲基硫菌灵、多菌灵等，杀虫剂有吡虫啉等。

（4）**低温时段，往往伴随阴雨，应加强除渍管理**　宜选择地势稍高的耕地种植花生，在一些低洼或易于积水的区域，整地时预先开好"三沟"，播种后尽快地清沟沥水、除渍降湿，改善土壤通气条件，防止烂种、烂根和根部病害发生。

（5）**采用地膜覆盖种植**　花生地膜覆盖栽培不仅能够增温、避雨增强防灾抗灾能力，而且增产增收效果十分明显。

（6）**合理施肥**　基肥适当增施有机肥、钙磷钾肥，增强花生抗寒耐冷能力。幼苗遭受冷害后合理追肥，既能改善花生的营养状况，又能增加细胞组织液的浓度，增强植株耐寒能力，促进恢复生长。叶面喷施比土壤追施省肥且肥效快，可喷施 1%～2% 的尿素水溶液加 0.3% 的磷酸二氢钾溶液 1～2 次。

（7）**抓紧预防低温冷害的抗灾物资储备**　包括抗寒剂、抗冻剂、杀菌剂、杀虫剂、种衣剂、地膜等。

（8）**适时收获**　为了防止冻害，应适时提早收获。特别是北方产区应在 9 月底以前收获完毕，寒露左右即晒干并完全入仓。若在收获或晒干过程中遇到霜冻，种仁就会受到冻害。

167. 花生热害的表现症状有哪些，如何防治？

温度是植物生长发育最主要的动力。各种作物对温度的要求不同，同一植物的不同发育阶段对温度的要求亦各有差异。花生是喜温作物，其生长适宜温度为 25～30℃，35℃ 以上对花生生育有抑制作用。

（1）**花生发生热害的症状**　生育前期特别是幼苗期枝叶未遮满地面时，土面受强阳暴晒，温度过高，往往将幼苗烫伤，叫"热溃疡"，伤口成为颈腐病入侵口。花生结荚期如果高温、干旱天气同时出现，则使花生叶面萎蔫，贮水细胞运输水分受阻，同时降低气孔的蒸腾作用，加强呼吸作用，进一步提高花生自身的温度。受太阳辐射热和大量气化热的侵袭，许多花生叶面气孔开度变小或关闭，根系受伤，不利于荚果发育，直接导致花生产量较低。

（2）**花生热害的防治**

① 选用秋植花生种子　秋植花生种子比春植花生种子出苗快、

齐，出苗率高，产量高。据试验，在同为 20.5～24.5℃ 的温度条件下，秋植花生种子发芽率达 100%，春植花生种子发芽率仅为 91%。当温度降至 10～12℃ 时，秋植花生种子少数仍可发芽，春植花生种子则完全不发芽。在同一土壤温度条件下，秋植花生种子发芽为 88%～100%，春植花生种子发芽率为 86%～96%。当土壤水分达田间持水量的 77% 时，秋植花生种子发芽率仍可达 100%，春植花生种子发芽率仅为 60%。说明秋植花生种子无论是抗温或抗寒性能均强于春植花生种子。

② 调节土温　出苗后覆盖地膜的田块，应及时揭开膜口，释放幼苗，防止灼伤；露地栽培田则应及时松土提苗，调节土温，减少烫伤。

168. 如何防止花生雹灾？

我国花生产区在春末夏初季节，常常遭到冰雹的袭击，此时不少春花生正处在植株生长阶段。花生植株受冰雹袭击后，轻者损伤茎叶，重者植株全部损坏。

花生具有很强的分枝能力和再生能力，且茎叶柔软、富有弹性，是极强的抗雹灾作物。花生遭遇冰雹后，只要大部分生长点没有被毁，在及时做好清理救苗的同时，加强田间管理、抓紧深锄松土，使土层空气流通，提高地温，加速植株的恢复生长，同样可获得较好的收成，因此雹灾后不要随意翻种。如果盲目进行翻种，一方面误了农时，另一方面多花了劳力、物力，增加了生产成本。受雹灾后应及时调查，弄清受灾的不同情况，如果花生全部遭冰雹砸毁或埋没，田间植株的生长点全部被毁坏，不可能恢复生长，则需进行翻种或改种其他作物；如果茎生长点或全株受损不超过 20%～25%，可以不翻种。

参考文献

[1]王迪轩. 花生优质高产问答. 北京：化学工业出版社，2013.

[2]鲁传涛，等. 农作物病虫害诊治原色图鉴. 北京：中国农业科学技术出版社，2013.

[3]邱强. 作物病虫害诊断与防治彩色图谱. 北京：中国农业科学技术出版社，2013.

[4]傅俊范. 图说花生病虫害防治关键技术. 北京：中国农业出版社，2013.

[5]李林，刘登望. 南方花生高产高效栽培新技术. 长沙：湖南科学技术出版社，2015.

[6]周桂元，梁炫强. 花生生产全程机械化技术. 广州：广东科技出版社，2017.

[7]王朝阳. 花生病虫害原色图谱. 郑州：河南科学技术出版社，2017.

[8]沈雪峰，陈勇. 花生高效栽培. 北京：机械工业出版社，2018.

[9]崔凤高. 花生高产种植新技术. 3版. 北京：金盾出版社，2019.

[10]辽宁省质量技术监督局. DB21/T 2531—2015 有机花生生产技术规程. 2015.

[11]山东省质量技术监督局. DB37/T 1038—2008 有机食品花生生产技术规程. 2009.

[12]中华人民共和国农业部. NY/T 2393—2013 花生主要虫害防治技术规程. 北京：中国农业出版社，2014.

[13]中华人民共和国农业部. NY/T 2394—2013 花生主要病害防治技术规程. 北京：中国农业出版社，2014.

[14]中华人民共和国农业部. NY/T 2395—2013 花生田主要杂草防治技术规程. 北京：中国农业出版社，2014.

[15]中华人民共和国农业部. NY/T 2396—2013 麦田套种花生生产技术规程. 北京：中国农业出版社，2014.

[16]中华人民共和国农业部. NY/T 2397—2013 高油花生生产技术规程. 北京：中国农业出版社，2014.

[17]中华人民共和国农业部. NY/T 2398—2013 夏直播花生生产技术规程. 北京：中国农业出版社，2014.

[18]中华人民共和国农业部. NY/T 2401—2013 覆膜花生机械化生产技术规程. 北京：中国农业出版社，2014.

[19]中华人民共和国农业部. NY/T 2402—2013 高蛋白花生生产技术规程. 北京：中国农业出版社，2014.

[20]中华人民共和国农业部. NY/T 2403—2013 旱薄地花生高产栽培技术规程. 北京：中国农业出版社，2014.

[21]中华人民共和国农业部. NY/T 2404—2013 花生单粒精播高产栽培技术规程. 北京：中国农业出版社，2014.

[22]中华人民共和国农业部. NY/T 2405—2013 花生连作高产栽培技术规程. 北京：中国农业出版社，2014.

[23]中华人民共和国农业部. NY/T 2406—2013 花生防空秕栽培技术规程. 北京：中国农业出版社，2014.

[24]中华人民共和国农业部. NY/T 2407—2013 花生防早衰适期晚收高产栽培技术规程.

北京：中国农业出版社，2014.

[25] 中华人民共和国农业部. NY/T 2400—2013 绿色食品　花生生产技术规程. 北京：中国农业出版社，2014.